全国高等院校建筑环境与能源应用工程统编教材

建筑设备自动化

Building Automation & Control

（第二版）

丛书审定委员会

付祥钊　张　旭　李永安　李安桂

李德英　沈恒根　陈振乾　周孝清

徐向荣

本书主审　曹　辉

本书主编　李春旺

本书副主编　罗新梅

本书编写委员会

李春旺　罗新梅

华中科技大学出版社

中国·武汉

内 容 提 要

本书针对建筑设备自动化技术，按技术概论→技术支撑理论→典型控制设备→实用技术原理与应用的脉络进行组织。首先介绍了建筑设备自动化的概念、体系、发展过程与趋势；其次介绍计算机自动控制技术、建筑设备网络技术和建筑设备自动化典型自控设备；然后介绍楼宇设备自动化、消防自动化和安全防范自动化的基本内容和主流技术，其中重点阐述了空调与通风系统、冷热源系统和变风量空调的监控，特别强调了针对集中空调系统工艺的控制原理分析；最后介绍智能建筑能效管理系统的体系结构和工程设计、系统调试的基本内容与方法。

本书各章内容技术应用性强，重点突出，同时兼顾了技术的系统性。各章后都配有思考与练习题、深度探索与背景资料，以帮助读者理解各章的基本内容，并达到丰富读者相关的知识结构和知识面扩展的目的。

本书可作为高等院校建筑环境与能源应用工程专业及其相关专业的教材，也可供技术人员参考。

图书在版编目(CIP)数据

建筑设备自动化/李春旺主编．—2版．—武汉：华中科技大学出版社，2017.8（2024.8重印）
ISBN 978-7-5680-3036-6

Ⅰ.①建… Ⅱ.①李… Ⅲ.①房屋建筑设备-自动化系统-高等学校-教材 Ⅳ.①TU855

中国版本图书馆CIP数据核字(2017)第143400号

建筑设备自动化（第二版） 李春旺 主编
Jianzhu Shebei Zidonghua(Di-er Ban)

责任编辑：曾仁高
封面设计：杨小川
责任校对：刘 竣
责任监印：朱 玢
出版发行：华中科技大学出版社（中国·武汉） 电话：(027)81321913
武汉市东湖新技术开发区华工科技园 邮编：430223
录 排：武汉楚海文化传播有限公司
印 刷：武汉邮科印务有限公司
开 本：850mm×1065mm 1/16
印 张：17
字 数：350千字
版 次：2024年8月第2版第3次印刷
定 价：39.80元

全国高等院校建筑环境与能源应用工程统编教材
丛书审定委员会

全国高等院校建筑环境与能源应用工程统编教材

总　序

地球上本没有建筑，人类创造了建筑；地球上本没有城市，人类构建了城市。建筑扩大了人类的生存地域，延长了人类的个体寿命；城市增强了人类的交流合作，加快了人类社会的发展。建筑和城市是人类最伟大的工程创造，彰显着人类文明进步的历史。建筑和城市的出现，将原来单纯一统的地球环境分割为三个不同的层次。第一层次为自然环境，其性状和变化由自然力量决定；第二层次为城市环境，其性状和变化由自然力量和人类行为共同决定；第三层次为建筑环境，其性状和变化由人为决定。自然力量恪守着自然的规律，人类行为充满着人类的欲望。工程师必须协调好二者之间的关系。

由于城市物质文化活动的高效益，人们越来越多地聚集于城市。发达国家的城市人口已达全国人口的70%左右；中国正在加快城市化进程，实际上的城市人口很快就将超过50%。现代社会，人类大多数活动在建筑内开展。城市居民一生中约有90%的时间在建筑环境中度过。为了提高生产水平，保护生态环境，包括农业在内的现代生产过程也越来越多地从自然环境转移进建筑环境。建筑环境已成为现代人类社会生存发展的主要空间。

建筑环境必须与自然环境保持良好的空气、水、能源等生态循环，才能支撑人类的生存发展。但是，随着城市规模越来越大，几百万、上千万人口的城市不断形成，城市面积由几十平方公里扩展到几百平方公里、上千平方公里，一些庞大的城市正在积聚成群，笼罩一方，建筑环境已被城市环境包围，远离自然。建筑自身规模的膨胀更加猛烈，几十万、上百万平方米的单体建筑已不鲜见，内外空间网络关联异常复杂。目前建筑环境有两方面问题亟待解决：一方面，通过城市环境，建立和保持建筑环境与自然环境的良性生态循环是人类的一个难题；另一方面，建筑环境在为人类生存发展提供条件的同时，消耗了大量能源，能耗已占社会总能耗的1/3左右，在全球能源紧缺、地球温室效应日渐显著的严峻形势下，提高建筑能源利用效率是人类的又一个重大课题。

满足社会需求，解决上述课题，必须依靠工程。工程是人类改造物质世界活动的总称，建筑环境与能源应用工程是其中之一。工程的出发点是为了人类更好地生存发展。工程的基本问题是能否改变世界和怎样改变世界。工程以价值定向，以使用价值作为基本的评价标准。建筑环境与能源应用工程的根本任务是：遵循自然规律，调控建筑环境，满足当代人生活与生产的需求；同时节约能源，善待自然，维护后代生存发展的条件。

进行工程活动的基本社会角色是工程师。工程师需要通过专业教育奠定基础。建筑环境与设备工程专业人才培养的基本类型是建筑环境与能源应用工程师。工程创造是自然界原本没有的事物,其本质特点是创造。工程过程包括策划、实施和使用三个阶段,其核心是创造或建造。策划、运筹、决策、操作、运行与管理等工程活动,离不开科学技术、更需要工程创造能力。从事工程活动与科学活动所需要的智能是不一样的。科学活动主要通过概念、理论和论证等实现从具体到一般的理论抽象,需要发现规律的智能;工程活动则更强调实践性,通过策划、决策、计划实施、运行使用实现从一般到具体的实践综合,需要的是制定、执行标准规范的动作智能。这就决定了建筑环境与能源应用工程专业的人才培养模式和教学方法不同于培养科学家的理科专业,教材也不同于理科教材。

建筑环境与能源应用工程专业的前身——供热、供燃气及通风工程专业,源于苏联(1928 年创建于俄罗斯大学),我国创建于 1952 年。到 1958 年,仅有 8 所高校设立该本科专业。该专业创建之初没有教材。1963 年,在当时的"建工部"领导下,成立了"全国高等学校拱热、供燃气及通风工程专业教材编审委员会",组织编审全国统编教材。"文革"后这套统编教材得到完善,在专业技术与体系构成上呈现出强烈的共性特征,满足了我国计划经济时代专业大一统的教学需求。该套教材的历史作用不可磨灭。

进入 21 世纪,建筑环境与能源应用工程专业教育出现了以下重大变化。

1. 20 世纪末,人类社会发展和面临的能源环境形势,将建筑环境与能源应用工程这个原本鲜为人知的小小配套专业,推向了社会舞台的中心地带,建筑环境与能源应用工程专业的社会服务面空前扩大。

2. 新旧世纪之交,我国转入市场经济体制,毕业生由统一分配转为自谋职业,就业类型越来越多样化。地区和行业的需求差异增大,用人单位对毕业生的知识能力与素质要求各不相同。该专业教育的社会需求特征发生了本质性的改变。

3. 该专业的科学基础不断加深和拓展,技术日益丰富和多样,工程活动的内涵和形式发生了显著变化。。

4. 强烈的社会需求,使该专业显示出良好的发展前景,广阔的就业领域,刺激了该专业教育的快速扩展。目前全国已有 150 多所高校设立该本科专业,每年招生人数已达 1 万以上,而且还在继续增加。这 1 万多名入学新生,分属"985""211"和一般本科院校等多个层次的学校,在认知特性、学习方法、读书习惯上都有较大差异。

在这样的背景下,对于该工程专业教育而言,特色比统一更重要。各校都在努力办出自己的特色,培养学生的个性,以满足不同的社会需求。学校的特色不同,自然对教材有不同的要求。若不是为了应试,即使同一学校的学生,也会选择不同的教材。多样性的人才培养,呼唤多样性的教材。时代已经变化,全国继续使用同一套统编教材,已经不适宜了,该专业教材建设必须创新、必须开拓。结合 1998 年的专业调整及跨世纪的教育、教学改革成果,高校建筑环境与设备工程专业教学教学指导委员会组织编写了一套推荐教材，由中国建筑工业出版社出版；同时，重庆大学出版社组织编写了一套系列教材；随后机械工业出版社等也先后组织编写该专业教材。

在国家"十五""十一五"教材建设规划的推动下，各出版社出版教材的理念开放，境界明显提升。华中科技大学出版社在市场调研的基础上组织编写的这套针对普通本科院校的系列教材，力求突出实用性、适用性和前沿性。教材竞争力的核心是质量与特色，教材竞争的结果必然是优胜劣汰，这对广大师生而言，是件大好事。希望该专业的教材建设由此呈现和保持百家争鸣的局面。

教材不是给教师作讲稿的，而是给学生学习的，希望编写者能面向学生编写教材，深入研究学生的认知特点。我们的学生从小就开始学科学，大学才开始学工程，其学习和思维的方式适应理科，而把握工程的内在联系和外部制约、建立工程概念则较为困难。在学习该专业时，往往形成专业内容不系统、欠理论、具体技术和工程方法只能死记硬背的印象。编写该专业教材，在完善教材自身的知识体系的同时，更要引导学生转换这种思维方法，学会综合应用；掌握工程原理，考虑全局。对现代工程教学的深入思考，对该专业教学体系的整体把握，丰富的教学经验和工程实践经验，是实现这一目标的基本条件。这样编写出来的教材一定会有特色，必将受到学生的欢迎。期盼华中科技大学出版社组织编写的这套教材，能使学生们说，"这是让我茅塞顿开的教材！"

借此机会，谨向教材的编审和编辑们表示敬意。

付祥钊

2009.6.30 于重大园

第二版前言

建筑设备自动化是智能建筑的核心功能之一，涉及计算机控制理论与技术、计算机网络与通信技术、建筑设备系统理论与技术，是通过“多学科交叉融合”而形成的一个处于不断发展的独具特色的新技术领域。本书力求做到体系完整，按技术概论→技术支撑理论→典型控制设备→实用技术原理与应用的脉络进行组织。

本书共分10章，其中第1章简要介绍了智能建筑和建筑设备自动化的概念、体系、发展过程与趋势；第2章和第3章阐述了建筑设备自动化系统的核心技术基础，计算机自动控制技术和建筑设备网络与通信技术，便于读者理解应用技术的原理、系统与设备；第4章结合建筑设备自动化实际工程中常用的传感器、控制器和执行器，介绍了典型自控设备的类型、结构、原理和选用。第5章～第7章重点介绍集中空调系统的监控，包括空调与通风监控、冷热源系统监控和变风量空调系统监控，突出了典型工程实用控制原理的介绍和针对集中空调系统工艺的控制原理分析，力争使读者“既懂空调又懂控制”；第8章介绍了给排水监控、供配电与照明监控、消防自动化和安全防范自动化的基本内容和主流技术；第9章介绍智能建筑能效管理系统的体系结构和重要作用；第10章介绍了建筑设备自动化系统的工程设计与调试方法。

本书每章后都配有思考与练习题，并根据章节重点精选了“深度探索与背景资料”，以帮助读者理解各章的基本内容，并达到丰富读者相关的知识结构和知识面扩展的目的。

本书编者均为从事建筑设备自动化教学和科研的教师，由北京联合大学李春旺教授担任主编，华东交通大学罗新梅副教授担任副主编，北京联合大学曹辉教授担任主审，全书由李春旺统稿。其中第1章～第3章、第6章、第8章～第10章由李春旺编写；第4章、第5章、第7章由罗新梅编写。

由于该书所涉及的技术综合而广泛，编写的时间比较紧，既要考虑从工程应用的实际出发，做到理论与实际的结合，又要兼顾技术的系统性，书中难免有错误和遗漏之处，敬请读者提出宝贵意见。

编　者

2017年6月

第二版前言

目　录

第1章 概 论

1.1 智能建筑的概念与组成

1.1.1 智能建筑(IB,Intelligent Building)的概念

世界上公认的第一幢智能大厦建于1984年1月,是美国康涅狄格州哈特福德市的"城市广场"。当时是由美国联合技术建筑系统公司对一幢旧式大楼采用计算机技术进行了一定程度的改造,对大楼内的空调、电梯、照明等设备进行监控和控制,并提供语音通信、电子邮件和情报资料等方面的信息化服务。此后,智能建筑以一种崭新的面貌和技术迅速在世界各地展开。尤其是欧美国家和亚洲的日本、新加坡等国家对智能建筑进行了大量的研究和实践,相继建成了一批智能建筑。

智能建筑的发展与现代科技的发展相适应,将现代建筑技术、计算机技术、控制技术、通信技术及图像显示技术等现代技术融合为一体。目前,智能建筑尚无统一公认的定义,美国智能建筑学会(AIBI,American Intelligent Building Institute)认为智能建筑根据建筑结构、建筑系统、建筑设施(服务设施)、建筑管理4个要素以及它们之间的内在关系的最优化配置,该建筑能提供一个既投资合理,又拥有高效优质的服务,使人们工作和生活舒适便利的环境。

经过30余年的发展,智能建筑已经处于更高智能的发展阶段,进入绿色建筑、智慧建筑的新境界。智能只是一种手段,通过对建筑物智能的配备,强调高效率、低能耗、低污染,在真正实现以人为本的前提下,达到节约能源、保护环境和可持续发展的目标。

近年来,互联网、物联网、大数据和人工智能的发展正深刻改变着我们的思维方式、生活方式、生产方式和社会组织形态。智能建筑作为智慧城市的重要组成部分,人们对其概念的认知有了进一步的发展。我国新修订的《智能建筑设计标准》(GB 50314—2015)中给出的定义是以建筑为平台,基于对各类智能化信息的综合应用,集架构、系统、应用、管理及优化组合为一体,具有感知、传输、记忆、推理、判断和决策的综合智慧能力,形成以人、建筑、环境互为协调的整合体,为人们提供安全、高效、便利及可持续发展功能环境的建筑。

1.1.2 智能建筑的组成

根据国际惯例,智能建筑按基本功能的一般配置为3A系统,即楼宇自动化系统

(BAS,Building Automation System)、通信与网络自动化系统(CAS,Communication Automation System)和办公自动化系统(OAS,Office Automation System)。后来有人将包含在BAS中的保安自动化系统(SAS,Security Automation System)和消防自动化系统(FAS,Fire Alarm System)单独提出来,从而形成了所谓的"5A"系统。

从技术角度看,由于智能建筑涉及的功能、子系统、产品设备类型非常多样化,因此通过系统集成(SIC,System Integrated Center)方式将智能建筑中分离的设备、子系统、功能、信息,通过计算机网络集成为一个相互关联的统一协调的系统,实现信息、资源、任务的重组和共享,从而实现智能建筑安全、舒适、便利、节能、节省人工费用的特点。综合布线系统(PDS,Premises Distribution System或者GCS,Generic Cabling System)可形成标准化的强电和弱电接口,把BAS、OAS、CAS与SIC连接起来。这里,GCS更偏重于弱电布线。所以,可以把智能建筑的各个部分形象地表达为:SIC是"大脑",PDS是"血管和神经",BAS、OAS、CAS所属的各子系统是运行实体的功能模块。图1-1为智能建筑系统的组成图。

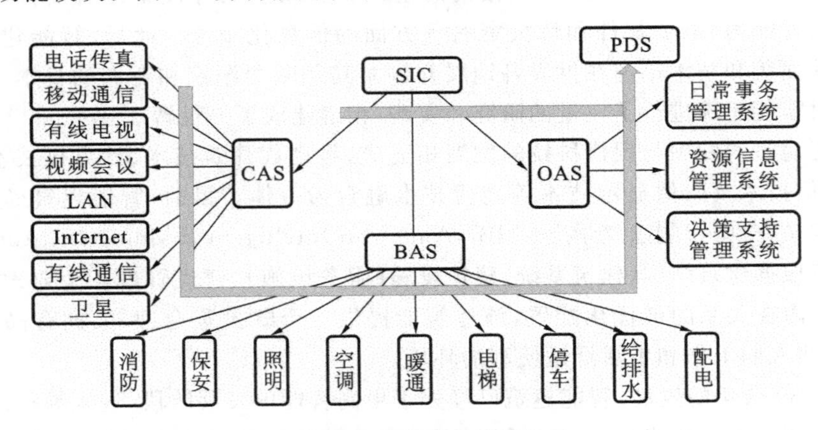

图1-1 智能建筑系统的组成

从表面看,智能建筑系统的组成部分似乎有着平等的地位,但是从全局看,地位是不同的,各部分的重要性等级由高到低如图1-2所示。

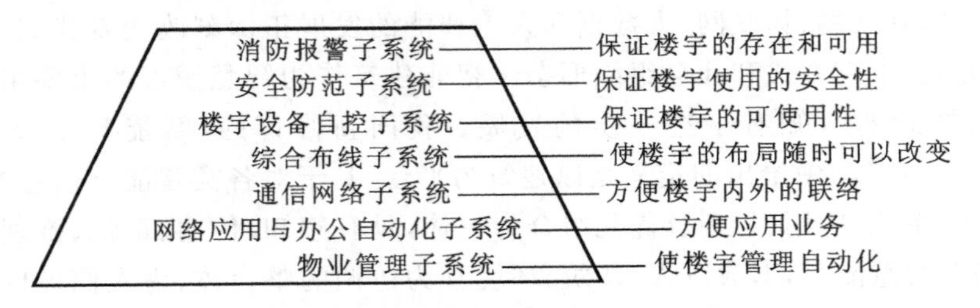

图1-2 智能建筑系统组成部分的重要性等级

由图1-2可知,消防报警子系统的重要性等级最高,对大楼可否使用有着最高的否决权;其次是安全防范子系统,它决定了BAS是整个大楼的基础,是大楼能否投入使用的先决条件。

1.2　建筑设备自动化系统

1.2.1　建筑设备自动化的定义

楼宇自动化系统(BAS)也叫建筑设备自动化系统，是智能建筑最重要的子系统之一。从发展历史来说，当采暖、通风、空调与制冷(HVAC&R)设备出现在建筑中时，一方面需要对建筑室内环境的温度、湿度等参数进行控制，另一方面HVAC&R设备能源消耗巨大，为了降低能耗，必须使HVAC&R设备优化运行，促使产生了真正意义上的建筑设备自动化技术。随着自动控制技术在HVAC&R设备中的成功应用和推广，其他建筑设备也逐渐引入了自动控制技术。从而使现代建筑设备自动化系统集成了所有建筑设备自动化子系统，并成为一个复杂的大系统。

建筑设备自动化是对建筑机电设施进行自动监测、控制、调节和管理的系统。其主要目的为：实现功能，保障安全，降低能耗，提高工效，改善管理。《智能建筑设计标准》(GB 50314—2015)中给出的明确定义是：为实现绿色建筑的建设目标，具有对各类建筑机电设施实施优化功效和综合管理的系统。建筑机电设施系统按功能划分，如图1-3所示。

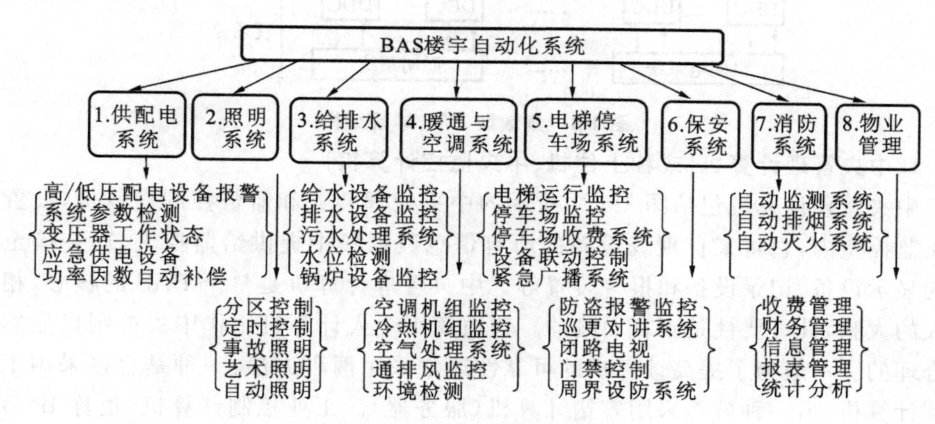

图1-3　BAS的被控对象环境

供配电系统，包括变压器、高压配电、低压配电、应急电源等，是整个建筑物的动力中心。

照明系统，监测建筑物各照明系统状况，并对部分系统或区域照明系统进行远程控制、照度控制和场景控制。

给排水系统，指生活给水、热水、饮用水、排水、中水等系统。建筑设备自动化的任务是对此系统进行监测和对水泵等设备进行控制。

暖通与空调系统，用于控制建筑物内各个区域的温度、湿度、洁净度，维持健康舒适的室内环境，包括空调通风末端设备(新风机组、风机盘管、空气处理机组等)、流体输送设备(水泵、风机等)、冷冻站、换热站和锅炉等设备和系统。

电梯系统,除了电梯和扶梯自身的控制系统之外,建筑设备自动化系统还监测电梯和扶梯的运行状态,或进行必要的群控。

保安系统,包括门禁系统、入侵防范系统、视频监控系统、周界防范系统、电子巡更系统等。

消防系统,包括火灾自动报警系统、消防联动系统、火灾广播系统等。

能耗管理系统,在上述机电设施系统中安装分项能量计量装置,用于对建筑物的运行能耗情况进行统计分析和诊断。

物业管理系统,针对上述机电设施系统进行科学运维和科学管理。

1.2.2 建筑设备自动化系统的体系结构

集散型建筑设备自动化系统的体系结构,如图 1-4 所示。

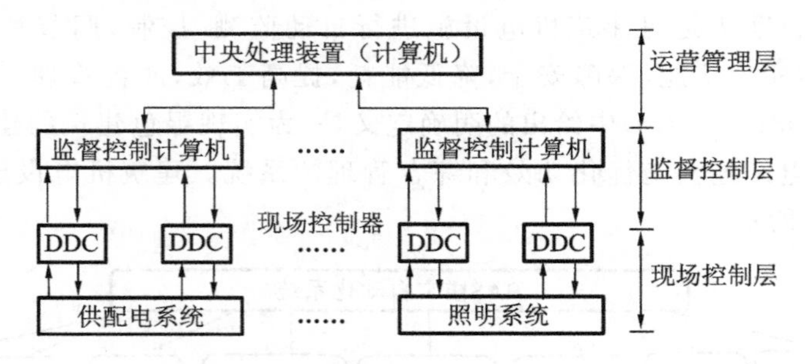

图 1-4 集散型 BAS 体系结构

1. 中央管理计算机(或称上位机、中央监控计算机)

中央管理计算机包括图 1-4 中所示的中央处理装置和监督控制计算机,设置在中央监控室内,它将来自现场设备的所有信息数据集中提供给监控人员,并接至室内的显示设备、记录设备和报警装置等。中央管理计算机是整个 BAS 的核心,相当于人的大脑,其重要性是不言而喻的。普通商用个人计算机用作中央控制机显然是不合理的。一般为了提高计算机的可靠性通常采用两种方法:一种是直接采用工业控制计算机;另一种就是采用容错计算机(服务器)。工业控制计算机(也称 IPC)由于采用了特殊的生产工艺和手段,其稳定性是普通商用 PC 所无法比拟的。而所谓容错计算机就是采用两台普通 PC 通过互为冗余备份的方法来充当中央控制主机,一旦其中一台 PC 出现故障,作为备份的另一台主机可立刻被专用的总线控制电路启动,从而不会导致系统瘫痪。

2. 直接数字控制器

DDC 亦称下位机。DDC 作为系统与现场设备的接口,它通过分散设置在被控设备的附近收集来自现场设备的信息,并能独立监控有关现场设备。它通过数据传输线路与中央监控室的中央管理监控计算机保持通信联系,接受其统一控制与优化管理。

3. 建筑设备自动化通信网络

建筑设备自动化通信网络(Building Automation and Control Networks)的基本特征是功能层次化。运营管理层一般由中央处理装置(服务器)和各个控制子系统的监督控制计算机(上位机),通过标准的TCP/IP网络通信协议,组成以太局域网,也称之为管理信息网或信息域。监督控制层是上位计算机和现场控制器(DDC)构成的网络,叫控制网络。现场控制层是指DDC通过I/O端口和现场被控设备上各种类型的传感器、执行器的连接系统。图1-5为管理信息网和BACnet控制网络的互联。通过路由器把上位计算机与DDC、各类DDC与DDC之间相互连接,形成了具有数据共享和互操作功能的分布式网络系统。

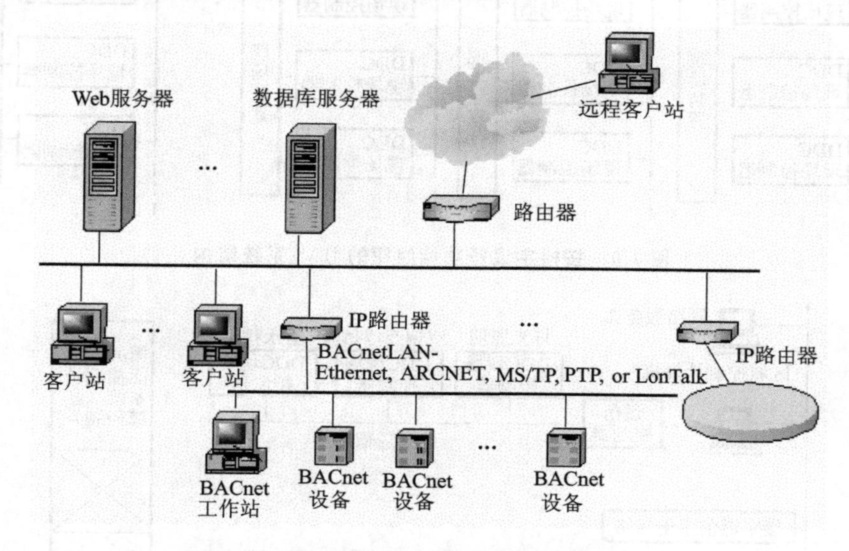

图1-5　管理信息网和BACnet控制网络的互联

4. 传感器与执行器

BAS系统的末端为传感器和执行器,它被装置在被控设备的传感(检测)元件和执行元件上。这些传感元件如温度传感器、相对湿度传感器、压力传感器、流量传感器、电流电压转换器、液位检测器、压差器和水流开关等,将现场检测到的模拟量信号或数字量信号输入至DDC,DDC则输出控制信号传送给继电器、调节器等执行元件,对现场被控设备进行控制。

1.2.3　工程中采用的BAS体系结构组织方案

1. 按楼宇设备功能组织的BAS系统

按楼宇设备功能组织的BAS系统,如图1-6所示。

2. 按楼宇建筑层面组织的BAS系统

按楼宇建筑层面组织的BAS系统,如图1-7所示。

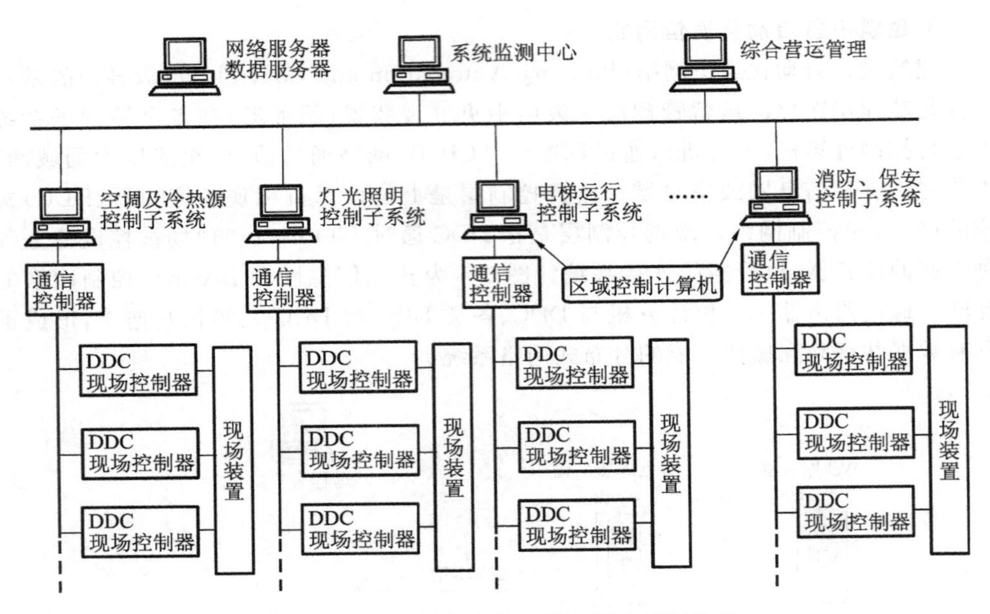

图 1-6　按楼宇设备功能组织的 BAS 系统结构

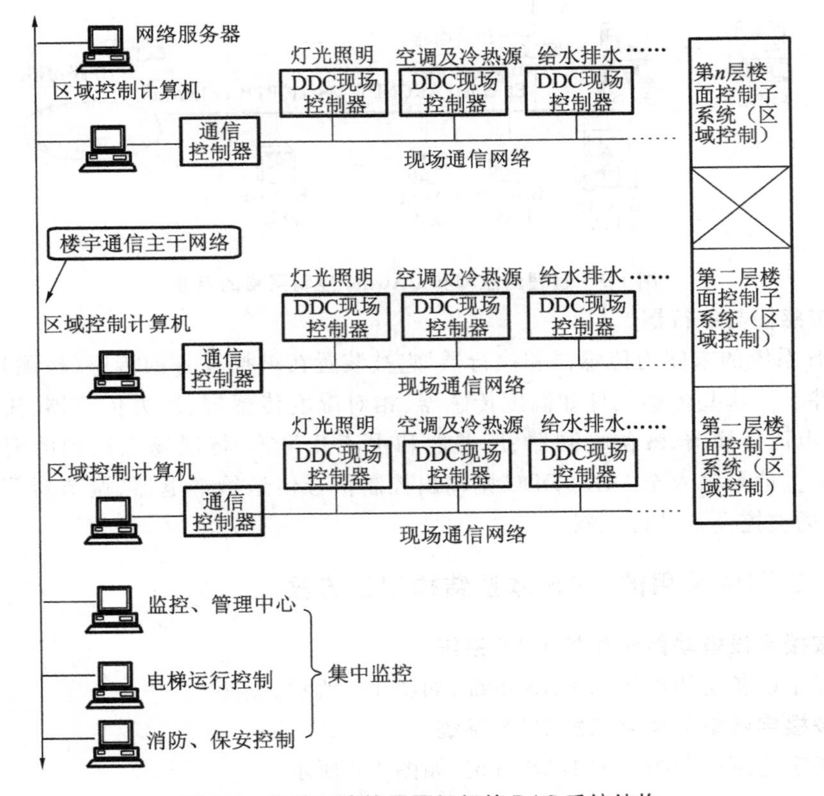

图 1-7　按楼宇建筑层面组织的 BAS 系统结构

3. 混合型的BAS系统

这是兼有上述两种结构特点的混合型，即某些子系统（如供电、给排水、消防、电梯）采用按整座楼宇设备功能组织的集中控制方式，另外一些子系统（如灯光照明、空调等）则按楼宇建筑层面组织的分区控制方式。这是一种灵活的结构系统，它兼有上述两种方案的特点，可以根据实际的需求而调整。

1.2.4 建筑设备自动化系统的技术支撑体系

从建筑设备自动化系统的发展历程和未来趋势来看，其技术支撑体系具有多学科交叉融合的特点。核心内容包括：计算机自动控制理论与技术、计算机网络通信技术和建筑环境与设备系统理论，具体内容归纳见表1-1。

表1-1 建筑设备自动化系统技术支撑体系

	技术理论支撑	主流工程应用技术内容	技术应用发展趋势
计算机自动控制理论与技术	传感器技术	建筑环境监测类、火灾监测类、入侵防范类传感器等	建筑智能传感器、传感器网络、多传感器融合
	执行器技术	电动风阀、电动水阀、变频器等	智能执行器
	计算机控制系统	分布控制系统、DDC、组态软件	分散化、网络化、物联网+云平台
	自动控制算法	PID、串级调节、补偿调节、调节指标等	人工智能技术的应用、大数据分析
计算机网络通信技术	网络通信协议	BACnet、Lonwork、现场总线技术系统集成技术等	开放性（Open）、统一标准
	网络组成与设备	综合布线技术、以太网、路由器、网关等	高速、宽带、无线网络的应用
建筑环境与设备系统理论	建筑环境理论	动态负荷估算、热舒适性理论、非均匀环境营造理论	动态负荷计算与预测技术
	建筑设备、系统原理与特性	建筑设备系统（如HVAC & R等）的常见控制规律、工艺参数的确定、优化运行节能控制等	

建筑设备自动化是技术综合应用的复杂系统，是一个处于不断发展的领域，表1-1中的划分也只具有相对意义，实际上它们之间是交叉融合，互为促进的关系。正确认识和理解建筑设备自动化支撑技术体系和它们之间的相互关系是非常重要的。第一，有利于专业工程技术人员素质的提高。避免出现懂控制的不懂设备系统，懂设备系统的不懂自动控制的尴尬局面。第二，可以促进人们从系统的总目标出发，将各有关技术协调配合，综合运用。而不是将各种技术进行简单的堆砌。这也就是为什么具有同样效能，同样规模的建筑设备自动化系统所采用的技术方案可能迥然

不同,所花费的代价也相差很大的原因。第三,有利于技术应用创新。这里最有代表性的是 BACnet 协议和系统集成技术。主流的开放性 BACnet 协议标准是由美国暖通空调工程师协会(ASHRAE)研制的。而系统集成技术本质上并没有重大基础理论突破,只是针对智能建筑的需求将计算机技术、通信技术、自动控制技术、多媒体技术和管理科学的成果综合运用,却成为了具有鲜明领域特色的核心支撑技术。

【本章要点】

智能建筑是信息时代建筑业的发展方向,是实现绿色建筑和生态建筑理念的重要技术手段之一。本文阐述了智能建筑的内涵、外延、组成。建筑设备自动化系统是智能建筑最基础的子系统,由中央管理计算机、DDC、建筑设备自动化网络、传感器与执行器构成,形成了运营管理层、监督控制层和现场控制层三个功能层次的网络架构。在工程实践中,可以按楼宇设备功能、按楼宇建筑层面或上述两种方式混合来组织 BAS 系统。从建筑设备自动化系统的发展历程和未来趋势来看,其技术支撑体系的核心内容包括计算机自动控制理论与技术、计算机网络通信技术和建筑环境与设备系统理论,具有多学科交叉融合的特点。

【思考与练习题】

1-1 什么是智能建筑?智能建筑的组成?

1-2 简述科技进步对建筑技术的影响和作用。

1-3 简述建筑设备自动化系统的体系结构。

1-4 简述建筑设备自动化系统的技术支撑体系。

1-5 简述你对建筑设备自动化通信网络的认识与理解。

1-6 简述几种工程中采用的 BAS 体系结构组织方案。

【深度探索和背景资料】

智能建筑的发展大趋势

(依中国绿色建筑与节能委员会智能组专家赵哲身教授在“第十五届中国国际建筑智能化峰会”上的演讲整理而成)

关于智能建筑趋势性的东西,也许听起来有点虚,但是其实这关系到我们行业的发展方向,也关系到企业的发展方向。

1. IT 巨鳄介入智能建筑

最近在 IT 行业发生的一些兼并,对智能建筑行业是有所震动的。谷歌在 2004 年收购交通分析、地图分析,2008 年发射 Map 卫星,提供谷歌 Earth 服务,2013 年收购 Waze 地理定位。2007 年谷歌开发基于 Linux 的手机安卓系统,2012 年收购摩托罗拉移动操作系统、QuickOffice 移动办公应用。我们现在说移动互联网的影响,早在 2007 年谷歌就已经具备这样的条件。2009 年谷歌收购视频压缩技术公司,2010

年收购视频系统平台、GIPS视频与音频压缩，2011年收购Green Parrot Pictures数字视频，2011年7月收购人脸识别公司。跟我们有交集的就是安全防范系统，早在好几年前谷歌已经具备进入安防系统业务的能力。2012年10月，谷歌收购面部、手势识别技术公司，2013年收购神经网络云计算等传感器公司，还收购了风力涡轮发电公司。2013年收购法国系统优化公司。特别是2014年谷歌用32亿美元收购了一个非常不起眼的公司Nest，它是生产智能恒温器的公司。分析其收购历程，不难发现谷歌已经完全具备进军智能建筑、智能家居、智慧城市的技术条件。

在我国，小米注资iHealth，两者联手推出定制版智能血压计。阿里云也与海康威视达成战略合作……现在整个行业已不是孤立的世界。IT对整个行业的渗透，分析一下就可以知道国外主流平台的发展历程原先都是私有的，最后都在上层。安全防范系统从第一代的模拟到第二代的数字，一下子上升到数字安防系统。在建筑智能化领域，过去二十几个系统都是自成体系的，现在面对这种形式怎么办？这是我们要思考的问题。

2. 移动互联网的影响

如今大家已深深卷入移动互联网，这是一种通过智能移动终端，采用移动无线通信方式获取业务和服务的新兴业务，包含终端、软件和应用三个层面。终端层包括智能手机、平板电脑、电子书、MID等，软件包括操作系统、中间件、数据库和安全软件等。应用层包括休闲娱乐类、工具媒体类、商务财经类等不同应用与服务。目前我们只是看到了移动互联网的应用趋势，移动互联网要大规模取代智能建筑的各个系统，目前我认为不可能，它只能说是渗透，因为它带宽还不够。移动互联网的基本特点是用户体验至上，能够定位搜索和提供精确数据库功能的服务，必定将手机提升到改变世界的境界。市场占有率使得企业有更大的话语权和议价资格，业务创新能力则决定了自己的实力。

在智慧城市方面，移动互联网对智慧旅游已经产生了很大的影响。从智慧旅游的服务模式看，它建立了游客、政府管理部门、景区运营商和旅游服务商的联系，如我们可以通过移动终端面对游客、导游，支付电子的票券等。

3. 网格式、扁平化的架构

如今，物联网也在和智慧城市相结合，清华大学有一个团队研发了一个网格式、扁平化的架构。实际上这是一个模仿架构，在平面是一张网，楼层还有节点和节点之间的联系，这种联系不一定是每一个节点的六位联系，所以它是一个网格式的像魔方一样的架构，用通俗的话说，我们现在25个子系统是独立的，是垂直的结构，上面是IBMS或者BMS的一个平台，下面是25个系统或15个系统，是垂直的架构。随着物联网和移动互联网以及计算机网络的发展，我认为在不久的将来，有可能把原来25个垂直系统完全摧毁，形成一个扁平系统。这种扁平的系统和现行的所有规范都是矛盾的，所以要实现是五年还是十年现在不清楚，但必然是一个发展趋势。

现在硬件嵌入式系统的成本越来越低，按照网格式、扁平化的理念，每个房间一个节点，另外主要的核心设备，例如BA的冷源，可能是冷源一个节点，冷冻泵传输系统一个节点，冷却泵传输是一个节点，由于是这样的网格结构，分布式的计算就可以发挥威力了，我们原来都没有采用分布式计算的优势。我们现在的消防系统在将来肯定会打破。现在的消防系统，我们很难确定火的发生点在什么地方，逃生的人也不知道朝什么方向逃，而通过分布式计算，我们就可为正在逃生的人指出最优的逃生通道。又比如人流量，现在是视频技术的一大问题，采用分布式计算就能够解决，因为某个入口进去一个人，要不他就是待在这个房间，要么就是相邻的出口出去，因为这是高度相关的，通过相邻的节点相关性计算，我们就很可能得到准确性的人流量。这个简单的例子就说明了扁平化的物联网架构最后会产生很深远的影响。

4. 能耗监测系统的发展

现在全国大概投资了五六亿在建设城市一级的能耗监测系统，上海已经建成"17+1"的区级平台和市级的平台。现在已经获得了大数据，但是这些数据仅仅用在能耗的监测上，而且主要是电量的监测。而美国曼哈顿的一张地图可以描述每一栋房子、每一个区域人流的密度，美国的警察局根据能耗的密度确定重点治安的对象，所以我们现在作为智慧城市的一部分，城市能耗监测系统将来会向综合治理方向发展。

能耗监测平台与能量管理平台两者在标的、业务层次、数据类型和采集频度上都有很大的区别，未来建筑能耗监测中心则必然向能量管理平台发展。近年来，国内开发的与公共建筑能耗有关的监测平台至少有一百多种，其中97%是能耗监测平台，而不是能量管理平台，原因是全社会对于建筑节能的认识和技术储备目前还没有到达建筑能量管理的高度。政府一级能耗监测平台应该以获取实时、可靠的建筑用能设备统计数据，进行能耗总量分析，获得各类别公共建筑的用能基准为目的，优化建筑用能的宏观管理，针对单一建筑或建筑群的能量管理平台通过对用能设备系统的能耗计量、分析、诊断和决策，达到降低能耗和优化控制管理的目的。

5. 发展分布式微能源

据悉，我国现在都是集中式的能源，今后的能源分布会有所改变。欧洲在绿色方面做得是比较好的，丹麦分布式能源占60%，荷兰占50%，美国虽然以集中能源为主，但是它要求在海外的军事基地，必须要有分布式的微能源。分布式的能源不需要探索，比较可靠，需要研究的技术包括微型燃气轮机、燃气内燃机、燃料电池、微型蒸汽机，微型水轮机和微型抽水蓄电站，太阳能发电和太阳热发电，风能、余热制冷系统、热泵、能量回收系统。还有分布式能源无人值守、分布式能源与建筑载体，分布式能源联合控制、智能电网技术、信息化计量与结算，多种能源整合优化，分布式能源与交通系统整合，分布式能源与大棚技术、蓄能技术等。

第 2 章　计算机控制技术基础

2.1　计算机过程控制实例

为了理解计算机控制系统的组成和工作过程，下面来看一个风机盘管空调自动控制模型装置的实例。图 2-1(a)和图 2-1(b)是实物模型装置的外观结构。该装置的功能主要是实现送风温度的控制。其基本结构如下。

①风路系统：风机将空气引入，经过与盘管热交换器换热，达到送风温度后，送入室内，以维持室内温度（空气→风机→盘管热交换器→送入室内）。

②水路系统：电加热器将锅炉中的水加热到一定温度，通过水泵送入盘管热交换器，与空气换热后流回锅炉（锅炉→水泵→供水管→盘管热交换器→回水管→锅炉）。

③补水系统：克服由水温变化引起的水的体积变化，具有储水和补水功能（膨胀水箱→补水管→锅炉）。

④控制系统：用于监测和控制送风温度，进行参数设置，设备启停，通过 RS232 串行通信接口将数据上传到上位计算机显示控制参数值、控制量、送风温度曲线（Pt100 温度传感器、电路板、控制面板、电热器、RS232 接头、上位计算机）。

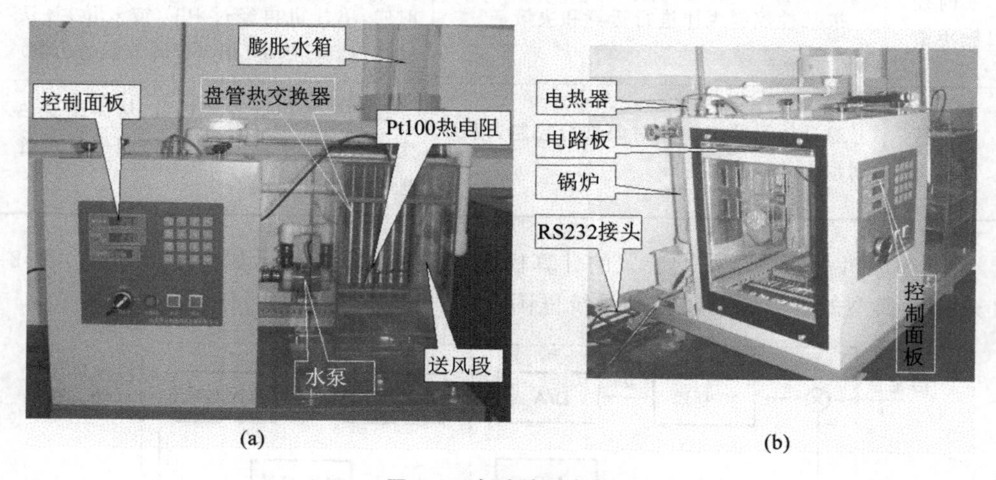

图 2-1　自动控制装置

(a)装置正面；(b)装置侧面

风机盘管空调自动控制模型装置是如何实现对送风温度的监控呢？将上述实物模型装置简化为图 2-2 所示的原理图，其送风温度的控制可归纳为表 2-1 所示三个过程。

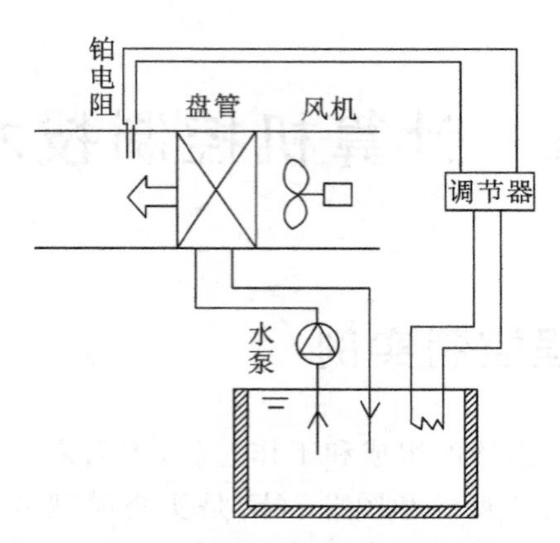

图 2-2 风机盘管送风温度控制原理

表 2-1 计算机控制过程

步骤	解释描述	装置实际工作过程
实时数据采集	通过温度、压力等各类传感器和人的指令性信息,并按预先编好的程序进行数据处理,包括信号的滤波、线性化校正、标度的变换等,是计算机进行计算或决策的素材和依据	Pt100 温度传感检测送风温度,通过线性化电路转变成电压信号(0～5 V),经 A/D 转换后变成数字量送给 MCS-51 单片机(电路板)
实时控制决策	按某种控制规律进行运算和决策	当设定值与送风温度检测值有偏差的时候,单片机再经过 PID(或双位)算法计算得到控制量(相当于调节器的功能)
实时控制输出	通过执行器对被控对象进行控制,以达到预定的控制目标	控制电加热器的加热量,从而改变热交换器的供水温度,达到控制风机盘管送风温度的目的

上述风机盘管空调模型装置的计算机控制系统的抽象表示如图 2-3 所示。图 2-3 是一个典型的计算机自动控制系统框图,主要包括如下四个部分。

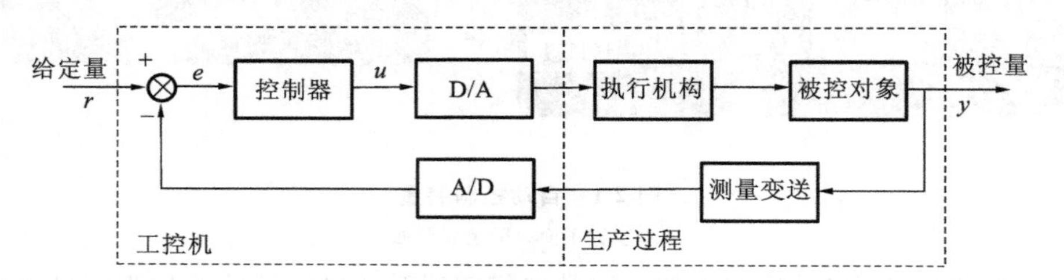

图 2-3 计算机控制系统基本框图

①被控对象:是指需要控制的装置、设备及过程。

②检测装置:用于检测被控对象的各种状态参数,了解设备、系统的实时运行状态。一般是各种类型的温度、压力、流量传感器。

③控制器:将传感器信号通过 A/D 转换器转化成计算机能识别的数字信号,依照给定值和实测值的偏差,按某种控制规律进行运算(如 PID 运算),计算结果(数字信号)再经过 D/A 转换器,将数字信号转换成模拟控制信号输出到执行机构,便完成了对系统的控制作用。

④执行机构:接受控制器发来的控制信号,经过信号变换,驱动各种调节机构的动作,从而改变被控对象的被调参数。在建筑设备自动化系统中一般是电动风阀、电动水阀门、继电器和变频器。

由图 2-3 可见,被控量(被控参数)经过检测装置被送回输入端,并与给定值相比较产生偏差信号,这个过程被称为反馈。若反馈的信号与给定值相减,通过控制器变成控制变量去调节被控对象,使产生的偏差越来越小,则称为负反馈控制;反之,则称为正反馈。由于引入了反馈量,整个控制过程成为闭合的,因此反馈控制也称为闭环控制。如果系统的输出量与输入量间不存在反馈的通道,这种控制方式称为开环控制系统。开环控制没有修正偏差能力,抗扰动性较差,在精度要求不高或扰动影响较小的情况下,这种控制方式还有一定的实用价值。闭环控制可以抑制内、外扰动对被控量产生的影响,控制精度相对开环控制要高很多,工程上绝大部分的自动控制系统为负反馈闭环控制系统。如果作用在被控对象上的干扰量可以测量,根据干扰量按一定规律改变系统的给定值,可以对输出产生一定的影响,这叫补偿作用。把补偿调节和反馈控制系统结合起来控制,叫做复合控制系统,又称前馈-反馈复合控制系统。

2.2　计算机控制系统的类型与性能指标

尽管计算机自动控制系统的结构体系具有一般性和通用性的特点,但根据不同预定控制算法或策略可以具有多种多样的功能和特性。计算机自动控制系统具有多种分类方法。按数学模型特性可以分为线性系统和非线性系统、时变和非时变系统;按系统功能可分为温度控制系统、压力控制系统、位置控制系统等。不论采用哪种方法分类,都是从不同的视角对计算机自动控制系统的认识。本节不详细介绍各种分类方法和特点,只从设定值特征和计算机在控制中的应用方式两个方面进行分类和特点介绍。

2.2.1　按设定值特征分类

计算机自动控制系统的基本功能是使被控变量与设定值保持一致,也就是说,设定值反映了对被控变量的控制要求,也是其要实现的控制目标。因而按设定值的特征来分,计算机自动控制系统可以分为如下三类。

1. 恒值控制系统

这类控制系统的设定值是一个常值,当被控对象或过程受到外部扰动作用时,该系统能使被控量与设定值保持一致。常见的有恒温、恒压、定水位等建筑设备控制系统都属于这类系统。该系统在建筑设备自动化系统中得到了大量的应用。

2. 程序控制系统

这类控制系统的设定值是按预定规律随时间变化的函数。例如,具有节能功能的照明控制系统等都属于这类系统。

3. 随动控制系统

这类系统的设定值是预先未知的随时间任意变化的函数,要求被控制量以尽可能小的误差实时跟随设定值的变化。

2.2.2 按应用方式分类

根据计算机在控制中的应用方式,可以把计算机自动控制系统划分为四类:操作指导控制系统、直接数字控制系统、监督计算机控制系统和分布式计算机控制系统。这四种系统也基本按时间坐标反映了计算机自动控制技术在不同发展时期的应用形式。

1. 操作指导控制系统

如图 2-4 所示,在操作指导控制系统中,计算机的输出不直接用来控制生产对象。计算机只是对生产过程的参数进行采集,然后根据一定的控制算法计算出供操作人员参考、选择的操作方案和最佳设定值等,操作人员根据计算机的输出信息去改变调节器的设定值,或者根据计算机输出的控制量执行相应的操作。操作指导控制系统的优点是结构简单,控制灵活安全,特别适用于未摸清控制规律的系统,常常被用于计算机控制系统研制的初级阶段,或用于试验新的数学模型和调试新的控制程序等。由于最终需人工操作,故不适用于快速过程的控制。

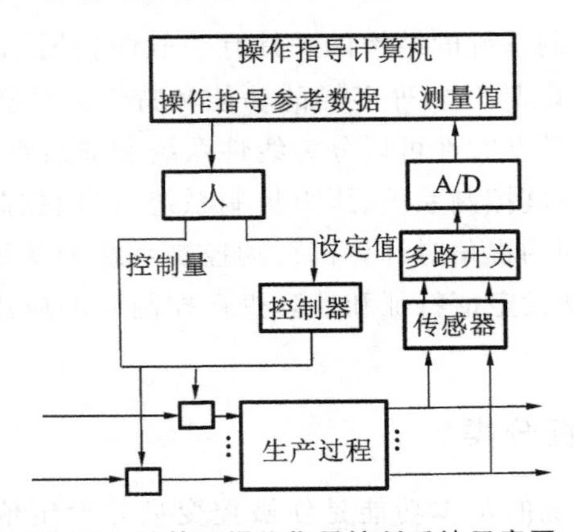

图 2-4 计算机操作指导控制系统示意图

2. 直接数字控制系统

直接数字控制(DDC,Direct Digital Control)系统是计算机用于工业过程控制最普遍的一种方式,其结构如图 2-5 所示。计算机通过输入通道对一个或多个物理量进行巡回检测,并根据规定的控制规律进行运算,然后发出控制信号,通过输出通道直接控制调节阀等执行机构。

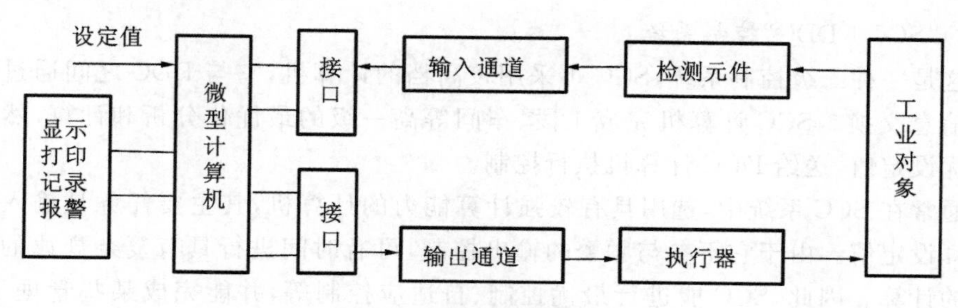

图 2-5　直接数字控制系统

在 DDC 系统中的计算机参加闭环控制过程,它不仅能完全取代模拟调节器,实现多回路的 PID(比例、积分、微分)调节,而且不需改变硬件,只需通过改变程序就能实现多种较复杂的控制规律,如串级控制、前馈控制、非线性控制、自适应控制、最优控制等。

3. 监督计算机控制系统

监督计算机控制(SCC,Supervisory Computer Control)系统中计算机根据工艺参数和过程参量检测值,按照所设计的控制算法进行计算,计算出最佳设定值直接传送给常规模拟调节器或者 DDC 计算机,最后由模拟调节器或 DDC 计算机控制生产过程。SCC 系统有两种类型,一种是“SCC+模拟调节器”控制系统,另一种是“SCC+DDC”控制系统。监督计算机控制系统构成示意图如图 2-6 所示。

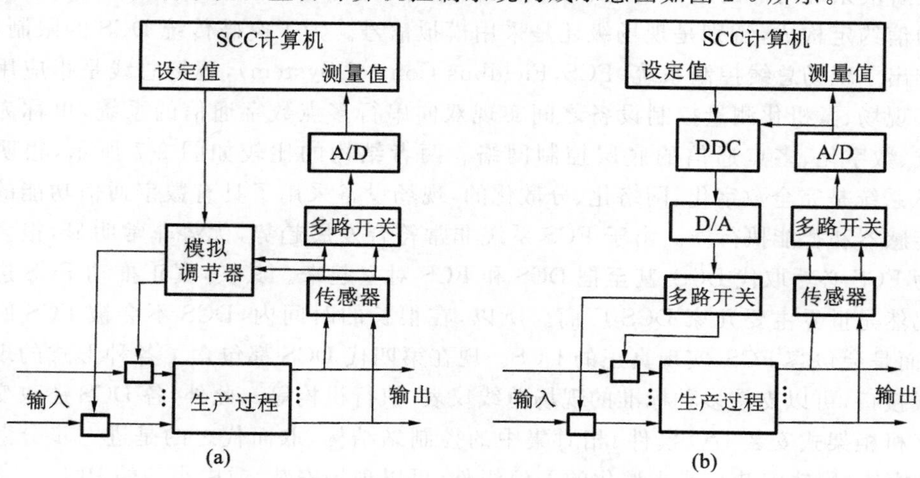

图 2-6　监督计算机控制系统构成示意图

(a)“SCC+模拟调节器”系统;(b)“SCC+DDC”系统

1)“SCC+模拟调节器”控制系统

这种类型的系统中,计算机对各过程参量进行巡回检测,并按一定的数学模型对生产工况进行分析、计算后得出被控对象各参数的最优设定值送给调节器,使工况保持在最优状态。当SCC计算机发生故障时,可由模拟调节器独立执行控制任务。

2)“SCC+DDC”控制系统

这是一种二级控制系统,SCC可采用较高档的计算机,它与DDC之间通过接口进行信息交换。SCC计算机完成工段、车间等高一级的最优化分析和计算,然后给出最优设定值,送给DDC计算机执行控制。

通常在SCC系统中,选用具有较强计算能力的计算机,其主要任务是输入采样和计算设定值。由于它不参与频繁的输出控制,可有时间进行具有复杂规律的控制算式的计算。因此,SCC能进行最优控制、自适应控制等,并能完成某些管理工作。SCC系统的优点是不仅可进行复杂控制规律的控制,而且其工作可靠性较高,当SCC出现故障时,下级仍可继续执行控制任务。

4. 集散型计算机控制系统

DCS建立在数据通信或现场总线的基础上,一般分为三级:第一级为现场级,主要由传感器和执行器组成,承担现场参数的测量与控制任务。第二级为监控级,由直接数字控制器(DDC)组成,每个控制器执行预定的控制算法,形成独立的控制子系统。第三级为系统管理级,通常由管理工作站组成。管理工作站由相关的集成管理软件和工具软件组成,其作用是把系统内各个独立的监督控制系统进行系统集成,以形成功能强大集成控制与管理系统。

这种系统的典型特征是“集中管理,分散控制”。但早期传统的DCS还没有从根本上解决系统内部的通信问题和分布式问题,只是自成封闭系统,以固定集散模式和通信约定构成,特别是现场级还是采用模拟信号。为了突破传统DCS的限制,人们推出了现场总线控制系统(FCS,Fieldbus Control System),现场总线是指应用在生产现场、微机化测量控制设备之间实现双向串行多点数字通信的系统,也称为开放式、数字化、多点通信的底层控制网络。两者结构的比较如图2-7所示,很明显FCS系统是完全数字化、网络化、分散化的,现场设备采用了具有数字通信功能的智能传感器和智能执行器。由于FCS系统非常符合发展趋势,优势非常明显,很多人认为FCS必然取代DCS,甚至把DCS和FCS对立起来。其实,真正推动FCS进步的仍然是世界主要几家DCS厂商。所以,在很长的时间内,DCS不会被FCS所代替,而是会包容FCS,实现真正的DCS。现在第四代DCS都包含了各种形式的现场总线接口,可以支持多种标准的现场总线仪表、执行机构等。此外,各DCS还改变了原来机柜架式安装I/O模件、相对集中的控制站结构,取而代之的是进一步分散的I/O模块(导轨安装),或小型化的I/O组件(可以现场安装)或中小型的PLC。

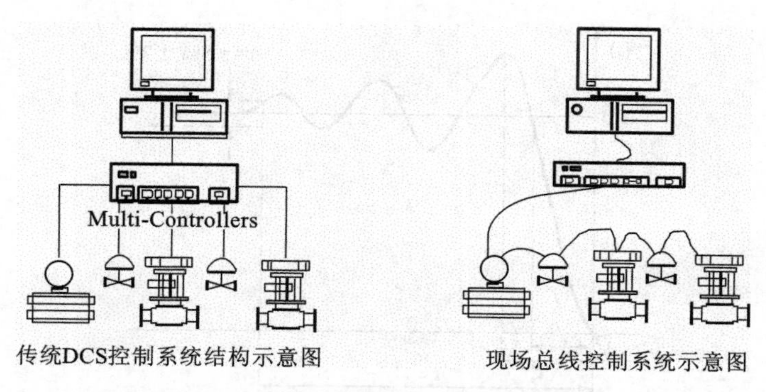

图 2-7 现场总线控制系统与传统 DCS 控制系统结构的比较

2.2.3 自动控制系统的性能指标

如何评价一个计算机控制系统调节的优劣？从对系统性能的基本要求看可以归结为稳定性、准确性和快速性。由于被控对象具体情况的不同，各种系统对上述三方面性能要求的侧重点也有所不同。在同一个系统中，上述三方面的性能要求通常是相互制约的。例如：为了提高系统的动态响应的快速性和稳态精度，就需要增大系统的放大能力，而放大能力的增强，必然会使系统变得不稳定。

当某一控制系统受到阶跃干扰的时候，随被控参数时间的变化过程叫过渡过程。过渡过程可归纳为发散振荡、单调过程、等幅振荡和衰减振荡四种类型。评价控制系统的优劣实际上就是分析其输出响应特性的动态性能和稳态性能，研究其是否满足生产过程对控制系统的性能要求。

图 2-8 所示为一衰减振荡过渡过程曲线，即在阶跃干扰作用下，被控量经过若干次周期性振荡，从初始的稳定状态（静态），到达一个新的稳定状态，被控量随时间而变化的过程曲线。这里所说的阶跃干扰是指在某一时刻，突然作用在系统上的干扰信号，一经加入其幅值大小就不随时间发生变化，也不消失。如突然接通电路，电加热器持续加热等。常见的几个性能指标如下。

1. 动态性能指标

①最大超调量 $\sigma_p\%$：输出响应的最大幅值与给定值的差值，也叫动态偏差。

②上升时间 t_r：输出响应初次到达给定值所需的时间。

③峰值时间 t_p：输出响应达到最大幅值时所需的时间。

④调整时间 t_s：输出响应的新稳态值达到预期的给定值的 2%～5%之间所需的时间。

2. 稳态性能指标

静差 Δ：输出响应的新稳态值与希望的给定值之间的偏差，也叫稳态误差。是衡量系统准确性的重要指标。

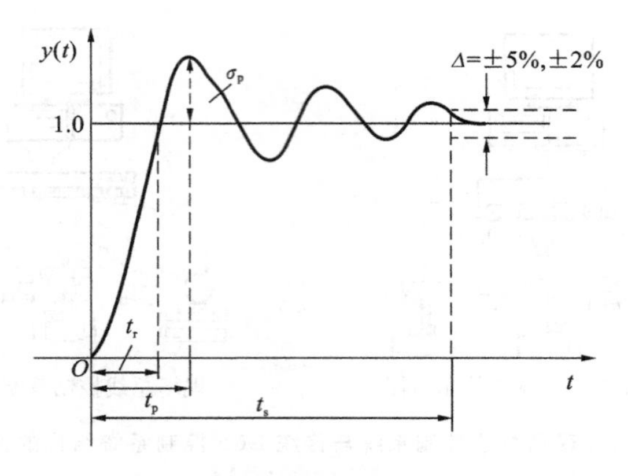

图 2-8 过渡过程曲线

2.3 过程输入/输出通道

过程输入/输出通道是在计算机和生产过程之间设置的信息传送和转换的连接通道,用于计算机控制系统的实时数据采集和实时驱动执行机构。例如:与 Pt100 温度传感器连接采集测点处的实时温度值;与压差开关连接,采集测点处的压差状态;驱动电动阀门或启动水泵风机。它一般包括模拟量输入通道、模拟量输出通道、数字量(开关量)输入通道、数字量(开关量)输出通道。

2.3.1 模拟量输入通道(AI)

1. 典型电路结构

大多数生产过程中的模拟信号都是中低速的,因此,大多采用集中采集式模拟输入通道,其主要由传感器、调理电路、采集电路三部分组成,其典型结构见图 2-9。

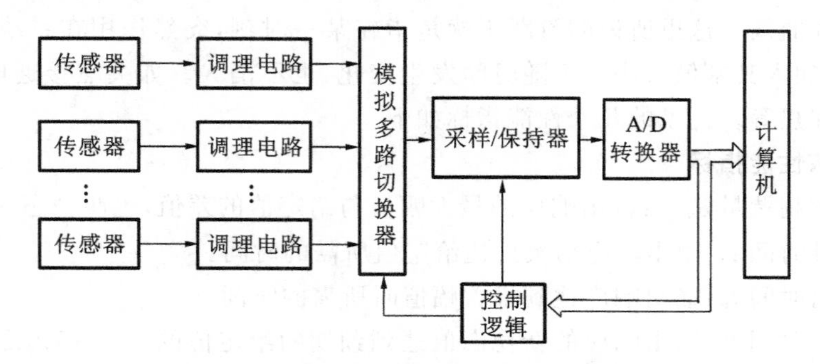

图 2-9 集中采集式模拟输入通道典型结构

传感器是将连续的物理信号转化成相应电信号的装置,类型十分多样。调理电路的作用主要是将传感器的输出电信号进行调整和抗干扰,与后续的数据采集电路相匹配。一般包括前置放大器、高通滤波器、低通滤波器、光电耦合器。

数据采集电路中，模拟多路切换器用于切换各路输入信号，通过采样保持器和主放大器传给A/D转换器。A/D转换器是数据采集电路的核心，用于把调整好的模拟信号转化成数字信号。A/D转换器有8位、10位、16位和32位的，位数越多转换精度也越高。

2. 数据预处理

数据预处理的主要任务是提高检测数据的可靠性，并使数据格式化、标准化，以便运算、显示、打印或记录。如进行系统误差校正、数字滤波、标度变换等处理。

1）系统误差的自动校准

在控制系统的模拟量输入通道中，一般均存在放大器等器件的零点偏移和漂移，会影响测量数据的准确性，这些误差都属于系统误差，可以通过适当的技术方法来确定并加以校正。

①数字调零。

如图2-10所示，首先是第0路的校准信号即接地信号，经放大电路、A/D转换电路进入CPU，由于零点偏移产生了一个不等于零的数值，这个值就是零点偏移值N_0；然后依次采集1、2、…、n路，每次采集到的数字量N_1、N_2、…、N_n值，计算机进行的数字调零就是使(N_i-N_0)的差值成为本次测量的实际值。很显然，采用这种方法，可去掉放大电路、A/D转换电路本身的偏移及随时间与温度而发生的各种漂移的影响，从而降低对这些电路器件的偏移值的要求，降低硬件成本。

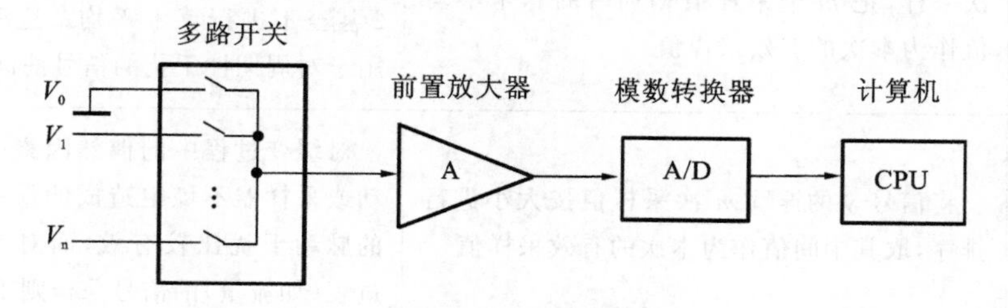

图2-10 数字调零电路

②系统校准。

数字调零不能校正由传感器本身引入的误差。为了克服这一缺点，可采用系统校准处理技术。在需要时，人工接入标准参数进行校准测量，把测得的数据存储起来，供以后实际测量使用。系统校准特别适于传感器特性随时间会发生变化的场合。

2）数字滤波

数字滤波的作用是抗干扰，常用的方法有平均值滤波、中值滤波、限幅滤波和惯性滤波等。其基本方法和适用性见表2-2。

3）标度变换

被检测的物理量经过传感器转换成A/D转换器能接收的0～5 V电压信号，又由A/D转换成00～FFH(8位)的数字量，这些数字量必须转换成带有量纲的数值。例如：压力的单位为Pa，流量的单位为m^3/h，温度的单位为℃等，这就是所谓的标度变换。一般而言,输入通道中的放大器、A/D转换器基本上是线性的,因此,传感器的输入输出特性就大体上决定了这个函数关系的不同表达形式,也就决定了不同的标度变换方法。主要方法有线性式变换、非线性式变换、插值多项式变换以及查表法。

采用线性标度变换的前提条件是传感器的输出信号与被测参数之间呈线性关系,数字量N_x对应的工程量A_x的线性标度变换公式为

$$A_x=(A_m-A_0)\frac{N_x-N_0}{N_m-N_0}+A_0 \tag{2-1}$$

式中 A_0——一次测量仪表的下限(测量范围最小值);

A_m——一次测量仪表的上限(测量范围最大值);

A_x——实际测量值(工程量);

N_0——仪表下限所对应的数字量;

N_m——仪表上限所对应的数字量;

N_x——实际测量值所对应的数字量。

表 2-2 数字滤波方法与适用性

名称	方法描述	适用性
平均值滤波	在采样周期T内,对测量信号y进行m次采样,把m个采样值相加后的算术平均值作为本次的有效采样值	流量信号可取10左右,压力信号可取4左右,温度、成分等缓变信号可取2甚至不进行算术平均。这种算法适用于对周期性干扰的信号滤波
中值滤波	将信号y的连续m次采样值按大小进行排序,取其中间值作为本次的有效采样值	对缓变过程中的偶然因素引起的波动或采样器不稳定造成的误差所引起的脉动干扰比较有效,而对快速变化过程(如流量)的信号采样则不适用
限幅滤波	把两次相邻的采样值相减,求其增量的绝对值,再与两次采样所允许的最大差值ΔY进行比较,如果小于或等于ΔY,表示本次采样值$y(k)$是真实的,则取$y(k)$为有效采样值;反之,$y(k)$是不真实的,则取上次采样值$y(k-1)$作为本次有效采样值	对随机干扰或采样器不稳定引起的失真有良好的滤波效果
惯性滤波	惯性滤波是模拟硬件RC低通滤波器的数字实现	对于变化缓慢的采样信号(如大型储水池的水位信号),滤波效果很好

如果传感器的输出信号与被测参数之间呈非线性关系时,应根据不同的情况建立不同的非线性变换式,但前提是它们的函数关系可用解析式来表示。例如,在差压法测流量中,流量与差压间的关系。

还有些传感器的输出信号与被测参数之间的函数关系无法用一个解析式来表示，或者解析式过于复杂而难以直接计算。这时可以采用插值多项式来进行标度变换。一般来说，增加插值点和多项式的次数能提高逼近精度，但同时会增加计算时间。较好的解决方法是采用分段插值法。分段插值法是将被逼近的函数根据其变化情况分成几段，然后将每一段区间分别用直线或抛物线去逼近。

例如：图 2-11 中曲线为热敏电阻的负温度一电阻特性，折线 L_0、L_1、L_2 代替或逼近曲线。当获取某个采样值 R 后，先判断 R 的大小处于哪一折线段内，然后就可按相应段的线性化公式计算出标度变换值。

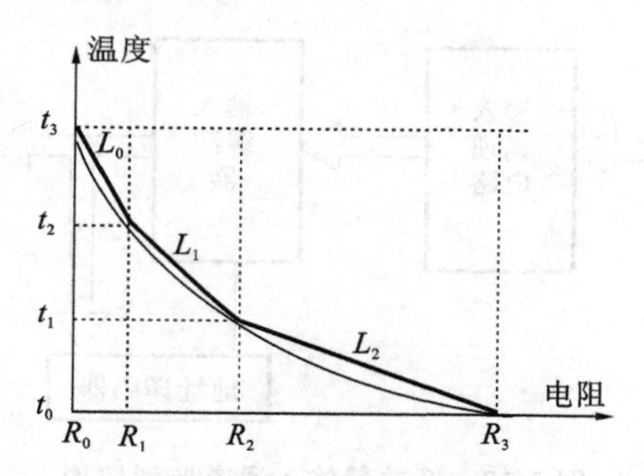

图 2-11　热敏电阻特性及分段线性化

如果测量数据和传感器转换的电信号之间无明确、简便的数学表达式，可用查表法对其进行线性化处理。查表法就是将测量数据和转换的电信号之间的关系预制在一个表格中，通过查表程序根据测量数据查出所需的结果。

2.3.2　模拟量输出通道 AO

模拟量输出通道 AO 把控制器 DDC 的运算结果转化成能驱动生产过程中执行机构的标准电信号，其典型结构如图 2-12 所示。核心部件 D/A 转换器用于把数字量转化成相应的模拟电信号。调理电路一般包括平滑滤波器、电压/电流转化电路和线性功率放大器。信号经过处理后一般输出 0～10 V 或 4～20 mA 的标准信号。

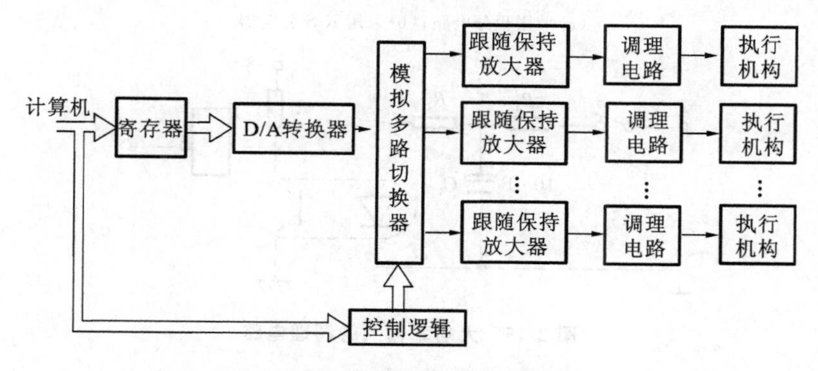

图 2-12　模拟输出通道典型结构

2.3.3 开关量输入 DI

开关量输入 DI 的电路结构相对简单，见图 2-13。其中输入调理电路与输入的开关信号功率有关。小功率输入的调理电路需要清除由于接点的机械抖动而产生的振荡信号，见图 2-14；大功率输入调理电路需要克服对 DDC 的电气干扰，经常采用光电耦合器进行隔离，见图 2-15。光电耦合器由发光二极管和光敏三极管组成，实现电-光-电的信号传递，避免了大功率电路与数字电路的直接连接，是一种在过程通道中普遍采用的抗干扰措施。

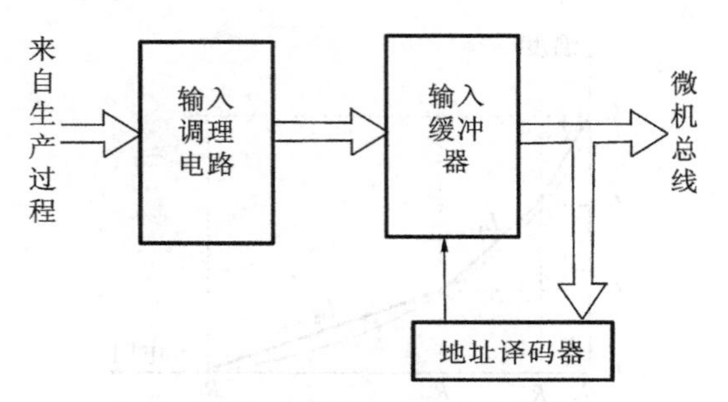

图 2-13 开关量输入通道典型结构

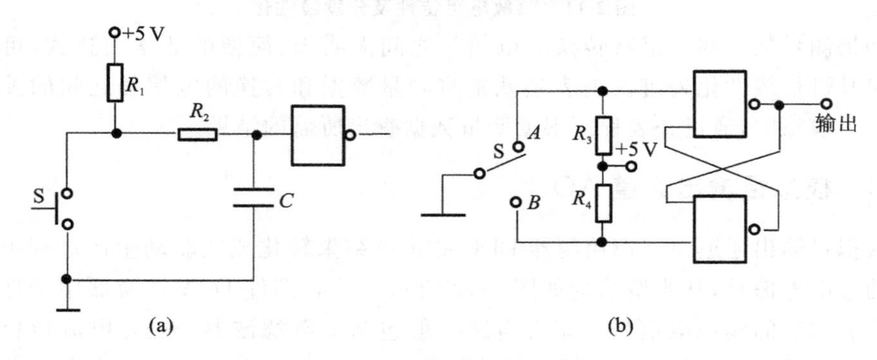

图 2-14 小功率输入的调理电路

(a)采用积分电路；(b)采用 R-S 触发器

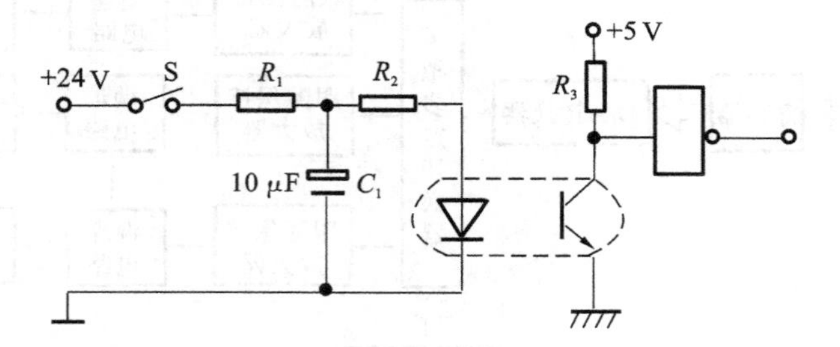

图 2-15 大功率输入的调理电路

2.3.4　开关量输出 DO

开关量输出通道 DO 的电路结构见图 2-16。常见的输出驱动电路有如下几种。

①直流负载驱动电路。通过逻辑输入(1、0)控制大功率晶体管的通断，来驱动负载，见图 2-17。

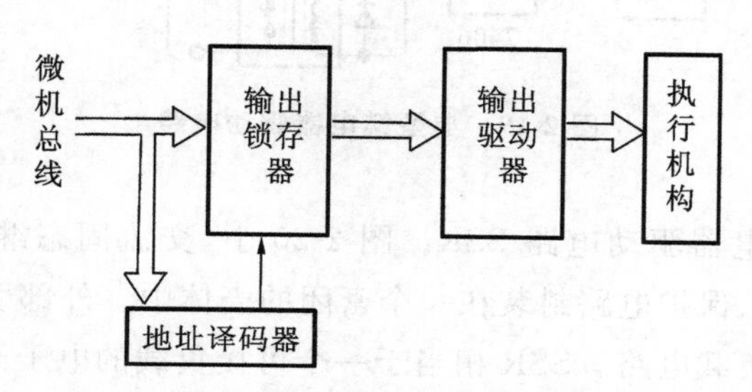

图 2-16　开关量输出通道结构

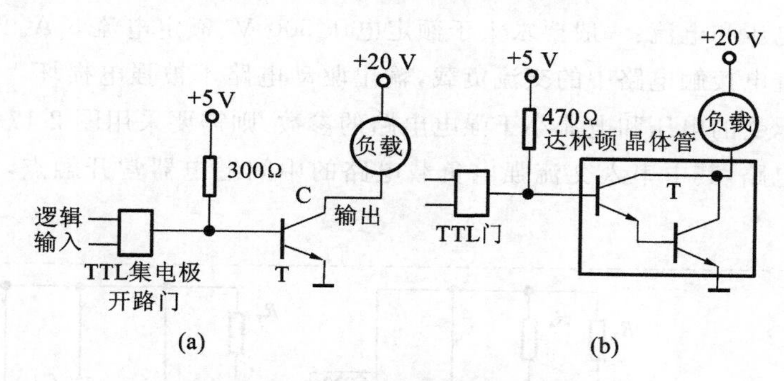

图 2-17　直流电源负载驱动电路

(a)功率晶体管驱动器；(b)达林顿驱动器

②晶闸管交流负载驱动电路。图 2-18 中采用了光电耦合器，将数字电路与交流电路隔离。SKZ 为晶闸管，也称为双向可控硅，是一种大功率的半导体接口器件，由 T 的输出信号(1、0)来控制 SKZ 的通断，直接驱动交流负载。

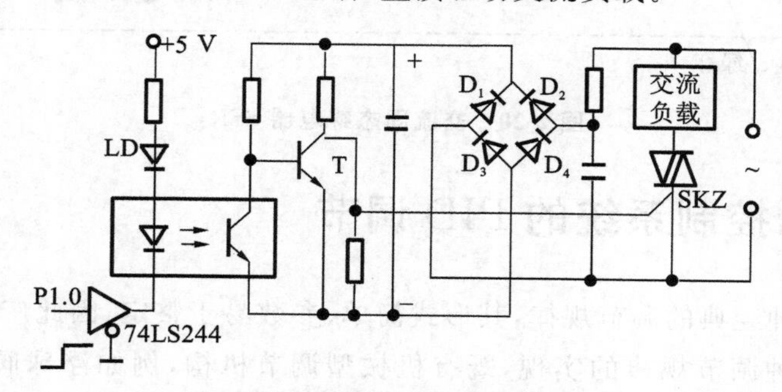

图 2-18　晶闸管交流负载驱动电路

③继电器驱动电路。当图 2-19 中 8 位驱动器 7406 某一个输出为低电平的时候，接在后面的中间继电器线圈将导通，中间继电器的常开触点闭合，接通相应的交

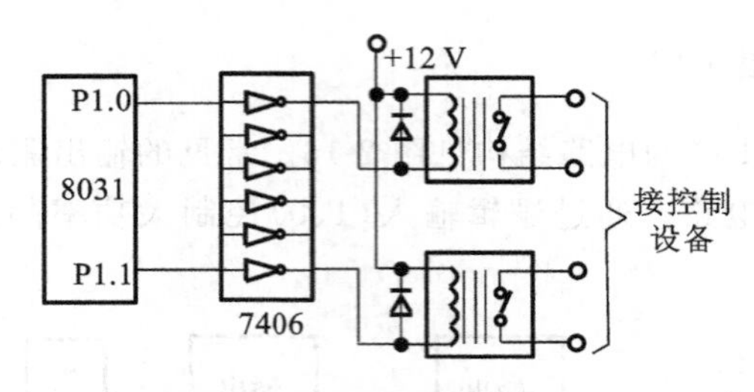

图 2-19 典型继电器驱动电路

流负载线路。

④交流固态继电器驱动电路 SSR。图 2-20 中，交流固态继电器将光电耦合电路、可控硅输出电路、保护电路封装在一个密闭的壳体中。外部引脚 D0、D1 接弱电，输出端引脚接交流负载电路。SSR 相当于一个可接负载的电子开关，动作速度快。

在 DDC 产品的应用中要特别注意输出驱动电路的类型，其必须能承受强电电路所要求的电压和电流：一般要求大于额定电压 500 V、额定电流 5 A。这样才能保证正常驱动继电接触电路中的交流负载，输出驱动电路不被强电损坏。如果输出驱动电路所能承受的电压和电流小于强电电路的参数，则需要采用图 2-17 所示的继电器隔离驱动电路，其中串入交流强电负载电路的中间继电器常开触点，满足强电电路的要求。

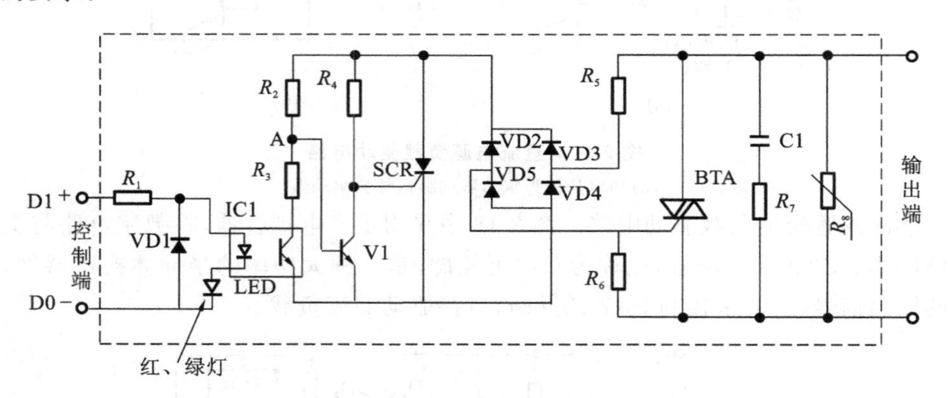

图 2-20 交流固态继电器 SSR

2.4 自动控制系统的 PID 调节

PID 是一种经典的调节规律，其形式简单、参数易于整定，因此广泛应用于控制工程领域。这种调节规律的实现，既有机械型调节机构，例如浮球阀、热力膨胀阀等；也有模拟电子 PID 控制器。PID 数字控制算法(程序)则更加灵活，可以得到修正而更加完善。根据经验进行在线整定，以便得到满意的控制效果。

2.4.1　PID 调节的概念与特点

PID 调节是指按偏差的比例(P,Proportional)、积分(I,Integral)和微分(D,Derivative)进行调节的算法。PID 算法的表达式为

$$u(t) = K_p\left[e(t) + \frac{1}{T_i}\int_0^t e(t)\mathrm{d}t + T_d\frac{\mathrm{d}e(t)}{\mathrm{d}t}\right] \tag{2-2}$$

式中　$u(t)$——控制器的输出信号；

$e(t)$——控制器的输入偏差信号,它等于给定值与测量值之差；

K_p——控制器的比例系数；

T_i——控制器的积分时间常数；

T_d——调节器的微分时间常数。

由式(2-2)可知,当被调参数与其设定值发生偏差时,控制器的输出信号不仅与输入偏差及偏差存在的时间长短有关,而且还与偏差变化的速率有关。

1. 比例调节

以浮子式液面调节系统(如图 2-21)为例,说明比例环节作用的特点。此调节系统的被调参数为水槽中的液位,调节器的调节目的就是要使水槽中的液位保持在一定的范围内。假定系统原来处于规定的平衡状态,进水量 q_1 等于出水量 q_2。当出水量减小时,通过浮球和杠杆的作用,可使阀杆下移,阀门开度减小,从而减少了进水量。同理,当出水量增大时,则通过浮球和杠杆的作用,可使阀杆上移,阀门开度增大,从而增加了进水量,两种情况下最终的结果,都可使流入量等于流出量,液位不再升高或降低,系统达到新的平衡状态。图 2-21 中,浮球就是测量元件,而杠杆就是一个最简单的控制器。

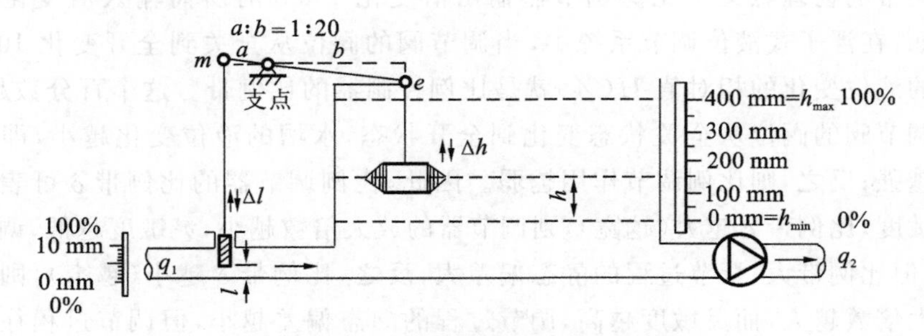

图 2-21　浮子式液面调节系统示意图

假设 Δh 表示液位的变化量(即偏差),也就是控制器的输入;Δl 表示阀杆的位移量,也就是该控制器的输出。杠杆支点和两端的距离分别为 a 和 b,根据相似三角形关系,得下式

$$\frac{a}{\Delta l(t)} = \frac{b}{\Delta h(t)} \tag{2-3}$$

所以

$$\Delta l(t) = \frac{a}{b}\Delta h(t) = K_p\Delta h(t) \tag{2-4}$$

式中　$K_p = \frac{a}{b}$。

由式(2-3)可知

$$K_p = \frac{\Delta l(t)}{\Delta h(t)} = \frac{输出信号的变化}{输入信号的变化} \tag{2-5}$$

比例控制的强弱取决于比例系数 K_p，K_p 值越大，则控制器的放大倍数也越大，灵敏度越高。

如果将控制器的输入和输出信号用相对值表示，则调节阀的位移变化相对值 L(%)为

$$L = \frac{\Delta l}{l_{max} - l_{min}} \tag{2-6}$$

式中　l_{max}——调节阀的最大开度(mm)；

l_{min}——调节阀的最小开度(mm)。

液位变化的相对值 H(%)为

$$H = \frac{\Delta h}{h_{max} - h_{min}} \tag{2-7}$$

式中　h_{max}——液位标尺的最高刻度(mm)；

h_{min}——液位标尺的最低刻度(mm)。

式(2-6)与式(2-7)的比值

$$\delta = \frac{H}{L} = \frac{\Delta h/(h_{max} - h_{min})}{\Delta l/(l_{max} - l_{min})} \tag{2-8}$$

式中　δ——比例控制器的比例带，它表示控制器的放大能力和灵敏度。

比例带的物理意义是比例调节器输出值变化100%时所需输入值变化的百分数。例如：在浮子式液位调节系统中，当调节阀的阀位从全关到全开变化100%时，水槽中的液位变化的相对值 H(%)就是比例控制器的比例带。这个百分数越小，意味着当调节阀的阀位从全关状态变化到全开状态，水槽的液位变化越小，即比例调节作用越强；反之，则比例调节作用越弱。因此，比例调节器的比例带 δ 可表示调节器的灵敏度，比例带 δ 越大(越宽)，则调节器的放大倍数越小，灵敏度越低，调节过程越稳定，但比例带大，调节过程的静态偏差大；反之，比例带 δ 越小(越窄)，则该调节器的放大倍数越大，而灵敏度越高，调节过程的静态偏差越小，但调节过程往往容易不稳定。比例带选得太小，灵敏度过高，当被调参数有少量偏差时，调节器输出信号变化很大，调节阀就移动很大，大到一定的程度，形成过调节，会出现激烈的振荡，甚至产生发散的振荡，使调节系统失去平衡。总之，比例作用是根据偏差的大小和方向，K_p 增大(δ 减小)时，快速减小系统的稳态偏差(但不能消除，因为控制器的输出依赖于偏差的存在)，提高控制精度，但系统稳定性变差。因此，选择好比例调节器的比例带，对整个调节系统的调节过程的好坏是至关重要的。

图2-22为比例调节器比例带的选择和它的调节过渡过程曲线。其中曲线 d 选

择恰当，被调参数波动二三次后即稳定下来；曲线 c，δ 选择偏小，被调参数波动次数增加，稳定性不够好；曲线 b，δ 选择太小，达临界值，被调参数产生等幅振荡，调节系统不稳定；曲线 a，δ 选择太小，小于临界值，被调参数产生振荡，振荡不断扩大而形成发散振荡，调节系统不稳定；曲线 e，δ 选择太大，系统不出现振荡过程，被调参数变化缓慢，静态偏差大。

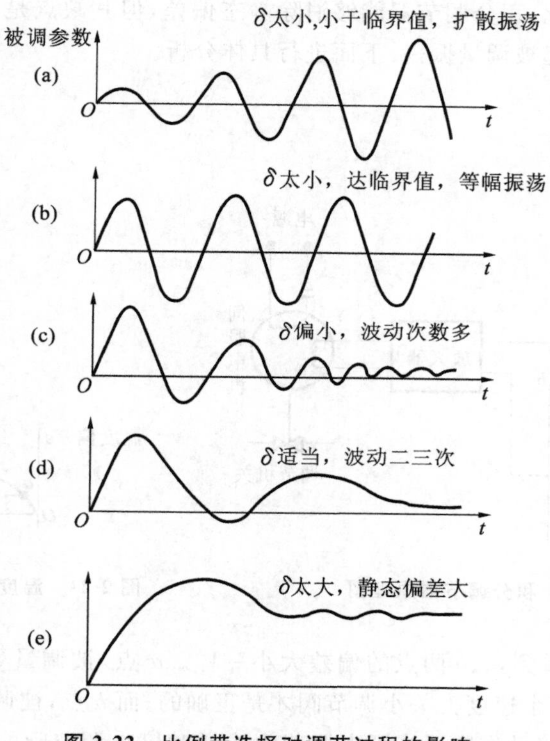

图 2-22　比例带选择对调节过程的影响

(a)曲线 a；(b)曲线 b；(c)曲线 c；(d)曲线 d；(e)曲线 e

因此，对于纯迟延 τ 较小，时间常数 T 较大，传递系数 K 较小的对象，比例带 δ 可选得小些，以提高调节器的灵敏度，减小系统静态偏差，缩短过渡过程时间。反之，对于纯迟延 τ 较大，时间常数 T 较小，传递系数 K 较大的对象，为了得到稳定的调节过程，比例带 δ 宜选得大些，但系统的静态偏差可能会很大。

2. 积分调节

图 2-23 为一积分调节器的动作原理图，当被调参数与给定值相等时，测量电阻与桥臂电阻所组成的电桥平衡，电桥 c、d 两端无输出信号，伺服电机停止转动。当被调参数与给定值有偏差时，电桥不平衡，电桥 c、d 两端有信号输出，经放大器放大后，放大器的输出电流使伺服电机转动。被调参数与设定值是正偏差还是负偏差决定了电桥 c、d 两端的极性，也就决定了伺服电机的转向。电桥 c、d 两端信号的大小与偏差的大小成正比，放大器的输出电流又与输入即 c、d 两端信号成正比，因此流过伺

服电机绕阻电流的强弱就与偏差信号的大小成比例,伺服电机的转速也与偏差信号成比例。因此由伺服电机带动的调节机关(如调节阀等)的移动速度就与被调参数对设定值的偏差值成比,从而实现了积分调节器的作用。

比例调节器的缺点是调节系统一定存在静态偏差,由式(2-2)第二项可以看出,如果被调量不等于设定值,即偏差 $e(t)\neq0$,控制器的积分项就会有输出,直到偏差 $e(t)=0$ 为止。因此,积分调节器能够消除静态偏差,但其缺点是易使调节过程出现过调现象,从而引起被调量振荡,下面进行具体分析。

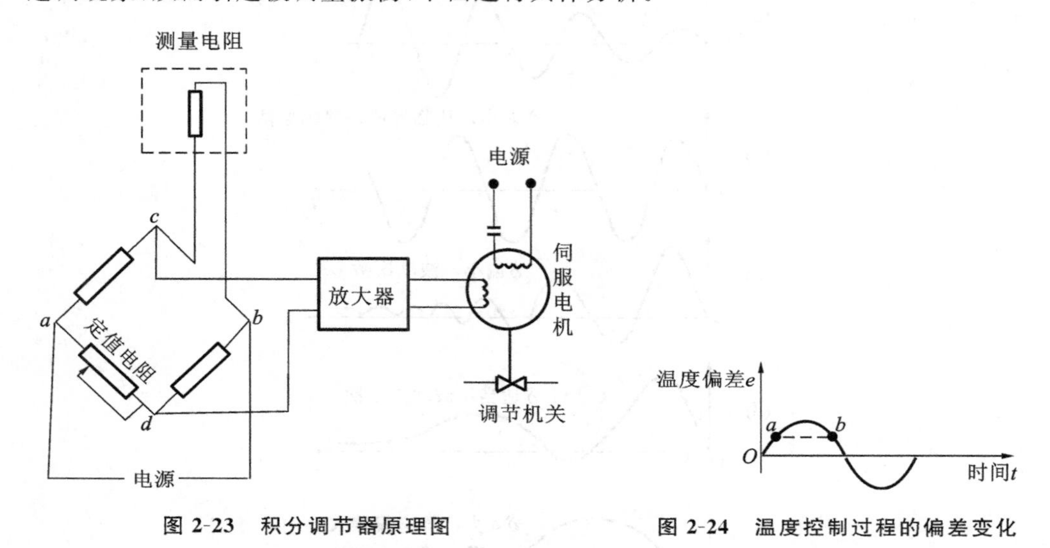

图 2-23 积分调节器原理图

图 2-24 温度控制过程的偏差变化

由图 2-24 中看到,a、b 两点的偏差大小一样。a 点,被调量处于上升变化阶段,积分调节器应以某个速度去关小调节阀才是正确的;而 b 点,被调量已处于下降变化阶段,调节阀的正确动作应适当开大调节阀或暂时停止调节阀的动作。由于积分调节器控制执行器的动作速度及方向只取决于输入偏差的大小及正负,与偏差变化速度的大小及方向无关,因此,只要偏差一样,它就以同样大小的速度去继续关小调节阀,这就产生了调节方向错误的过调现象,使被调参数振荡,甚至产生渐扩性的波动。积分作用的强弱取决于 T_i,T_i 数值减小,积分作用加强,则在同样偏差值时,执行器的动作速度加快,这样可以减小调节过程中被调量的动态偏差,但会增加调节过程的振荡,反之,T_i 数值增加,积分作用减弱,则可以减少调节过程的振荡,但会增加被调量的动态偏差。

3. 微分调节

式(2-2)的第三项为微分控制输出,微分控制作用是对偏差进行微分,根据偏差变化的速度及方向,判断偏差的变化趋势(如图 2-25 所示),来预先改变控制输出量,减小超调量,克服振荡,提高系统稳定性,因而微分控制具有"先知"性。适当增大微分控制作用可加快系统响应,减小超调量,克服振荡,使系统的稳定性提高。其缺点是对干扰同样敏感，使系统抑制干扰能力降低。微分作用的强弱取决于 T_d，T_d 越大，微分作用越强，反之则越弱。

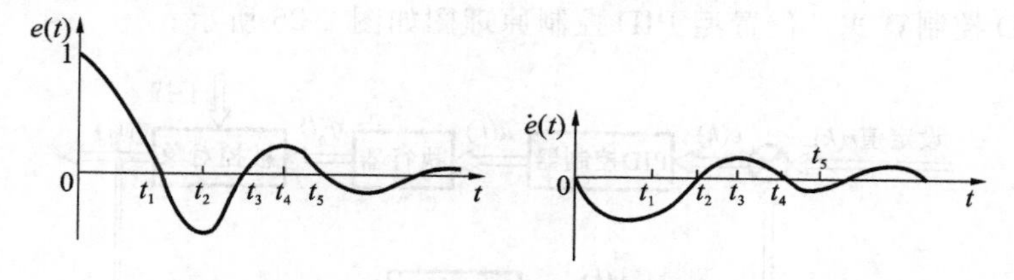

图 2-25　偏差信号与偏差的微分信号

微分调节器根据偏差的变化速度进行调节，故它的动作快于比例调节器，且比积分调节器动作更快。这种超前和加强的调节作用，使被调参数的动态偏差大为减小。但微分调节器是不能单独应用的。因为只要被调参数的导数等于零，调节器就不再输出调节作用。此时即使被调参数有很大的偏差，微分调节器也不产生调节作用，结果被调参数可以停留在任何一个数值上，这就不符合调节系统正常运行的要求。同时，又因微分调节器存在不灵敏区（呆滞区），如果对象的流入量和流出量之间只稍有不相等，则被调参数的导数老是保持小于不灵敏区的数值，永远不能引起调节器的输出，而这样很小的不平衡却会使被调参数逐渐变化，时间长了，就会使被调参数的偏差量超过许可范围。由于这些原因，微分调节器不能单独应用，而常和比例或比例积分调节器组合使用，在调节器中纳入微分调节器的优点，形成比例微分（PD）或比例积分微分（PID）调节器。

2.4.2　数字 PID 调节算法

1. 位置型 PID 调节算法

由于计算机控制是一种采样控制，只能根据采样时刻的偏差值来计算控制量。因此，必须首先对式(2-2)进行离散化处理，用数字形式的差分方程代替连续系统的微分方程，此时积分项和微分项可用求和及增量式表示

$$\int_0^t e\mathrm{d}t = \sum_{j=0}^{k} e(j)\Delta(t) \approx T\sum_{j=0}^{k} e(j) \tag{2-9}$$

$$\frac{\mathrm{d}e}{\mathrm{d}t} \approx \frac{e(k)-e(k-1)}{T} \tag{2-10}$$

将式(2-9)和式(2-10)代入式(2-2)，则可以得到离散的 PID 表达式

$$u(k) = K_{\mathrm{p}}\{e(k) + \frac{T}{T_{\mathrm{i}}}\sum_{j=0}^{k} e(j) + \frac{T_{\mathrm{d}}}{T}[e(k)-e(k-1)]\} \tag{2-11}$$

式中　T——采样周期，必须使 T 足够小，满足香农采样定理的要求，方能保证系统有一定的精度；

k——采样序号，$k=0,1,2,\cdots,n$；

$e(k)$——第 k 次采样时刻输入的偏差值，$e(k)=r(k)-y(k)$；

$e(k-1)$——第 $k-1$ 次采样时刻输入的偏差值；

$u(k)$——第 k 次采样时刻调节器输出值；

由于式(2-11)的输出值 $u(k)$ 与阀门开度的位置一一对应，因此通常把该式称为位置型 PID 控制算式。位置型 PID 控制原理图如图 2-26 所示。

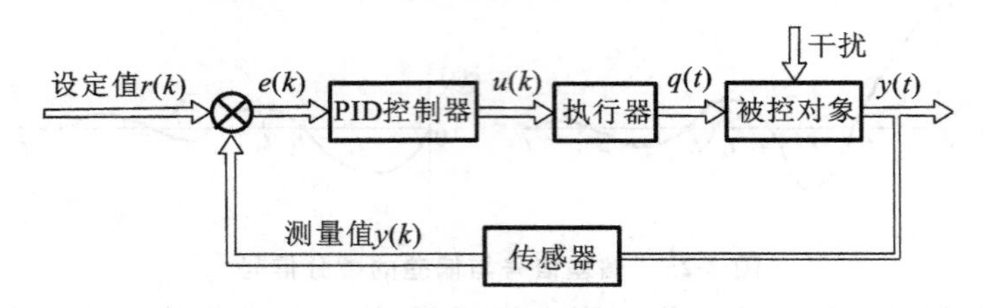

图 2-26 位置型 PID 控制原理图

位置型 PID 控制算法在计算 $u(k)$ 时，不仅需要本次与上次的偏差信号 $e(k)$ 和 $e(k-1)$，而且还要对历次的偏差信号 $e(j)$ 进行累加。这样，不仅计算烦琐，而且为保存 $e(j)$ 还要占用很多内存单元。因此，用式(2-11)直接进行控制很不方便，为此可对该式进行改进。

根据式(2-11)不难写出 $u(k-1)$ 的表达式

$$u(k-1)=K_p\left[e(k-1)+\frac{T}{T_i}\sum_{j=0}^{k-1}e(j)+T_d\frac{e(k-1)-e(k-2)}{T}\right] \tag{2-12}$$

将式(2-11)与式(2-12)相减，得

$$u(k)=u(k-1)+K_p[e(k)-e(k-1)]+K_ie(k)+K_d[e(k)-2e(k-1)+e(k-2)] \tag{2-13}$$

式中 K_i——积分系数，$K_i=K_p\frac{T}{T_i}$；

K_d——微分系数，$K_d=K_p\frac{T_d}{T}$。

由式(2-13)可知，要计算 $u(k)$，只需知道 $u(k-1)$，$e(k)$，$e(k-1)$，$e(k-2)$ 即可，比用式(2-11)计算要简单得多。

2. 增量型 PID 调节算法

在很多控制系统中，由于执行机构是采用步进电动机或多圈电位器进行控制的，所以只要一个增量信号就可以了。因此，式(2-13)可以整理成下式

$$\Delta u(k)=K_p[e(k)-e(k-1)]+K_ie(k)+K_d[e(k)-2e(k-1)+e(k-2)] \tag{2-14}$$

$$\Delta u(k)=q_0e(k)+q_1e(k-1)+q_2e(k-2) \tag{2-15}$$

式中 $q_0=K_p\left(1+\frac{T}{T_i}+\frac{T_d}{T}\right)$， $q_1=-K_p\left(1+\frac{2T_d}{T}\right)$， $q_2=K_p\left(\frac{T_d}{T}\right)$

图 2-27 为增量型 PID 控制算法的程序流程图。在控制系统中，若执行机构需要的是控制量的全量输出，则控制量 $u(k)$ 对应阀门的开度表征了阀位的大小，此时需采用位置型 PID 控制算法；若执行机构需要的是控制量的增量输出，则 $\Delta u(k)$ 对应

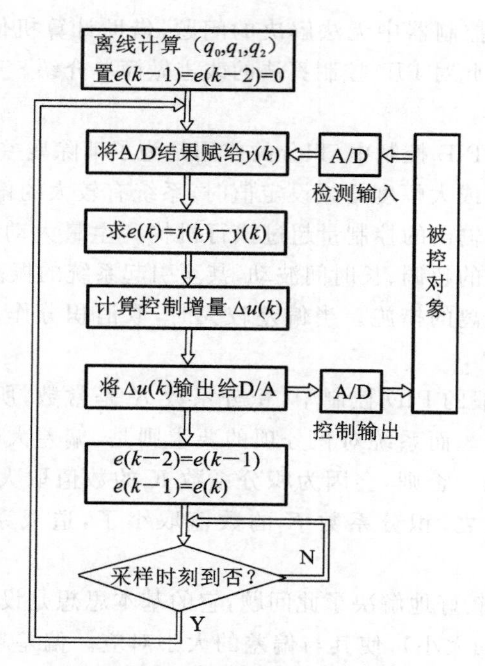

图 2-27　增量型 PID 控制算法的程序流程图

阀门开度的增加或减少表征了阀位大小的变化，此时应采用增量型 PID 控制算法。

在位置型控制算法中，由于全量输出，所以每次输出均与原来位置量有关。为此，不仅需要对 $e(k)$进行累加，而且微机的任何故障都会引起 $u(k)$大幅度变化，对生产不利。

增量型 PID 控制算法与位置型 PID 控制算法相比，具有以下优点。

①增量型 PID 控制算法的输出 $\Delta u(k)$仅取决于最近 3 次的 $e(k)$、$e(k-1)$、$e(k-2)$采样值，计算较为简便，所需的内存容量不大。

②由于微机输出增量，所以误动作影响较小，必要时可用逻辑判断的方法去掉。

③在手动/自动无扰动切换中，增量型 PID 控制算法要优于位置型 PID 控制算法。增量型 PID 控制算法的输出 $\Delta u(k)$对应阀位大小的变化量，而与阀门原来的位置无关，易于实现手动/自动的无扰动切换。而在位置型 PID 控制算法中，要做到手动/自动的无扰动切换，必须预先使得计算机的输出值 $\Delta u(k)$等于 $u(k-1)$，再进行手动/自动的切换才是无扰动的，这给程序的设计和实际应用带来困难。

④不产生积分失控，所以能容易获得较好的调节效果，一旦计算机发生故障，则停止输出 $\Delta u(k)$，阀位大小保持发生故障前的状态，对生产过程无影响。

但是，增量型 PID 控制算法也有缺点，如积分截断效应大，有静态误差等。

3. 改进型 PID 控制算法

在计算机控制系统中，如果单纯用数字 PID 调节器去模仿模拟调节器，不会获得更好的效果。因此，必须发挥计算机运算速度快、逻辑判断功能强、编程灵活等优势。一些在模拟 PID 控制器中无法解决的问题,借助计算机使用数字 PID 控制算法,就可得到解决。在此对 PID 控制算法的改进做简单介绍。

1)积分项的改进

① 积分分离。在 PID 控制中,积分的作用是为了消除残差,提高控制性能指标。但在过程的启动、结束或大幅度增减设定值时,系统有较大的偏差,会造成 PID 运算的积分积累,使得系统输出的控制量超过执行机构产生最大动作所对应的极限控制量,最终导致系统较大的超调、长时间波动,甚至引起系统的振荡。

因此,采用积分分离的措施。当偏差较大时,取消积分作用;当偏差较小时,才将积分作用投入。

②变速积分。一般的 PID 控制中,积分系数 K_i 是常数,所以,在整个控制过程中,积分增量保持不变。而系统对积分项的要求则是,偏差大时,积分作用减弱;偏差小时,积分作用增强。否则,会因为积分系数 K_i 的数值取大了,导致系统产生超调,甚至积分饱和;反之,积分系数 K_i 的数值取小了,造成系统消除残差过程的延长。

变速积分的 PID 较好地解决了此问题,它的基本思想是设法改变积分项的累加速度(即积分系数 K_i 的大小),使其与偏差的大小对应。偏差越大,积分越慢;反之,偏差越小,积分越快。

2)微分项的改进

①微分先行。为了避免给定值的改变,给系统带来的影响(如超调量过大、系统振荡等)。可采用微分先行的 PID 控制技术。它只对被控变量 $y(t)$ 进行微分,而不对偏差微分,即对给定值无微分作用,消除了给定值频繁升降给系统造成的冲击。

②不完全微分。普通的 PID 控制算式,对具有高频扰动的生产过程,微分作用响应过于灵敏,容易引起控制过程振荡,降低调节品质。尤其是计算机对每个控制回路输出时间是短暂的,而驱动执行器动作又需要一定时间,如果输出较大,在短暂时间内执行器达不到应有的开度,会使输出失真。为了克服这一缺点,同时又要微分作用有效,可以在 PID 控制输出串入一阶惯性环节,这就组成了不完全微分 PID 调节器。

PID 算法是 DDC 控制的基本算法,除上述介绍的这些算法外,还有一些改进型 PID 控制算法,如抗积分饱和 PID、带死区 PID 等。PID 算法对于实现智能建筑暖通空调系统这类固有的非线性、时变性系统的有效控制,具有积极的意义。

2.4.3 PID 参数的整定

调节系统设计和安装完成以后,投入运行前,先要对调节器的参数进行整定,即选择适当的采样周期、比例常数、积分时间常数和微分时间常数等参数,以保证调节系统良好运行,并得到某种意义下的最佳过渡过程。对于一个结构和控制方案确定的控制系统,其控制性能指标主要取决于参数的选择,与最佳过渡过程相对应的调节器参数值叫最佳整定参数。

在自动控制理论中，对调节器参数的整定和最佳整定参数有详细的探讨和复杂的理论计算。但实际应用中，调节器参数的整定及最佳整定参数很难单纯依靠计算方法来求取，因为，一是缺乏足够的对象动态特性资料，有时只能得到近似资料；二是计算工作繁难，工作量大，且算出来的结果不一定可靠；三是存在种种非线性因素。

因此对一般工程的自动调节系统，其调节器参数工程整定工作，都是通过现场调试完成的。工程上整定 PID 参数常常采用实验方法，或者通过实验试凑，或者通过实验经验公式估算，或者两者结合起来。

当一个计算机控制系统含有多个不同类别的控制回路时，采样周期一般应按采样周期最小的回路的要求来选择，否则，对于不同类别的回路应选取不同的采样周期。工业控制过程中，一般可按表 2-3 的经验数据进行选取，然后在运行试验时进行修正。

表 2-3　采样周期经验数据

控制回路类别	采样周期/s
流量	1～5
压力	3～10
液位	6～8
温度	15～20
成分	15～20

1. 扩充临界比例度法

用实验经验公式法进行 PID 控制参数整定时，最常用的是扩充临界比例度法，它是整定模拟 PID 调节器参数的临界比例度法的扩充，也因此得名。

当临界比例度法整定模拟 PID 调节器参数时，首先选用纯比例调节器构成闭环控制，改变比例控制参数，使系统对阶跃输入的响应达到临界振荡状态，将这时的比例控制参数的取值记为 K_r，临界振荡的周期记为 T_r。用于数字 PID 控制时，临界比例度法所提供的原则是适用的，但具体应用时需进行扩充，扩充时，首先选用足够小的采样周期 T，仿照模拟 PID 调节器的临界比例度法，求出临界振荡时的比例控制参数 K_r 及临界振荡周期 T_r；其次要选定控制度。所谓控制度，就是以模拟控制效果为基准，将数字控制效果与其相比较的一种度量。通常，当控制度评价函数值为 1.05 时，就可认为数字控制与模拟控制效果相当。根据选用的控制度评价函数的值，以及基本参数 K_r，T_r，数字 PID 参数 K_p，T_i，T_d 以及采样周期 T 可由表 2-4 提供的经验数据给出。

表 2-4 扩充临界比例度法确定数字 PID 参数 T,K_p,T_i,T_d

控制度	控制类型	T	K_p	T_i	T_d
1.05	PI	$0.03T_r$	$0.53K_r$	$0.88T_r$	—
	PID	$0.014T_r$	$0.63K_r$	$0.49T_r$	$0.14T_r$
1.20	PI	$0.05T_r$	$0.49K_r$	$0.91T_r$	—
	PID	$0.043T_r$	$0.47K_r$	$0.47T_r$	$0.16T_r$

2. 扩充响应曲线法

①数字调节器不接入控制系统，使系统处于开环状态，将被控制量调节到工作点附近，并使之稳定下来，然后使执行机构产生阶跃位移，给对象一个阶跃输入信号。

②用记录仪表记录被控制量在阶跃输入下的过渡过程曲线，如图 2-28 所示。

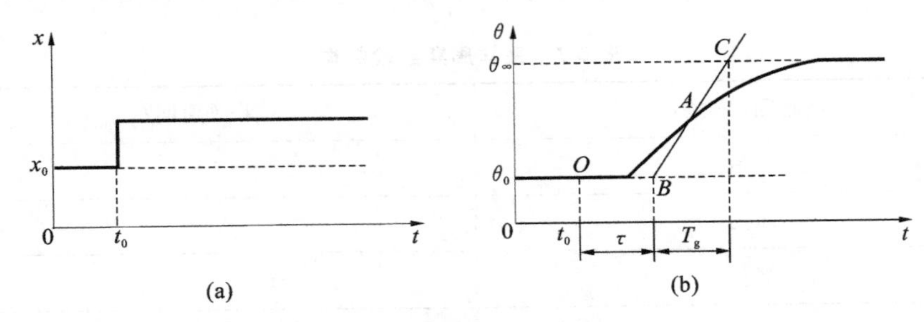

图 2-28 扩充响应曲线法确定数字 PID 参数

(a)阶跃输入信号；(b)广义对象阶跃反应曲线

③在曲线最大斜率处(拐点 A)作切线，求得滞后时间 τ、被控对象时间常数 T_g，以及它们的比值 T_g/τ。

④由求得的 τ，T_g 及 T_g/τ，查表 2-5，即可求得数字 PID 参数 K_p，T_i，T_d。

表 2-5 扩充响应曲线法确定数字 PID 参数 T,K_p,T_i,T_d

控制度	控制类型	T	K_p	T_i	T_d
1.05	PI	0.1τ	$0.84T_g/\tau$	3.40τ	—
	PID	0.05τ	$1.15T_g/\tau$	2.00τ	0.45τ
1.20	PI	0.20τ	$0.78T_g/\tau$	3.60τ	—
	PID	0.16τ	$1.00T_g/\tau$	1.90τ	0.55τ

3. 试凑法

试凑法是通过模拟试验或闭环运行(如果允许的话)记录系统对典型输入信号的响应曲线(如阶跃响应曲线)，然后分析由于调节各控制参数对系统响应的控制效果，反复试凑参数，以达到满意的响应，从而确定 PID 控制参数。

增大比例系数 K_p 将增强比例控制，一般将加快系统的响应，在有静差的情况下，有利于减小静差，但过大的比例系数会使系统有较大的超调，并产生振荡，使系统的稳定性降低。增大积分时间常数 T_i，将削弱积分控制，有利于减小超调、减轻振荡，使系统的稳定性提高，但消除系统静差的过程将减慢。增大微分时间常数 T_d，将增强微分控制，使超调量减小，稳定性增强，但将减弱系统对高频干扰的抑制能力。

在试凑 PID 控制参数时，可参考以上改变参数对控制过程的影响的分析，按先比例、后积分、再微分的整定步骤反复试凑。

①首先只整定比例部分，即仅采用比例控制，调节比例系数从小逐步变大，并观察记录相应的系统响应曲线，找出其中反应较快、超调较小的响应曲线。如果响应曲线表明系统不存在静差，或静差在允许范围之内，并且动态响应亦属满意，那么只需采用比例控制即可，比例控制参数整定可由此确定。

②如果仅采用比例控制时，系统的静差不能满足要求，或者系统的动态、静态性能难以兼顾，则需加入积分控制。整定时，首先置积分时间常数 T_i 为一较大值，并将经第一步整定所得到的性能较好的比例控制参数略微缩小(例如缩小到原值的 80%)，然后减小积分时间常数，在保持系统动态性能良好的情况下，使静差得以消除。在减小积分时间常数的过程中，由于积分控制对比例控制有补偿作用，所以应根据响应曲线的变化，适当修改比例控制参数，以期得到满意的效果。

③若使用比例加积分控制，稳态精度和动态响应经反复试凑 PI 参数仍不能兼顾，则可加入微分控制，构成 PID 控制。在第二步整定的基础上，将微分时间常数 T_d 从零逐渐加大，分析改变参数后对控制性能的影响，相应地对 PID 三个可调参数做出增大或减小的决策，逐步试凑，以获得满意的控制效果和相应的控制参数。

应当指出的是，所谓“满意”的控制效果，是随不同的对象和控制要求而定的。从应用的角度看，只要被控过程的主要性能达到用户要求，则所选定的一组控制参数就是有效的控制参数。事实上，在比例、积分、微分三部分的控制作用之间，某部分的减小，往往可由其他部分的增大来近似补偿。因此，用不同的整定参数有可能得到相近的控制效果，所以，在参数整定时，参数的选定并不是唯一的，况且，PID 参数整定，其实质是在参数 K_p、T_i、T_d 所构成的三维空间中的搜索问题。要测试所有 K_p、T_i、T_d 的组合是不可能的，也没有现实的工程意义。

PID 参数的试凑整定可以归纳成以下口诀：

参数整定找最佳，从小到大顺序查；
先比例后积分，最后再把微分加；
曲线振荡很频繁，比例系数要调小；
曲线漂浮绕大弯，比例系数要放大；
曲线偏离回复慢，积分时间往下降；
曲线波动周期长，积分时间再加长；
曲线振荡频率快，先把微分降下来；
动差大来波动慢，微分时间应加长；
理想曲线两个波，前高后低 4 比 1。

2.5 监控组态软件概述

2.5.1 监控组态软件的概念与程序组件

监控组态软件(SCADA,Supervisory Control and Data Acquisition)是自动控制系统监控层一级的软件平台和开发环境,使用灵活的组态方式,为用户提供快速构建 DCS 系统监控功能,通用层次的软件工具。组态软件应该能支持各种控制设备和常见的通信协议,并且通常应提供分布式数据管理和网络功能。"组态"(Configuration)一词的英文意思为配置,目前基于 Windows 平台的监控组态软件,都可以采用类似资源浏览器的窗口结构,对控制系统中的各种资源(界面、数据库、设备、驱动、标签量、算法、物理和逻辑网络等)进行配置和编辑。通过组态和调试过程,可以生成一个能够实时运行的目标应用程序,完成一个特定的自动控制工程项目。

监控组态软件因其功能强大,而每个功能相对来说又具有一定的独立性,因此其组成形式是一个集成软件平台,由若干程序组件构成。其中典型组件如下。

1. 应用程序管理器

应用程序管理器是提供应用程序的搜索、备份、解压缩、建立新应用等功能的专用管理工具。自动化工程设计工程师应用组态软件进行工程设计时,经常会遇到下面一些烦恼:经常要进行组态数据的备份;经常需要引用以往成功应用项目中的部分组态成果(如画面);经常需要迅速了解计算机中保存了哪些应用项目。虽然这些要求可以用手工方式实现,但效率低下、极易出错。有了应用程序管理器的支持,这些操作将变得非常简单。

2. 图形界面开发程序

图形界面开发程序是自动化工程设计工程师为实施其控制方案,在图形编辑工具的支持下进行图形系统生成工作所依赖的开发环境。通过建立一系列用户数据文件,生成最终的图形目标应用系统,供图形运行环境运行时使用。

3. 实时数据库系统组态程序

实时数据库系统组态程序是建立实时数据库的组态工具,可以定义实时数据库的结构、数据来源、数据连接、数据类型及相关的各种参数。在系统运行环境下,可以实现实时数据显示、数据计算处理任务,历史数据的查询、检索、报警的管理。

4. I/O 驱动程序

I/O 驱动程序是组态软件中必不可少的组成部分,用于和 I/O 设备通信,互相交换数据,DDE 和 OPC Client 是两个通用的标准 I/O 驱动程序,用来和支持 DDE 标准和 OPC 标准的 I/O 设备通信。多数组态软件的 DDE 驱动程序被整合在实时数据库系统或图形系统中,而 OPC Client 则多数单独存在。

5. 通用数据库接口(ODBC 接口)组态程序

通用数据库接口组件用来完成组态软件的实时数据库与通用数据库(如 Oracle、Sybase、Foxpro、DB2、Informix、SQL Server 等)的互联,实现双向数据交换,通用数据库既可以读取实时数据，也可以读取历史数据；实时数据库也可以从通用数据库实时地读入数据。通用数据库接口(ODBC 接口)组态环境用于指定要交换的通用数据库的数据库结构、字段名称及属性、时间区段、采样周期、字段与实时数据库数据的对应关系等。

6. 控制策略编辑组态程序

控制策略编辑/生成组件是实现低成本监控的核心软件，具有很强的逻辑、算术运算能力和丰富的控制算法。策略编辑/生成组件以 IEC-1131-3 标准为使用者提供标准的编程环境，共有 4 种编程方式：梯形图、结构化编程语言、指令助记符、模块化功能块。使用者一般都习惯于使用模块化功能块，根据控制方案进行组态，结束后系统将保存组态内容并对组态内容进行语法检查、编译。

7. 实用通信程序组件

实用通信程序极大地增强了组态软件的功能，可以实现与第三方的数据交换，是组态软件价值的主要表现之一。通信实用程序具有以下功能：

①可以实现操作站的双机冗余热备用；

②实现数据的远程访问和传送；

③通信实用程序可以使用以太网、RS485、RS232 等多种通信介质或网络实现其功能。实用通信程序组件可以划分为 Server 和 Client 两种类型，Server 是数据提供方，Client 是数据访问方，一旦 Server 和 Client 建立起了链接，两者间就可以实现数据的双向传送。

2.5.2　BAS 监控组态软件举例

本章以西门子 APOGEE 系统监控组态软件 Insight 为例，对 BAS 监控组态软件的基本功能和结构做简单介绍。

1. 基本功能

Insight 软件是西门子 APOGEE 楼宇自动化系统的监控组态管理软件。具有如下三大基本功能，软件功能组件如图 2-29 所示。

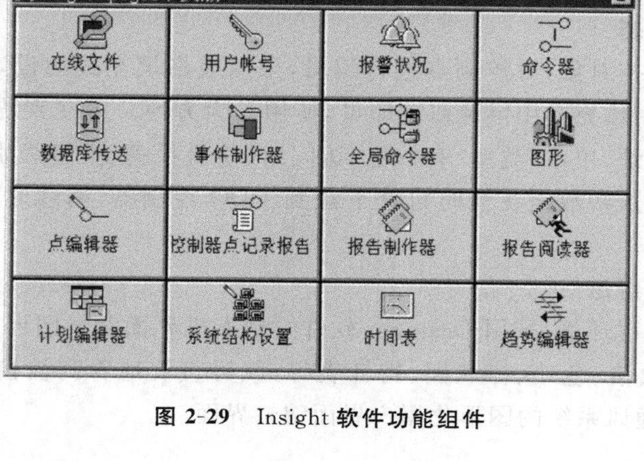

图 2-29　Insight 软件功能组件

①监视功能。用户可通过动态图形、趋势图等应用程序对 APOGEE 系统控制设备的运行状态,被控对象的控制效果进行实时和历史的监视。

②控制功能。用户可通过控制命令,程序控制和日程表控制等应用程序控制楼宇自控设备的启停或调节。

③管理功能。包括用户账户管理、系统设备管理、程序上下载管理,用户还能通过系统活动记录、报表等应用程序了解 APOGEE 系统自身的状态。

2. 用户账户

Insight 监控软件基于 Windows XP/2000/NT 操作平台,采用 Client/Server 架构,最多可支持 25 个客户端(Client)同时运行 Insight 监控软件。Insight 监控软件使用 Windows XP/2000/NT 的用户认证机制,保证了 Insight 监控软件的安全性和可靠性。可以根据对象和功能设定用户权限,定义 Insight 及 BLN 的账户,如图 2-30 所示。

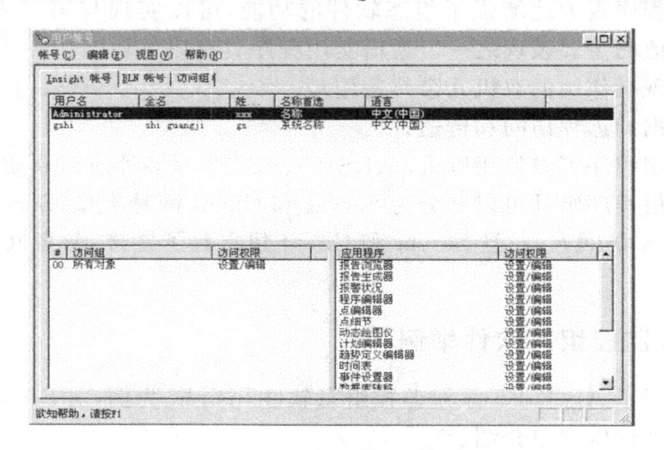

图 2-30 用户账户设置界面

3. 系统配置

针对实际工程情况,搭建控制系统的网络结构,并图形化显示,支持鼠标拖放,直接显示离线、在线情况,如图 2-31 所示。

4. 控制点组态

针对系统监控对象,对控制点进行编辑,采用表格填充式的设定和程序编辑方式,只需在表格中填充或用鼠标修改即可,使用极为方便。定义系统点包括点名、描述、存储单元、地址、单位、类型、有效位、访问组、是否报警、报警级别。图 2-32 为控制点编辑界面。这些数据在线时自动下载到 DDC 控制器,离线时存储在 PC 数据库中。

5. 人机界面组态

可以针对工程环境,采用 Designer 软件绘制人机界面背景图形,支持动态动画,添加关联点的数值、色块、棒状图、指针表等,就可直观地看到被控设备及监控点。图 2-33 为空调通风系统的图形化用户界面编辑界面。

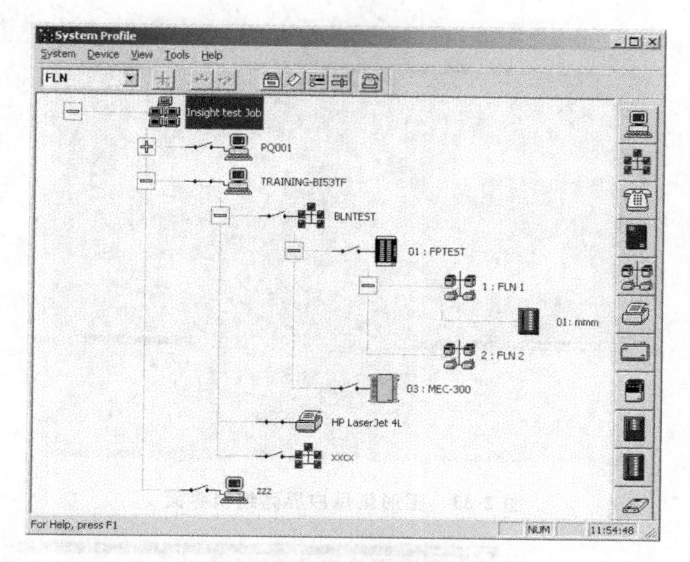

图 2-31　系统网络组态界面

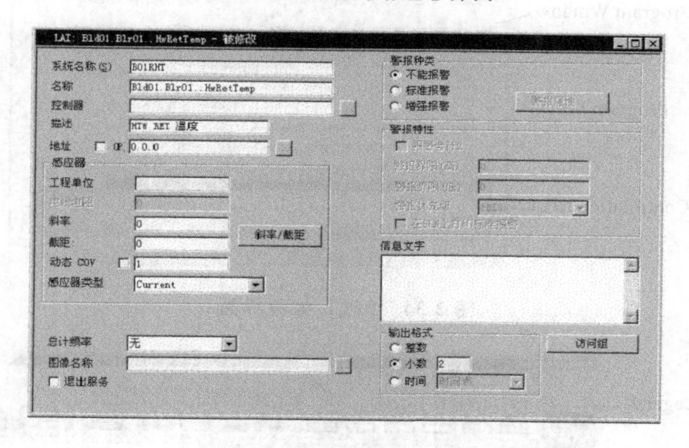

图 2-32　控制点编辑界面

6. PPCL 编程器

PPCL 编程软件是控制逻辑的编程软件，语法结构类似于 BASIC 语言，编译完成后需要下载到 DDC 控制器中，对被控对象进行控制。PPCL 编程允许在线修改，程序被下载到现场控制器之前，所有的程序语句状态必须是关闭的。图 2-34 为 PPCL 编程界面。

7. 报警管理

报警的管理包括监察、缓冲，储存及将报警显示在操作站上。所有报警应显示有关报警监控点的详细资料，包括发生的时间及日期。报警根据严重性最少分为三级，以便更有效及快速处理严重的报警。用户可以为不同的报警自行决定严重性的级别。报警编辑界面见图 2-35。

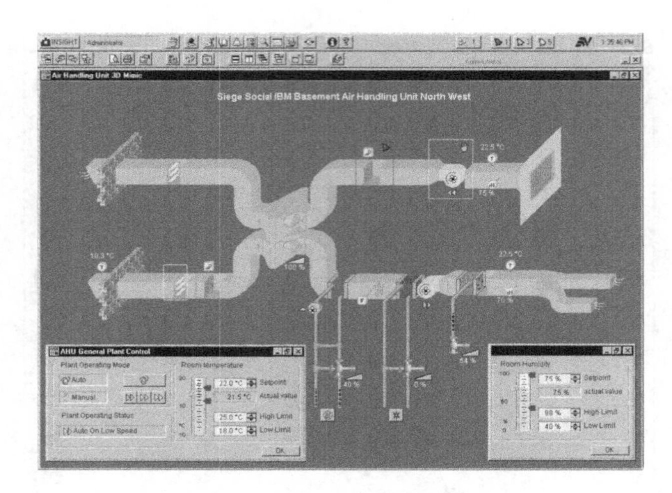

图 2-33　图形化用户界面编辑界面

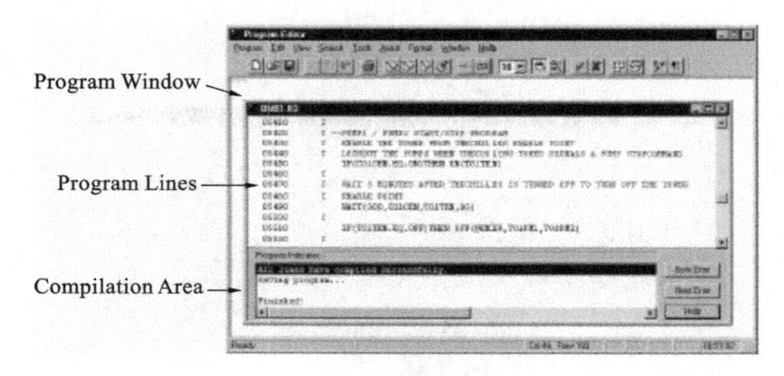

图 2-34　PPCL 编程界面

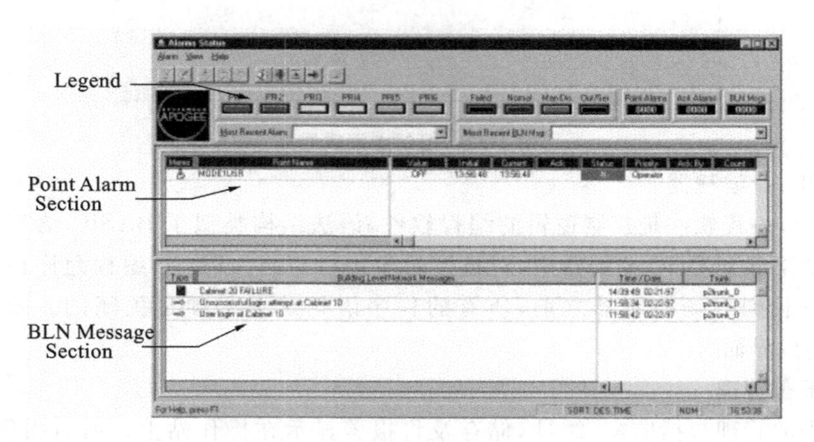

图 2-35　报警编辑界面

8. 报表制作

在 Report Builder 中制作报表，在 Report Viewer 中显示/打印报表。报表类型：Alarm、Event、FLN Diagnostics、Network Diagnostics、Panel Configuration、Point、PPCL、Trend、Scheduler、System Profiles、User Accounts。图 2-36 为报表制作界面。

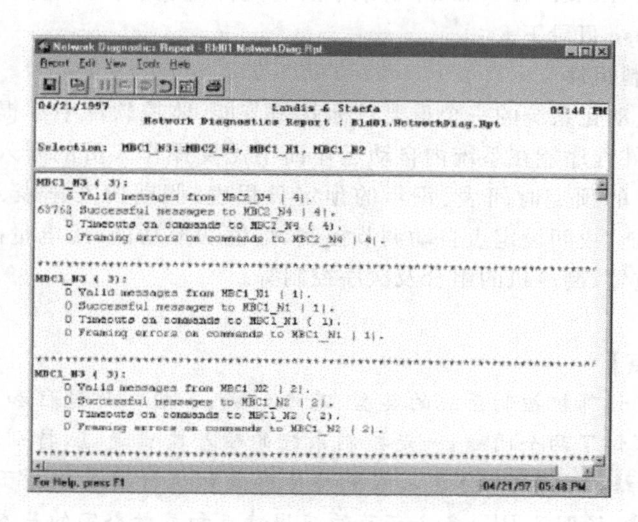

图 2-36　报表制作界面

9. 数据传输

数据传输可以完成数据库修改的上传和下载操作，以保证现场控制器与 Insight PC 之间的同步，可监视数据传输的进展及记录，可选择控制器进行 Upload/Download。图 2-37 为数据传输操作界面。

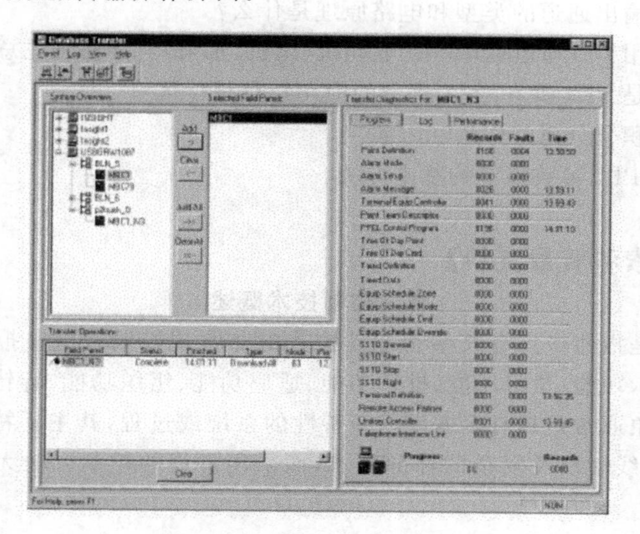

图 2-37　数据传输操作界面

10. 数据备份和恢复

动态数据备份和恢复,使用 Atomback 命令备份数据,使用 Atomrest 命令恢复数据。可以复制\Insight\Database 目录下所有文件,恢复时可以将备份文件复制回\Insight\Database 目录下。

11. 节能控制组件

建筑设备自动化系统的一个重要目标就是节能,监控软件中都提供了相应的节能软件,这些软件程序能在系统内自动运作而不需要操作人员的介入。主要节能程序组件包括每日的预定时间表、每年的预定日程表、假期的安排表、临时超控安排表、最佳启停功能、夜间设定点自动调节控制、焓值切换功能、用电量高峰期的限制、温度设定点的重置、制冷机的组合及次序控制等。

【本章要点】

本章介绍了计算机控制系统的类型、基本组成、一般工作过程和 BAS 组态软件的概念。重点探讨了两个问题:一是控制系统的输入输出通道,特别强调了 AI、DI、AO、DO 的电路结构和原理,为在工程中与传感器和执行器连接打下基础。二是针对 PID 调节规律,强调了 PID 各个环节的应用特点和参数整定的基本方法。

【思考与练习题】

2-1 计算机控制系统的基本构成是什么?

2-2 计算机控制系统的类型和特点是什么?

2-3 输入输出通道的类型和电路原理是什么?

2-4 如何用 DO 通道启动一台电动机(风机、水泵)?要特别注意什么?

2-5 什么是 PID 调节,各个环节的应用特点是什么?

2-6 简述积分分离的作用和方法。

2-7 简述 PID 参数整定的基本方法。

【深度探索和背景资料】

智能控制技术概述

智能控制是指那些具有某些智能性拟人的非常规控制。这些拟人功能包括知识与经验的表示功能、学习功能、推理功能、适应功能、组织功能、容错功能等。智能控制的控制对象通常是具有多方面复杂特性的系统或过程,其主要特征表现为高度的不确定性、非线性以及复杂的任务要求,而采用常规的控制方法无法实现有效的控制。

1. 智能控制的主要方法

智能控制技术的主要方法有模糊控制、基于知识的专家控制、神经网络控制和集成智能控制等,以及常用优化算法有遗传算法、蚁群算法、免疫算法等。

1）模糊控制

模糊控制以模糊集合、模糊语言变量、模糊推理为其理论基础，以先验知识和专家经验作为控制规则。其基本思想是用机器模拟人对系统的控制，就是在被控对象的模糊模型的基础上运用模糊控制器近似推理等手段，实现系统控制。在实现模糊控制时主要考虑模糊变量的隶属度函数的确定以及控制规则的制定，二者缺一不可。

2）专家控制

专家控制是将专家系统的理论技术与控制理论技术相结合，仿效专家的经验，实现对系统控制的一种智能控制。主体由知识库和推理机构组成，通过对知识的获取与组织，按某种策略适时选用恰当的规则进行推理，以实现对控制对象的控制。

3）神经网络控制

神经网络模拟人脑神经元的活动，利用神经元之间的联结与权值的分布来表示特定的信息，通过不断修正连接的权值进行自我学习，以逼近理论为依据进行神经网络建模，并以直接自校正控制、间接自校正控制、神经网络预测控制等方式实现智能控制。

4）学习控制

（1）遗传算法学习控制

快速、高效、全局化的优化算法是实现智能控制的重要手段。遗传算法是模拟自然选择和遗传机制的一种搜索和优化算法，它模拟生物界/生存竞争，优胜劣汰，适者生存的机制，利用复制、交叉、变异等遗传操作来完成寻优。遗传算法作为优化搜索算法，一方面希望在宽广的空间内进行搜索，从而提高求得最优解的概率；另一方面又希望向着解的方向尽快缩小搜索范围，从而提高搜索效率。

（2）迭代学习控制

迭代学习控制模仿人类学习的方法，即通过多次的训练，从经验中学会某种技能，来达到有效控制的目的。迭代学习控制能够通过一系列迭代过程实现对二阶非线性动力学系统的跟踪控制。整个控制结构由线性反馈控制器和前馈学习补偿控制器组成，其中，线性反馈控制器保证了非线性系统的稳定运行，前馈补偿控制器保证了系统的跟踪控制精度。它在执行重复运动的非线性机器人系统的控制中是相当成功的。

2. 智能控制的应用

1）工业过程中的智能控制

生产过程的智能控制主要包括两个方面：局部级和全局级。局部级的智能控制是指将智能引入工艺过程中的某一单元进行控制器设计，例如智能PID控制器、专家控制器、神经元网络控制器等。研究热点是智能PID控制器，因为其在参数的整定和在线自适应调整方面具有明显的优势，且可用于控制一些非线性的复杂对象。全局级的智能控制主要针对整个生产过程的自动化，包括整个操作工艺的控制、过程的故障诊断、规划过程操作、处理异常等。

2)机械制造中的智能控制

在现代先进制造系统中,需要依赖那些不够完备和不够精确的数据来解决难以或无法预测的情况,人工智能技术为解决这一难题提供了有效的解决方案。智能控制随之也被广泛地应用于机械制造行业,它利用模糊数学、神经网络的方法对制造过程进行动态环境建模,利用传感器融合技术来进行信息的预处理和综合。可采用专家系统的"Then-If"逆向推理作为反馈机构,修改控制机构或者选择较好的控制模式和参数。利用模糊集合和模糊关系的鲁棒性,将模糊信息集成到闭环控制的外环决策选取机构来选择控制动作。利用神经网络的学习功能和并行处理信息的能力,进行在线的模式识别,处理那些残缺不全的信息。

3)电力电子学研究领域中的智能控制

电力系统中,发电机、变压器、电动机等电机电器设备的设计、生产、运行、控制是一个复杂的过程,国内外的电气工作者将人工智能技术引入到电气设备的优化设计、故障诊断及控制中,取得了良好的控制效果。遗传算法是一种先进的优化算法,采用此方法来对电器设备的设计进行优化,可以降低成本,缩短计算时间,提高产品设计的效率和质量。应用于电气设备故障诊断的智能控制技术有模糊逻辑、专家系统和神经网络。

3. 工业智能控制系统功能结构

1999 年 1 月,美国 IMTR 项目组(Integrated Manufacturing Technology Road-mapping)发表了流程工业智能控制报告,扩展了 JimAlbus 给出的"智能控制系统是那些在不确定环境下增加成功可能性的系统"的定义,给出了流程工业智能控制功能模型。在报告中,IMTR 项目组按上述功能模型,分析了目前检测、通信、数据转换和决策、驱动 4 个方面智能控制的现状、愿景、目标和任务。当然,报告中的智能控制是广义的"智能",相当我们通常所说的智能化,但对于我们理解工业智能控制系统还是很有启发的。这里,将其中与通常意义下智能控制有关内容汇总如下。

1)检测

未来愿景是高性价比的任何环境下的过程参数的直接测量。达成愿景的目标和智能控制研究任务有:①扩展的属性感知。研制进行非常规测量(如嗅觉、味觉等)的传感器,提供特殊的定量信息用于评估产品的特性/质量。②软测量。开发更实用、准确的建模技术以证明推理传感的价值;混合建模工具将过程数据和工艺知识结合起来进行推理和过程性能监视。③传感融合。通过不同传感器输入的集成和融合支持多相系统;开发一般的传感融合算法;开发多用途传感融合处理器。

2)通信

人-机通信。未来愿景是清晰、准确、快速、明确地交换性能和指令信息。达成愿景的目标和智能控制研究任务有:①在需要决策的时候将各种领域数据综合,以人能理解的语言提供实时、正确的信息。开发控制系统、企业控制模型和通信的自适应集成;开发数据关系管理工具,接受文本语言查询,从各种数据中抽取信息进行应答；开发建立用于报警模式识别和能提出合理化建议的专家系统；开发新的低成本的显示和表达技术，为操作员提供通信信息。②高级感知交互。在工艺设计者/操作员和过程之间提供新方式的交互。开发生物耦合反馈技术（如声音指令、生物测定等）。

机-机通信。未来愿景是及时、准确、自组态的与过程无缝连接接口。达成愿景的目标和智能控制研究任务有：①真正的即插即用。自主集成控制元件；建立接口库；研究生物学习技术，作为人机交互新方法的基础。②鲁棒控制体系结构。提供高频带通信架构、策略和系统组态工具用于智能传播。

3）数据转换和决策

感知处理。未来愿景是无缝、高速、准确的多传感融合。达成愿景的目标和智能控制研究任务有：①提供鲁棒软测量，用于基于科学的过程状态估计。②实时感知处理。

产品和过程建模。未来愿景是以产品模型为输入形式，过程模型为主过程控制器。达成愿景的目标和智能控制研究任务有：①混合建模。将机理知识与数据组合成混合模型。开发新的混合模型范例，开发建模集成协议、多专业协作环境和模型移植工具。②多智能体系架构。③自动建模技术。建立过程知识库，支持无专业建模经验人员。④动态、自进化模型，支持实时优化。

推理和适应。未来愿景是用于优化操作的控制器。达成愿景的目标和智能控制研究任务有：①支持集成产品/过程开发（IPPD）概念。②集成控制开发环境。根据产品/过程特性自动形成控制器。③经验/知识获取。将其并入到智能操作控制系统。④智能自适应控制系统。提供对未计划/未预见事件的控制逻辑，减少管理和操作过程中人的干预。

任务分解和决策。未来愿景是在实时环境下给出正确的指令。达成愿景的目标和智能控制研究任务有：①集成决策处理，鲁棒决策处理递阶结构。②开发经济的控制策略优化和实施技术。③全面工具集成。

4）驱动

未来愿景是直接过程驱动。达成愿景的目标和智能控制研究任务有：①自诊断、自整定、自主集成，即插即用的执行元件。②提供广义工厂控制模型。③软执行器，带推理功能，为下一代执行器奠定基础。

第3章　建筑设备自动化网络技术

建筑设备自动化系统是一个复杂的集散型控制系统(DCS),其中,直接数字控制器(DDC)是建筑设备监控系统组成的基本"单元细胞",连接这些细胞和上位计算机进行数据通信交换的"神经"是建筑设备自动化网络。本章主要介绍与之相关的基础理论和技术。

3.1　数据传输与网络连接

3.1.1　计算机网络的拓扑结构

网络拓扑结构是计算机网络节点(网络上的设备)和通信链路所组成的几何形状。它对于计算机网络的稳定性、可靠性有较大的影响。例如添加或移动某些网络用户,这些用户可能在同一楼层的不同的办公室,也可能在其他楼层或其他大楼内,不同拓扑结构的扩展性不同。在设计和选择网络拓扑结构时,应该考虑组网的用途、今后是否需要扩大网络的规模和是否有其他网络要与这个网络连接。计算机网络常用的拓扑结构有总线型结构、环形结构、星形结构、树形结构、网状结构和混合型结构。

1. 星状拓扑(Star)

星状拓扑中的所有设备都与中心节点相连,如图3-1所示。其中一个节点如果向另一个节点发送数据,首先将数据发送到中心节点,然后由中心节点将数据转发到目标节点。中心节点提供数据交换功能,可以是一台服务器、集线器(Hub)或交换机(Repeater),交换机的特点是允许多对节点同时传输数据,从而提供比Hub更大的数据传输带宽。

星状拓扑的优点是易于管理、维护,安全,其中的一个节点发生了故障,不会影响网络的运行。缺点是中心节点必须具有很高的可靠性,因为中心节点一旦发生故障,整个网络就会瘫痪。

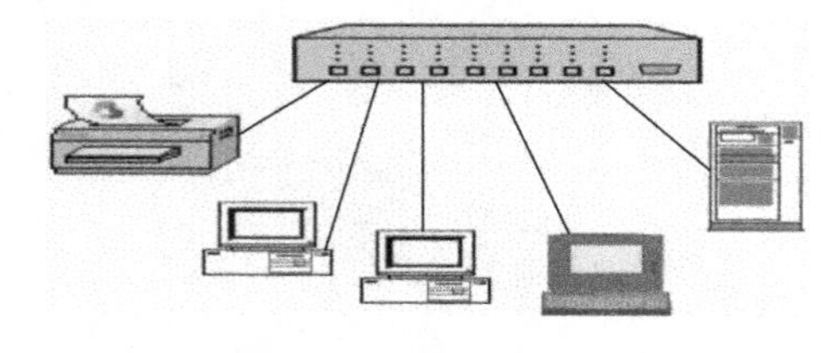

图3-1　星状拓扑结构

2. 总线拓扑(Bus)

总线拓扑中的所有设备都连接到一条数据传输主干线缆上，如图3-2所示。总线型网络使用广播式传输技术，所有节点共享同一条公共通道，所以在任何时候只允许一个节点发送数据。当一个节点发送数据时，数据可以被总线上的其他所有节点接收。各节点在接收数据后，分析目的物理地址再决定是否接收该数据。以太网就是这种结构的典型代表。

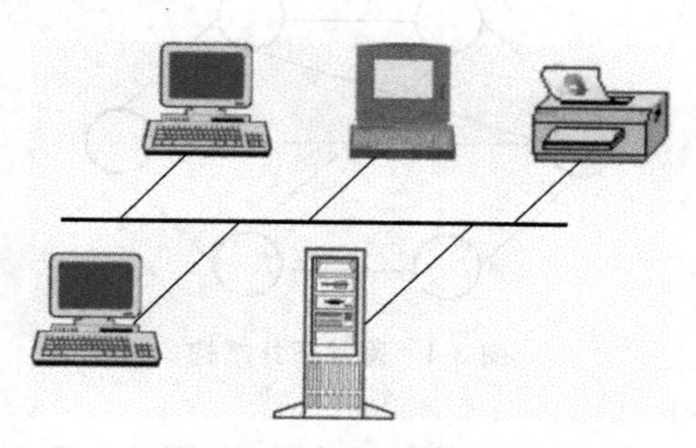

图3-2　总线拓扑结构

总线拓扑的优点是费用低，设备接入网络灵活，某个节点发生故障不影响其他用户。缺点是由于所有数据交互通过总线，故一次仅能有一个用户发送数据，其他用户必须等待得到发送权，才能发送数据。

3. 环状拓扑(Ring)

环状拓扑中所有设备通过链路连接成环，如图3-3所示。环状拓扑中传送的数据信号始终按一个方向一个节点一个节点地向下传输，把信号放大并传输给下一台计算机。但是由于信号通过每一台计算机，所以任何一台计算机出现故障都会影响整个网络，从而导致网络瘫痪。环状结构有两种类型，即单环结构和双环结构。令牌环(Token Ring)是单环结构的典型代表，光纤分布式数据接口(FDDI)是双环结构的典型代表。

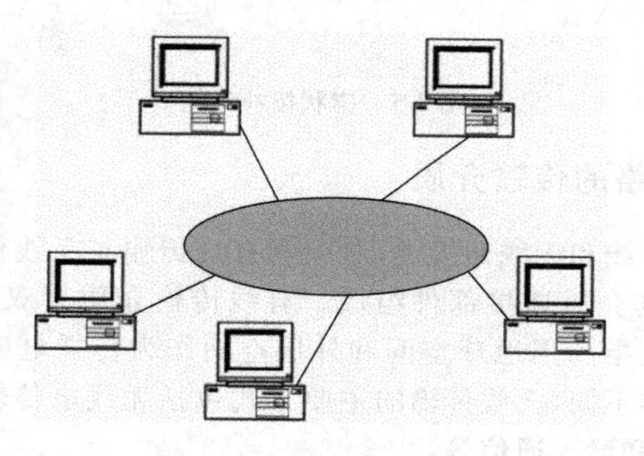

图3-3　环状拓扑结构

4. 网状拓扑(Mesh)

网状拓扑中的每个节点至少与其他两个节点相连，或者说每个节点至少有两条链路与其他节点相连，节点通过若干条路径与其他节点相连，数据从一个节点传输到另外一个节点往往有多条路径可以选择，如图 3-4 所示。这种冗余的数据传输路线，使得网状拓扑非常可靠，即使其中的几条数据链路发生了故障，那么数据仍然可以通过其他的路线传输到它的目的节点。Internet 的最初网络的互连规划就是建立在网状拓扑概念之上的。

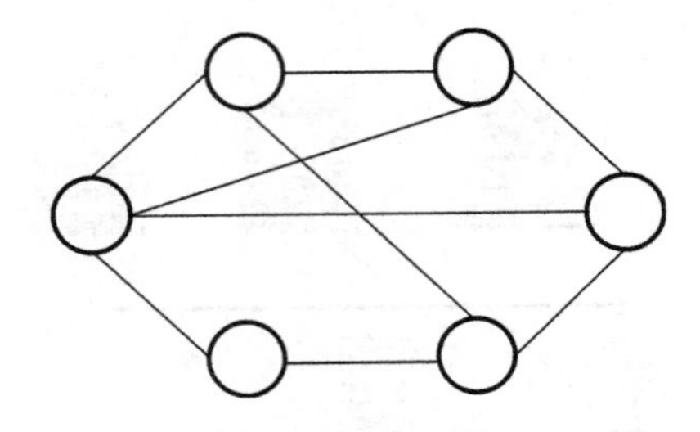

图 3-4 网状拓扑结构

5. 树状拓扑(Tree)

树状拓扑是星状拓扑和总线拓扑的混合体，如图 3-5 所示。若干个星状网络连接在总线网络的总线上，这种网络拓扑的功能弹性很大，同时具有了总线网络和星状网络的优点，可以方便地将一个个星状网络通过总线连接在一起工作。如今，大部分的校园网或商业网都是应用这种网络拓扑结构。

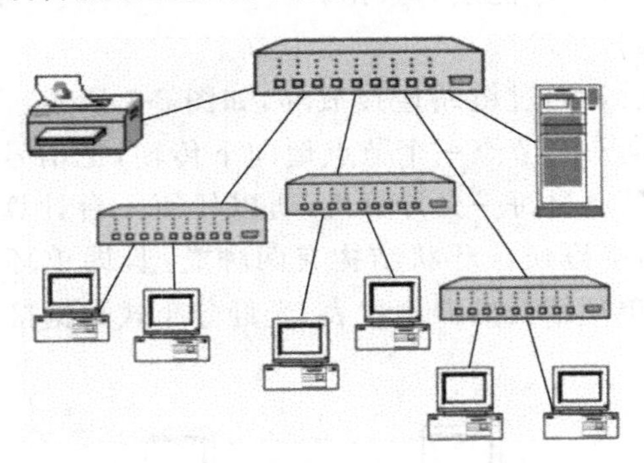

图 3-5 树状拓扑结构

3.1.2 计算机网络的传输介质

通信线路分为有线和无线两大类，对应于有线传输与无线传输。有线通信线路由有线传输介质及其介质连接部件组成。有线传输介质有双绞线、同轴电缆和光纤。无线通信线路是指利用地球空间和外层空间作为传播电磁波的通路。由于信号频谱和传输技术的不同，无线传输的主要方式包括无线电传输、地面微波通信、卫星通信、红外线通信和激光通信等。

1. 双绞线

双绞线(TP，Twisted Pair)是最常用的一种传输介质，如图 3-6 所示，广泛应用于局域网中。它由两条具有绝缘保护层的铜导线相互绞合而成。把两条铜导线按一定的密度绞合在一起，可增强双绞线的抗电磁干扰能力。一对双绞线形成一条通信链路。在双绞线中可传输模拟信号和数字信号。双绞线通常有非屏蔽式(UTP, Unshielded Twisted Pair)和屏蔽式(STP, Shielded Twisted Pair)两种。UTP把一对或多对双绞线组合在一起，并用塑料套装，其阻抗为100 Ω，线缆外径大约4.3 mm。通常使用一种称之为RJ-45的8针连接器，与UTP连接构成UTP电缆。常用的UTP有3类、4类、5类和超5类等形式。STP采用铝箔套管或铜丝编织层套装双绞线，有150 Ω阻抗和200 Ω阻抗两种规格。屏蔽式双绞线具有抗电磁干扰能力强、传输质量高等优点，但安装复杂。

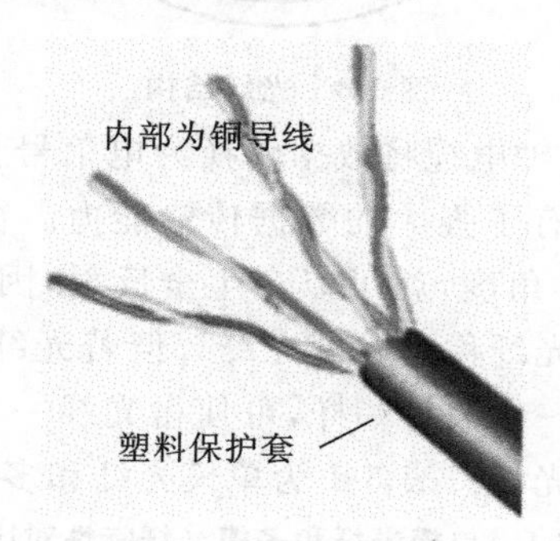

图3-6　非屏蔽双绞线

2. 同轴电缆

同轴电缆有两种基本类型，基带同轴电缆和宽带同轴电缆。基带同轴电缆一般只用来传输数据，不使用Modem，适合传输距离较短、速度要求较低的局域网。基带同轴电缆的外导体是用铜做成网状的，特性阻抗为50(型号为RG-8、RG-58等)。宽带同轴电缆传输速率较高，距离较远，但成本较高。它不仅能传输数据，还可以传输图像和语音信号。宽带同轴电缆的特性阻抗为75(如RG-59等)。同轴电缆在早期的局域网络中经常采用，现已逐步被由非屏蔽双绞线或光纤构成的网络所淘汰。同轴电缆结构如图3-7所示。

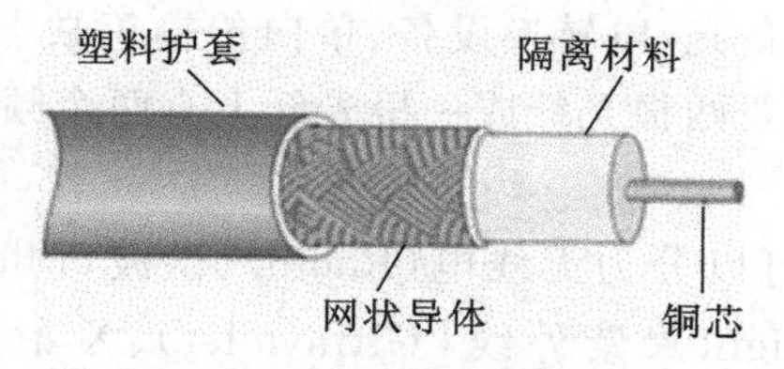

图3-7　同轴电缆结构

3. 光纤

光纤通常是由石英玻璃拉成细丝，由纤芯和包层构成的双层通信圆柱体，其结构一般是由双层的同心圆柱体组成，中心部分为纤芯。常用的多模纤芯直径为62 μm，纤芯以外的部分为包层，一般直径125 μm。用一个极有韧性的外壳将若干光纤封装，就成了人们看到的光纤线缆，如图3-8所示。

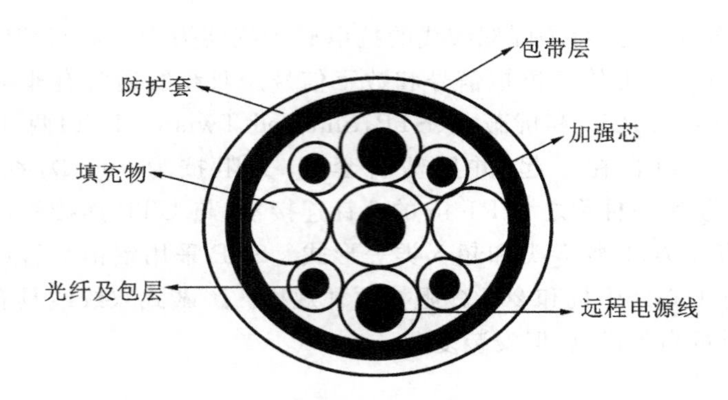

图 3-8 光纤结构

光纤不同于双绞线和同轴电缆将数据转换为电信号传输，而是将数据转换为光信号在其内部传输，从而拥有了强大的数据传输能力。在光纤中，只要射入光纤的光线的入射角大于某一临界角度，就可以产生全反射，因此可使许多角度入射的光线在一条光纤中传输，这种光纤称为多模光纤。但若光纤的直径减小到只能传输一种模式的光波，则光纤就像一个波导一样，可使得光线一直向前传播，而不会有多次反射，这样的光纤称为单模光纤。表 3-1 为单模光纤和多模光纤特性对比表。

表 3-1 单模光纤和多模光纤特性对比表

单 模 光 纤	多 模 光 纤
用于高速率，长距离	用于低速率，短距离
成本高	成本低
窄芯线，需要激光源	宽芯线，聚光好
耗损极小，效率高	耗损大，效率低

光纤有很多优点：频带宽、传输速率高、传输距离远、抗冲击和电磁干扰性能好、数据保密性好、损耗和误码率低、体积小和重量轻等。但它也存在连接和分支困难、工艺和技术要求高、需配备光/电转换设备、单向传输等缺点。由于光纤是单向传输的，要实现双向传输就需要两根光纤或一根光纤上有两个频段。

4. 无线传输介质

不同频率的电磁波可以分为无线电(Radio)、微波(Microwave)、红外线(Infrared)、可见光(Visible Light)、紫外线(Ultraviolet)、X 射线(X Rays)和γ射线(γ Rays)。目前，用于通信的主要有无线电、微波、红外线与可见光。国际电信联盟 ITU 根据不同的频率(或波长)，将不同的波段进行了划分与命名，无线电的频率与带宽的对应关系如表 3-2 所示。不同的传输介质可以传输不同频率的信号。例如，普通双绞线可以传输低频与中频信号，同轴电缆可以传输低频到特高频信号，光纤可以传输可见光信号。由双绞线、同轴电缆与光纤作为传输介质的通信系统，一般只用于固定物体之间的通信。

表 3-2 无线电频率与带宽的对应关系

频段划分	低频(LF)	中频(MF)	高频(HF)	甚高频(VHF)	特高频(UHF)	超高频(SHF)	极高频(EHF)
频率范围	30～300 kHz	300 kHz～3 MHz	3～30 MHz	30～300 MHz	300 MHz～3 GHz	3～30 GHz	>30 GHz

目前,计算机网络的无线通信主要方式有地面微波通信、卫星通信、红外线通信和激光通信。

1)地面微波通信

地面微波通信使用的是 2～40 GHz 的频率范围。地面微波一般沿直线传输。由于地球表面为曲面,所以,微波在地面的传输距离有限,一般为 40～60 km。但这个传输距离与微波的发射天线的高度有关,天线越高传输距离就越远。为了实现远距离传输,就要在微波信道的两个端点之间建立若干个中继站,中继站把前一个站点送来的信号经过放大后再传输到下一站。经过这样的多个中继站点的“接力”,信息就被从发送端传输到接收端。微波通信具有频带宽、信道容量大、初建费用低、建设速度快、应用范围广等优点,其缺点是保密性能差、抗干扰性能差,两微波站天线间不能被建筑物遮挡。这种通信方式逐渐被很多计算机网络所采用,有时在大型互联网中与有线介质混用。

2)卫星通信

卫星通信实际上是使用人造地球卫星作为中继器来转发信号的,它使用的波段也是微波。通信卫星通常被定位在几万千米高空,因此,卫星作为中继器可使信息的传输距离很远(几千至上万千米)。例如,每个同步卫星可覆盖地球的三分之一表面。卫星通信已被广泛用于远程计算机网络中。如国内很多证券公司显示的证券行情都是通过 VSAT 接收的卫星通信广播信息。而证券的交易信息则是通过延迟小的数字数据网 DDN 专线或分组交换网进行转发的。卫星通信具有通信容量极大、传输距离远、可靠性高、一次性投资大、传输距离与成本无关等特点。

3)红外线通信和激光通信

红外线和激光通信的收发设备必须处于视线范围内,均有很强的方向性,因此,防窃取能力强。但由于它们的频率太高,波长太短,不能穿透固体物质,且对环境因素(如天气)较为敏感,因而,只能在室内和近距离使用。

3.1.3 数据的传输

计算机通信网络中,信息的传递是以二进制代码的形式进行的。针对数据的传输过程需要回答如下问题:如何在介质中表示“1”和“0”;如何发送和接收二进制代码。下面以 RS232C 和 RS485 串行接口为例说明上述问题。所谓串行通信就是指数据的发送和接收随时间延续,将各个数位(bit)依次传输的通信方式。与之对应的是并行通信，即将数据的各个数位同时在数据线上传输的方式，如同时传输 16 bit。

RS232C 是 1969 年电子工业协会(EIA)公布的标准，用于定义数据终端设备(DTE)与数据通信设备(DCE)接口的电气特性。图 3-9 是个人计算机通过 RS232C、调制解调器访问远程计算机的应用框图。

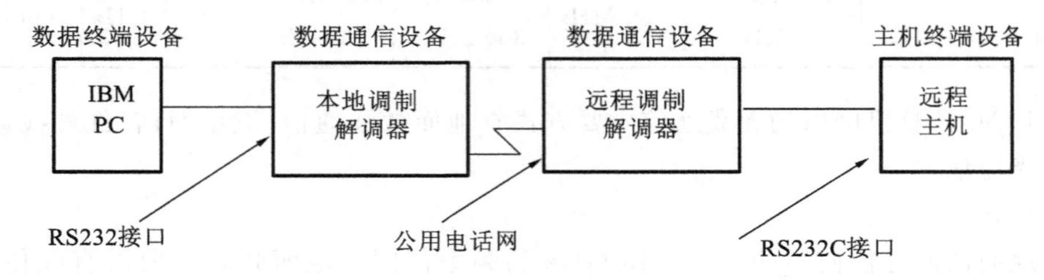

图 3-9　RS232C 接口应用图例

在 RS232C 标准中规定数据发送时，电平在＋3～＋15 V 之间表示逻辑“0”，电平在－3～－15 V 之间表示逻辑“1”。由于电压信号传输衰减明显，RS232C 标准的最大可靠传输距离只有 15 m。

RS485 是利用差分传输方式提高通信距离和可靠性的一种通信标准，它在发送端使用 2 根信号线发送同一信号(2 根线的极性相反)，在接收端对这两根线上的电压信号相减得到实际信号，这种方式可以有效地抗共模干扰，提高通信距离，最远可以传送 1200 m。

电流环串行连接方式把 20 mA 电流作为逻辑“1”，零电流作为逻辑“0”。它内在的双端传输具有对共模噪音的抑止作用，而且由于采用隔离技术能消除接地回路引起的一些问题，因而他的连接距离比 RS232C 长得多。

按照收发代码的方式不同，串行通信可分为单工通信、半双工通信和全双工通信。单工通信是指数据代码传递只能按一个方向传输，不能实现反向传输。半双工通信指在某一特定时刻数据代码传递只能按一个方向进行，但在其他某些时刻数据代码可以反向传输。全双工通信方式，网络设备可以进行双向通信。

波特率描述了网络传输速度的快慢，即每秒内传输的二进制信号的个数，记作 bps 或 bit/s。常用的标准通信数据信号速率有 50 bit/s、100 bit/s、200 bit/s、300 bit/s、600 bit/s、1200 bit/s、2400 bit/s、4800 bit/s、9600 bit/s、240 kbit/s、1 Mbit/s、10 Mbit/s。

通信网络的信息传递是以帧为单位进行的，即将传输的数据位进行分段，然后对各“段”进行处理。数据发送方和数据接收方都能理解的划分数据帧的方案被称为通信协议。数据帧的划分一般分为同步通信和异步通信。同步通信一帧数据可达几十甚至上千字节，而控制信息只占几个字节。异步通信一帧数据附加信息约占 20%。下面以 RS232C 异步通信数据帧的构成为例做说明。如图 3-10 所示，1 个低电平作为数据帧起始位，接着是 5～8 个数据位，1 个校验位(奇偶校验)，1/1.5/2 个高电平作为数据帧的停止位。

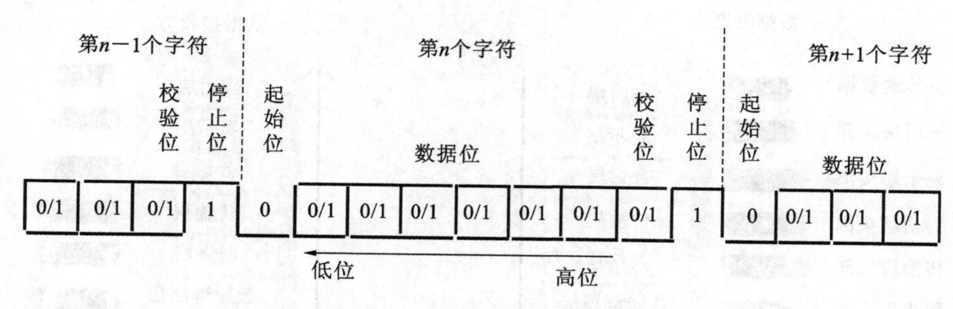

图 3-10　RS232C 数据帧格式

3.2　OSI 通信参考模型

计算机网络通信协议是为了保证数据从一个网络节点正确、高效地传输到另外一个网络节点的一组规则的集合。网络通信协议主要由 3 方面组成：

①语法：数据和控制信息的结构或格式(即“怎么说”)。

②语义：控制信息的含义，需要做出的动作及响应(即“说什么”)。

③语序：规定了各种操作的执行顺序(即“什么时候说”)。

下面介绍两种比较典型的协议模型：OSI 和 TCP/IP。

3.2.1　OSI 通信参考模型

在计算机网络产生之初，每个计算机厂商都有一套自己的网络体系结构的概念，它们之间互不相容。为此，国际标准化组织(ISO)在 1979 年建立了一个分委员会来专门研究一种用于开放系统互联的体系结构(OSI，Open Systems Interconnection)，“开放”这个词表示只要遵循 OSI 标准，一个系统可以和位于世界上任何地方的，也遵循 OSI 标准的其他任何系统进行连接。这个分委员提出 OSI 参考模型，它定义了连接异种计算机的标准框架。如图 3-11 所示，OSI 参考模型分为 7 层，分别是物理层、数据链路层、网络层、传输层、会话层、表示层和应用层。

1. 物理层(Physical Layer)

众所周知，要传递信息就要利用一些物理媒体，如双绞线、同轴电缆等，但具体的物理媒体并不在 OSI 的 7 层之内，有人把物理媒体当作第 0 层，物理层的任务就是为它的上一层提供一个物理连接，以及它们的机械、电气、功能和过程特性。如规定使用电缆和接头的类型，传送信号的电压等。在这一层，数据还没有被组织，仅作为原始的位流或电气电压处理，单位是比特。

2. 数据链路层(Data Link Layer)

数据链路层负责在两个相邻节点间的线路上，无差错地传送以帧为单位的数

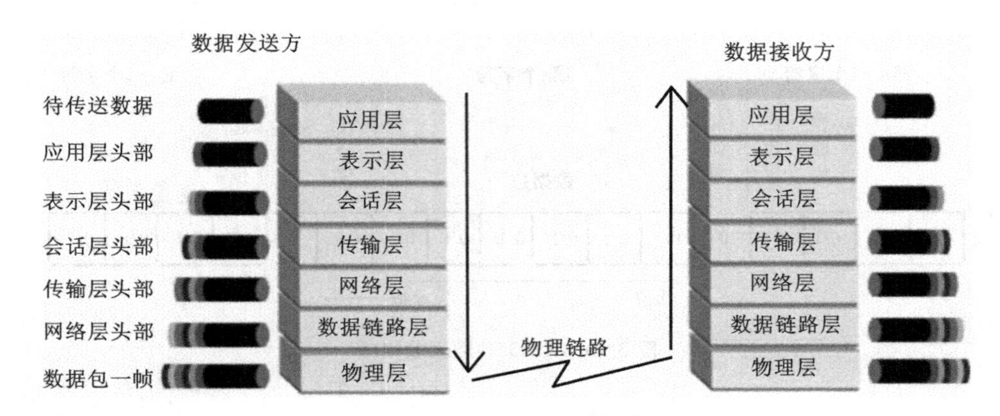

图 3-11 7 层 OSI 参考模型数据传输

据。每一帧包括一定数量的数据和一些必要的控制信息。和物理层相似,数据链路层要负责建立、维持和释放数据链路的连接。在传送数据时,如果接收点检测到所传数据中有差错,就要通知发送方重发这一帧。

3. 网络层(Network Layer)

在计算机网络中进行通信的两个计算机之间可能会经过很多个数据链路,也可能还要经过很多通信子网。网络层的任务就是选择合适的网间路由和交换节点,确保数据及时传送。网络层将数据链路层提供的帧组成数据包,包中封装有网络层包头,其中含有逻辑地址信息,即源站点和目的站点地址的网络地址。

4. 传输层(Transport Layer)

传输层的任务是根据通信子网的特性最佳的利用网络资源,并以可靠和经济的方式,为两个端系统(也就是源站和目的站)的会话层之间,提供建立、维护和取消传输连接的功能,负责可靠地传输数据。在这一层,信息的传送单位是报文。

5. 会话层(Session Layer)

会话层也可以称为会晤层或对话层,在会话层及以上的高层次中,数据传送的单位不再另外命名,统称为报文。会话层不参与具体的传输,它提供包括访问验证和会话管理在内的建立和维护应用之间通信的机制。如服务器验证用户登录便是由会话层完成的。

6. 表示层(Presentation Layer)

表示层主要解决用户信息的语法表示问题。它将欲交换的数据从适合于某一用户的抽象语法,转换为适合于 OSI 系统内部使用的传送语法。即提供格式化的表示和转换数据服务。数据的压缩和解压缩,加密和解密等工作都由表示层负责。

7. 应用层(Application Layer)

应用层确定进程之间通信的性质,以满足用户需要以及提供网络与用户应用软件之间的接口服务。

3.2.2 TCP/IP 协议

TCP/IP 是“Transmission Control Protocol/Internet Protocol”的简写，中文译名为传输控制协议/网间协议。Internet 所采用的体系结构就是 TCP/IP 参考模型，随着 Internet 在世界范围内的迅速普及和广泛应用，使得 TCP/IP 成为事实上的工业标准。

TCP/IP 体系结构将网络划分为 4 个层次，比 OSI 少了表示层和会话层，同时它对于数据链路层和物理层没有作强制规定，其原因在于它的设计目标之一就是要做到与具体物理网络无关。如图 3-12 所示是 TCP/IP 和 OSI 的对比图。

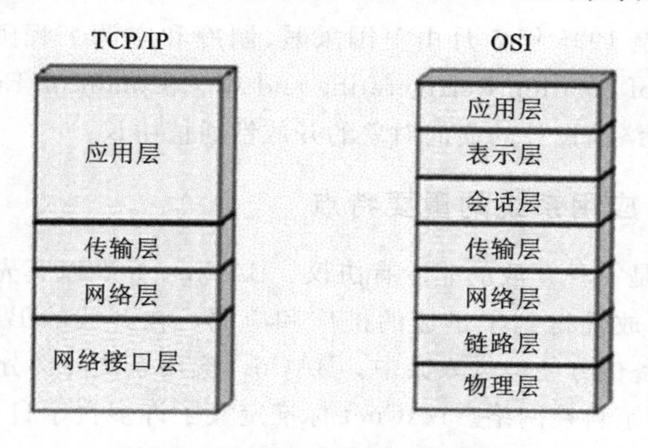

图 3-12 TCP/IP 和 OSI 的对比图

TCP/IP 体系结构所定义的 5 个层次如下所述。

1. 应用层

TCP/IP 的最高层，对应于 OSI 的最高三层，包括了很多面向应用的协议，如超文本传输协议(HTTP)、简单邮件传输协议(SMTP)、文件传输协议(FTP)等。

2. 传输层

对应于 OSI 的传输层，它主要包含了三个协议，面向连接的传输控制协议(TCP)、无连接的用户数据报协议(UDP)和互联网控制消息协议(ICMP)。面向连接的意思就是在正式通信前必须与对方建立起连接。比如拨打电话，必须等线路接通了，对方拿起话筒才能相互通话。无连接的意思就是在正式通信前不必与对方先建立连接，不管对方状态如何就直接发送。这与现在手机短消息非常相似，如在发短信的时候，只需要输入对方手机号发送就可以了，具体对方能否收到，发送方并不十分清楚。

面向连接的 TCP 协议和无连接的 UDP 协议在不同的应用程序中有着不同的用途。TCP 要求提供可靠的面向连接的服务，自然会增加许多网络传输上的开销，因此它适用于可靠性要求很高，但是实时性要求不高的应用，如文件传输、电子邮件等；虽然 UDP 不提供可靠的数据传输，但是由于其不需要建立连接，故而简单、灵活，在某些情况下是一种极其有效的工作方式，如视频会议等。

3. 网络层

对应于OSI模型的网络层,该层最主要的协议就是IP协议(Internet Protocol)。

4. 网络接口层

该层中使用的协议为各通信子网本身固有的协议。TCP/IP模型的传输数据封装方式和OSI传输数据的方式类似,发送数据时,每一层都会加上自己的头部,接收到数据时,再逐层展开,在此就不再赘述了。

3.3 BACnet 协议

BACnet协议是1995年6月由美国采暖、制冷和空调工程师协会(ASHRAE, American Society of Heating Refrigerating and Air－Condition Engineers)专门为楼宇自动化和控制网络而设计的面向对象的开放性通信协议。

3.3.1 BACnet 应用系统的重要特点

BACnet协议是一种开放的非专有协议。BACnet标准以其先进的技术,较严密的体系和良好的开放性得到了迅速的推广和应用。在开放的BACnet平台或环境中,不同厂商的设备也方便地进入其中。BACnet应用系统的部分重要特点如下。

①专门用于楼宇自控网络。BACnet标准定义了许多楼宇自控系统所特有的特性和功能。

②完全的开放性。BACnet标准的开放性不仅体现在对外部系统的开放接入,而且具有好的可扩充性,不断注入新技术,使楼宇自控系统的发展不受限制。

③互连特性和扩充性好。BACnet标准可向其他通信网络扩展,如BACnet/IP标准可实现与Internet的无缝互连。

④应用灵活。BACnet集成系统可以由几个设备节点构成一个小区域的自控系统,也可以由成百上千个设备节点组成较大的自控系统。

⑤应用领域不断扩大。在开放环境下,由于具有良好的互连性和互操作性。BACnet标准最初是为采暖、通风、空调和制冷控制设备设计的,但该标准同时提供了集成其他楼宇设备的强大功能,如照明、安全和消防等子系统及设备。正是由于BACnet标准的开放性的架构体系,使楼宇自动化系统和整个建筑智能化系统的系统集成工作变得更易于实现了。

⑥所有的网络设备都是对等的,但允许某些设备具有更大的权限和责任。网络中的每一个设备均被模型化为一个"对象",每个对象可用一组属性来加以描述标识。

⑦通信是通过读写特定对象的属性和相互接收执行其他协议的服务实现的,标准定义了一组服务,并提供了在必要时创建附加服务的实现机制。

⑧由于BACnet标准采用了ISO的分层通信结构,所以可以在不同的支持网络中进行访问和通过不同的物理介质去交换数据。即BACnet网络可以用多种不同的

方案灵活地实现，以满足不同的网络支持环境，满足不同的速度和吞吐率的要求。

3.3.2　BACnet 的体系结构

BACnet 协议模型是参考 OSI 7 层级模型，采取了简化的 4 层级结构，其中的物理层、数据链路层和网络层保留了 OSI 模型的底 3 层的结构形式，并定义了简单的应用层，如图 3-13 所示。BACnet 协议的数据链路层和物理层采用了成熟的局域网标准、协议作为自身的一部分内容，兼容性很强。

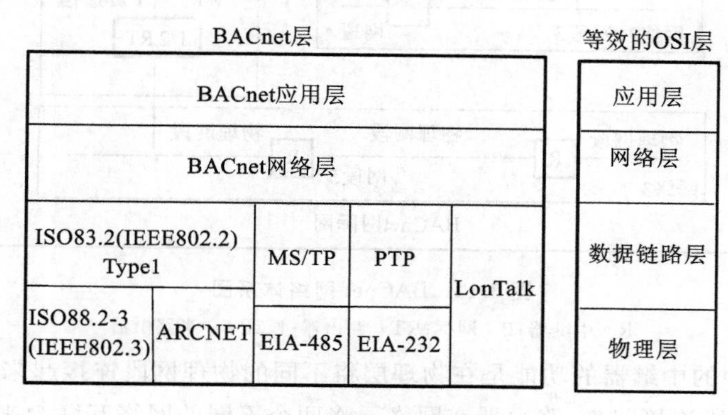

图 3-13　BACnet 协议模型

BACnet 4 层级中的最底下 2 层与 OSI 模型的数据链路层和物理层对应提供了 5 种选择方案。第 1 种方案是以太网的通信协议，采用的是非确认的、无连接的通信协议。方案 2 是将非确认、无连接的服务类型与 ARCNET 相结合。方案 3 是专门为楼宇自动化和控制设备设计的主从标志传递（MS/TP，Master-Slave/Token-Passing）协议，MS/TP 协议提供了网络层的界面，可控制对于 EIA-485 物理层的访问。

BACnet 没有采用完整的 OSI 的 7 层模型，是充分考虑到楼宇自控功能实现的成本要尽可能地小，由于 OSI 的模型体系是计算机网络普遍采用的体系，因而 BACnet 网络易于和其他计算机网络系统进行集成。

3.3.3　BACnet 应用系统的拓扑结构

BACnet 标准不对 BACnet 网络的拓扑作最严格的限定，目的是使应用系统有充分的灵活性。BACnet 设备可通过专用线缆或异步串行线与局域网进行物理连接。BACnet 网络体系由许多物理网段组成，这里的物理网段指通过物理线缆直接将若干 BACnet 设备连在一起形成的网络区段；由若干个物理网段通过中继器再进行物理连接形成的网络区段叫网络段，简称网段。网段在物理层实现连接。

一个 BACnet 网络是用“网桥”将若干个 BACnet 网段互联而成。每个 BACnet 网络对应一个唯一的 MAC 地址域。使用 BACnet 路由器将若干个 BACnet 网络互联，形成一个 BACnet 网际网。BACnet 网络体系图如图 3-14 所示。

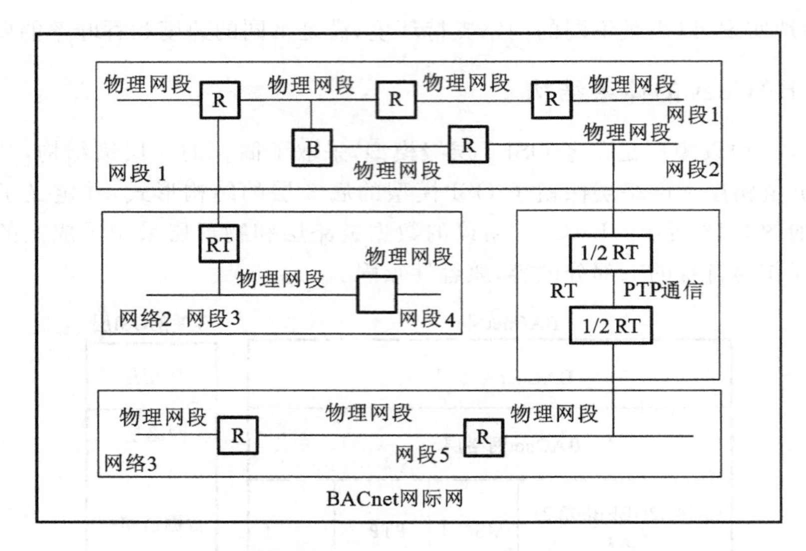

图 3-14 BACnet **网络体系图**

R—中继器;B—网桥;RT—路由器;1/2RT—半路由器

图 3-14 中的中继器的功能是在物理层将不同的物理网段连接起来;网桥的功能是将不同的网段连接起来;路由器在网络层将两个不同的网络互联起来。图 3-14 中的半路由器是指在 PTP 连接中作为一个参与者的设备或节点,两个半路由器可以形成一个路由器,实现有源的 PTP 连接。

在 BACnet 网络结构中,专门为楼宇自控系统和控制设备设计的主从标志协议的最底层是 EIA-232 和 EIA-485 总线,它们将各种现场设备通过一对传输线互联,现场设备有传感器、变送器、执行器、智能仪表和 PLC 等。传输线可以使用对绞线、同轴电缆、光纤和电源线等。

不同厂商的现场设备既可以互联又可以互换,实现"即接即用"。使用这种现场总线系统,可以方便地实现通信网络和控制系统的集成。在现场总线工作方式下,还经常使用通信线供电。通信线供电允许现场设备直接从通信线上摄取能量,这种方式可为在具有安全要求环境下低功耗的设备提供电源。

3.4 几种常见现场总线简介

根据国际电工委员会 IEC61158 标准定义,现场总线是指安装在制造或过程区域的现场装置与控制室内的自动控制装置之间数字式、双向串行、多点通信的数据总线。现场总线很好地适应了工业控制系统向分散化、网络化和智能化方向发展的趋势,也导致了传统控制系统结构的根本变化。由于现场总线在工业控制系统中的出色表现,现场总线技术被应用在建筑自动化系统中,上节所述的 LonWork 技术就是现场总线在 BAS 中的典型应用。下面简单介绍几种在建筑自动化中常见的现场总线。

3.4.1　EIB 总线

EIB为欧洲安装总线(European Installation Bus)的简称。1990年由西门子公司发起,多家欧洲电器制造商在比利时布鲁塞尔成立了欧洲安装总线协会,并推出了EIB总线。EIB总线协议规定了OSI模型中的物理层、数据链路层和网络层。其中,链路层采用CSMA/CA方式协调总线设备的数据传输。EIB以双绞线为物理传输介质。作为总线的双绞线不仅实现数据的传输,还为每个总线设备提供24V的直流电压。EIB总线构建的网络以"线路"为单位,每条线路上最多可以连接64个设备,最多每12条线路可以构成一个"区域",每15个区域构成一个"系统"。各线路之间、各区域之间靠"连接器"连接。EIB系统中每条线路都有独立的电压设备,这样当一条线路电源出现故障,也不会影响到网络中的其他设备。每条"线路"的最长通信距离为1000 m,线路中的设备距离电源设备最大距离为350 m。EIB总线被广泛应用于照明控制、智能家居控制、电器控制等领域。

3.4.2　CAN 总线

CAN是控制局域网络(Controller Area Network)的简称,最早由德国BOSCH公司推出,用于汽车内部测量与执行机构间的数据通信。1991年9月Philips Semiconductor制定并颁布了CAN技术规范(Version 2.0)。CAN总线协议也是建立在OSI模型基础上的,不过其协议只包括3层:OSI模型中物理层、数据链路层和应用层。其信号传输介质为双绞线,通信速率最高可1 Mbit/s;在最高传输速率下传输长度为40 m,而直接传输距离最远可达10 km(在传送速率为5 kbit/s的条件下)。CAN总线上可挂接设备的数量最多为110个。

CAN总线采用短帧机构,每一帧的有效字节数为8个,因而传输时间短,受干扰的概率低。当节点严重错误时,CAN具有自动关闭功能,以切断节点与总线的联系,使总线上的其他节点和通信不受影响,因而具有较强的抗干扰能力。

CAN总线得到了INTEL、PILIPS、SIMENS、NEC等公司的支持,生产了大量的CAN总线通信控制器产品,符合CAN2.0A或CAN2.0B。

3.4.3　Profibus 总线

Profibus是作为德国国家标准DIN 19245和欧洲标准prEN50170的现场总线。ISO/OSI模型也是它的参考模型。由Profibus-DP、Profibus-FMS、Profibus-PA组成了Profibus系列。DP型用于分散外设间的高速传输,适用于加工自动化领域。FMS意为现场信息规范,适用于纺织、楼宇自动化、可编程控制器、低压开关等一般自动化领域,而PA型则是用于过程自动化的总线类型,它遵从IEC1158—2标准。该项技术是由西门子公司为主的十几家德国公司、研究所共同推出的。它采用了OSI模型的物理层、数据链路层,由这两部分形成了其标准第一部分的子集,DP型隐去了 3～7 层,而增加了直接数据连接拟合作为用户接口,FMS 型只隐去第 3～6 层,采用了应用层,作为标准的第二部分。PA 型的标准目前还处于制定过程之中,其传输技术遵从 IEC1158—2 标准,可实现总线供电与本质安全防爆。

Profibus 支持主-从系统、纯主站系统、多主多从混合系统等几种传输方式。主站具有对总线的控制权,可主动发送信息。对多主站系统来说,主站之间采用令牌方式传递信息,得到令牌的站点可在一个事先规定的时间内拥有总线控制权,并事先规定好令牌在各主站中循环一周的最长时间。按 Profibus 的通信规范,令牌在主站之间按地址编号顺序,沿上行方向进行传递。主站在得到控制权时,可以按主-从方式,向从站发送或索取信息,实现点对点通信。主站可采取对所有站点广播(不要求应答),或有选择地向一组站点广播。

Profibus 的传输速率为 96～12 kbps,最大传输距离在 12 kbps 时为 1000 m,15 Mbps 时为 400 m,可用中继器延长至 10 km。其传输介质可以是双绞线,也可以是光缆,最多可挂接 127 个站点。

3.4.4 基金会现场总线

基金会现场总线,即 Foudation Fieldbus,简称 FF,这是在过程自动化领域得到广泛支持和具有良好发展前景的技术。其前身是以美国 Fisher-Rousemount 公司为首,联合 Foxboro、横河、ABB、西门子等 80 家公司制订的 ISP 协议和以 Honeywell 公司为首,联合欧洲等地的 150 家公司制订的 WordFIP 协议。迫于用户的压力,这两大集团于 1994 年 9 月合并,成立了现场总线基金会,致力于开发出国际上统一的现场总线协议。它以 ISO/OSI 开放系统互连模型为基础,取其物理层、数据链路层、应用层为 FF 通信模型的相应层次,并在应用层上增加了用户层。

基金会现场总线分低速 H1 和高速 H2 两种通信速率。H1 的传输速率为 3125 Kbps,通信距离可达 1900 m(可加中继器延长),可支持总线供电,支持本质安全防爆环境。H2 的传输速率为 1 Mbps 和 2.5 Mbps 两种,其通信距离为 750 m 和 500 m。物理传输介质可支持双绞线、光缆和无线发射,协议符合 IEC1158—2 标准。其物理媒介的传输信号采用曼彻斯特编码,每位发送数据的中心位置或是正跳变,或是负跳变。正跳变代表 0,负跳变代表 1,从而使串行数据位流中具有足够的定位信息,以保持发送双方的时间同步。接收方既可根据跳变的极性来判断数据的“1”、“0”状态,也可根据数据的中心位置精确定位。为满足用户需要,Honeywell、Ronan 等公司已开发出可完成物理层和部分数据链路层协议的专用芯片,许多仪表公司已开发出符合 FF 协议的产品。

3.4.5 LonWorks 技术

LonWorks 是美国 Echelon 公司 1992 年推出的局部操作网络,具有现场总线的一切特点,主要应用于楼宇自动化领域。

LonWorks 节点的任务是获取和传输数据，并根据所获取的数据信息来执行相应的控制逻辑。一个典型的 LonWorks 节点硬件结构如图 3-15 所示。包括一个神经元芯片(Neuron Chip)、一个电源、一个通过网络介质通信的收发器和被监控设备接口的应用电路。本节重点讨论 LonWorks 节点的三个核心技术，即神经元芯片的硬件结构、LonTalk 协议和 LonWorks 开发工具。

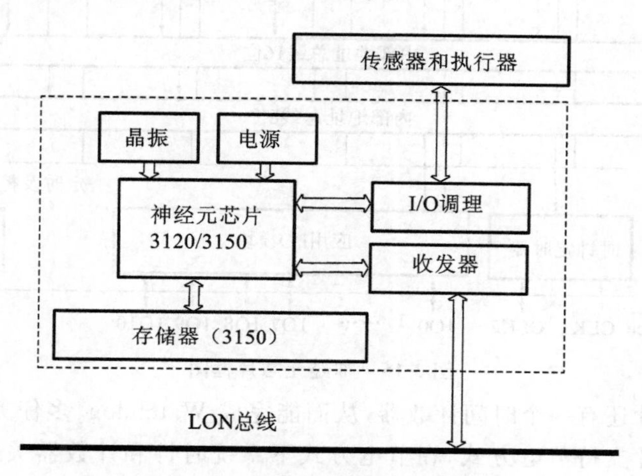

图 3-15　神经元节点的结构框图

1)神经元芯片的硬件结构

神经元芯片是 LonWorks 技术的核心器件，是一种集通信、控制、调度和 I/O 支持为一体的高级 VLSI 器件。神经元芯片型号大致分为两类：3150 系列和 3120 系列。它们的区别在于 3150 可以扩展外部存储空间，3120 系列只有片内固定的内存空间。如图 3-16 所示是神经元芯片框图。神经元芯片内部含有 3 个流水线作业的微处理器。

①介质访问控制处理器(MAC)：它处理 LonTalk 7 层协议中的第 1 层物理层和第 2 层数据链路层。包括驱动通信子系统硬件和执行冲突避免算法。

②网络处理器：实现 LonTalk 7 层协议中的第 3 层到第 6 层。完成网络变量编址、寻址、事物进程处理、保文鉴定、背景诊断、软件计时器、网络管理、路径寻址等功能。

③应用处理器：实现网络协议的第 7 层。它通过执行由用户编写的代码和用户代码所调用的操作系统服务来进行工作。

神经元芯片有 11 个 I/O 引脚(IO0～IO10)，它们是节点与传感器、执行器与控制器连接的物理硬件接口。这些引脚的功能用户可以根据需要编程设定。神经元芯片通过 5 个引脚(CP0～CP4)与各种通信介质接口连接。支持双绞线、电力线、光纤、同轴电缆、无线电波、红外线等多种通信介质。其中双绞线以高性价比应用最为普遍。

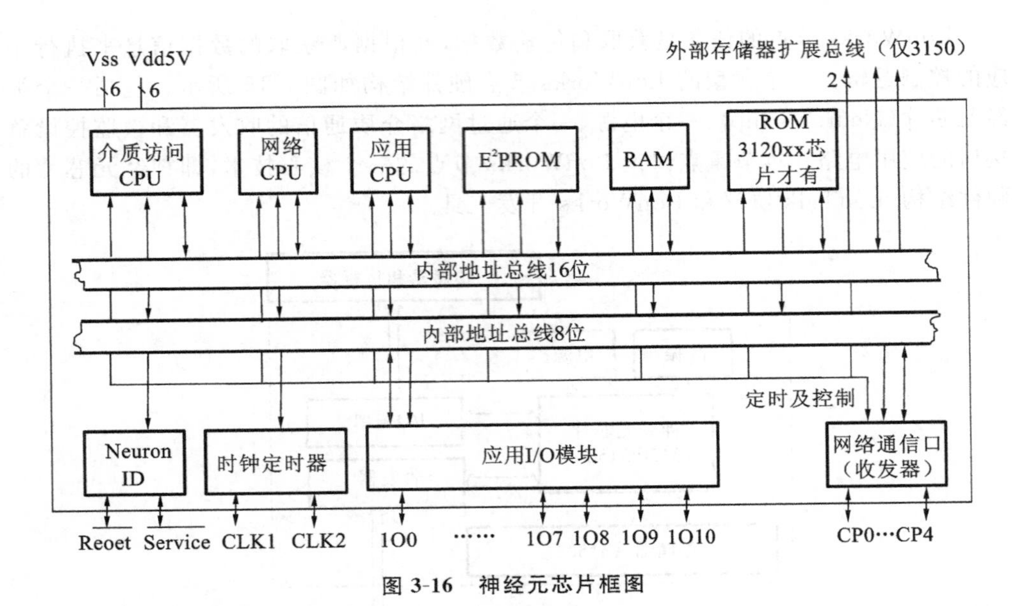

图 3-16 神经元芯片框图

神经元芯片还有一个时间计数器,从而能完成 Watchdog、多任务调度和定时功能。神经元芯片支持节电方式,在节电方式下系统时钟和计数器关闭,但状态信息(包括 RAM 中的信息)不会改变。一旦 I/O 状态变化或网线上信息有变,系统便会激活。

2)LonTalk 协议

LonTalk 是 LonWorks 的通信协议,固化在神经元芯片内。LonTalk 局部操作网协议提供了 OSI 参考模型所定义的全部 7 层协议(见表 3-3)。

表 3-3 LonTalk 协议层

	OSI 层次		标准服务	LON 提供的服务	处理器
7	应用层		网络应用	标准网络变量类型	应用处理器
6	表示层		数据表示	网络变量,外部帧传送	网络处理器
5	会话层		远程遥控动作	请求/响应,认证,网络管理	网络处理器
4	传输层		端对端的可靠传输	应答、非应答,点对点广播,认证等	网络处理器
3	网络层		传输分组	地址,路由	网络处理器
2	数据链路层	链路层	帧结构	帧结构,数据解码,CRC 数据检查	网络处理器
		MAC 子层	介质访问	P-预测 CSMA,碰撞规避,优先级,碰撞检测	介质访问控制处理器
1	物理层		电路连接	介质,电路接口	介质访问控制处理器

LonTalk 协议支持以不同通信介质分段的网络,它支持的介质包括双绞线、电力

线、无线、红外线、同轴电缆和光纤。

3)LonWorks 开发工具

(1)LonBuild

Neuron C 以 ANSI C 为基础,是专门为 Neuron 芯片设计的编程语言。其中加入了通信、事件调度、分布数据对象和 I/O 功能,是编写 Neuron 芯片应用程序的最为重要的工具。

(2)网络管理工具

在 LonWorks 网络中,需要一个网络管理工具,用于网络的安装、维护和监控。在节点建成以后,需经过分配逻辑地址、配置节点的属性、进行网络变量和显式报文的绑定后,网络方可运行;网络运行后,还需要进行维护。维护包括系统正常运行情况下的增加、删除设备,改变网络变量的连接关系,以及故障状态下对错误设备的检测和替换的过程。

Echelon 公司提供 LonMaker for Windows 软件用于实现这些功能。网络安装可通过 Service Pin 按钮或手动输入 Neuron 芯片的物理 ID 来为节点注册,LonMaker 会为每一个节点分配一个逻辑地址,并配置相应属性以及网络变量和显式报文的绑定信息。节点的安装可在在线或离线的情况下进行。在线的情况下,节点配置信息即时地通过网络写入节点;离线的情况下,节点配置信息只写入数据库,网络配置图的每次更新只更新数据库,而在网络在线后一次写入节点。

(3)LNS 技术

LNS(LonWorks Network Service)是 Echelon 公司开发出来的 LON 网络操作系统。它提供了一个强大的 Client/Server(客户/服务器)网络框架。使用 LNS 所提供的服务,可以保证从不同网络服务器上提供的网络管理工具可以一起执行网络安装、网络维护、网络监测;而众多的客户则可以同时申请这些服务器所提供的网络功能。

LNS 包括三类设备:路由器设备(包括重复器、网桥、路由器和网关)、应用节点、系统级设备(网络管理工具、系统分析、SCADA 站和人机界面)。LNS 提供压缩的、面向对象的编程模式,它将网络变成一个层次化的对象,通过对象的属性、事件和方法对网络进行访问。

3.5　工业以太网在建筑设备自动化中的应用

以太网(Ethernet)的标准化程度非常高,并且造价低廉,得到了计算机界的广泛支持,已逐渐垄断了商用计算机的通信领域和过程控制领域中上层的信息管理与通信,并且有进一步直接应用到工业现场的趋势。几乎所有的编程语言都支持 Ethernet 的应用开发,如 Java、Visual C++、Visual Basic、Delphi 等。

3.5.1 以太网的工作过程

以太网采用带冲突检测的载波帧听多路访问(CSMA/CD)机制。以太网中节点都可以看到在网络中发送的所有信息,因此以太网是一种广播网络。以太网中的一台主机要传输数据时的工作过程如下。

①监听信道上收否有信号在传输。如果有的话,表明信道处于忙状态,就继续监听,直到信道空闲为止。

②若没有监听到任何信号,就传输数据。

③传输的时候继续监听,如发现冲突则执行退避算法,随机等待一段时间后,重新执行步骤1(当冲突发生时,涉及冲突的计算机会发送会返回到监听信道状态)。

注意:每台计算机一次只允许发送一个包,一个拥塞序列,以警告所有的节点。

④若未发现冲突则发送成功,所有计算机在试图再一次发送数据之前,必须在最近一次发送后等待 9.6 微秒(以 10 Mbps 运行)。

3.5.2 以太网类型

1. 标准以太网

早期的 10 Mbps 以太网称之为标准以太网,遵循 IEEE 802.3 标准,下面列出是 IEEE 802.3 的一些以太网络标准,标准中前面的数字表示传输速度,单位是“Mbps”,最后的一个数字表示单段网线长度(基准单位是 100 m),Base 表示“基带”的意思,Broad 代表“带宽”。例如:10 Base-5 使用粗同轴电缆,最大网段长度为 500 m,基带传输方法;10Base-T 使用双绞线电缆,最大网段长度为 100 m。

2. 快速以太网

1995 年 3 月 IEEE 宣布了 IEEE802.3u 100BASE-T 快速以太网标准(Fast Ethernet),包括下面三种类型。

100 BASE-TX,是一种使用 5 类无屏蔽双绞线或屏蔽双绞线的快速以太网技术。符合 EIA586 的 5 类布线标准和 IBM 的 SPT 1 类布线标准。使用同 10 BASE-T 相同的 RJ-45 连接器。它的最大网段长度为 100 m。它支持全双工的数据传输。

100 BASE-FX,是一种使用光缆的快速以太网技术,可使用单模和多模光纤(62.5 μm 和 125 μm)。多模光纤连接的最大距离为 550 m,单模光纤连接的最大距离为 3000 m。它使用 MIC/FDDI 连接器、ST 连接器或 SC 连接器。它的最大网段长度为 150 m、412 m、2000 m 或更长至 10 km,这与所使用的光纤类型和工作模式有关,它支持全双工的数据传输。

100 BASE-T4,是一种可使用 3、4、5 类无屏蔽双绞线或屏蔽双绞线的快速以太网技术。100 BASE-T4 使用 4 对双绞线,其中的三对用于在 33 MHz 的频率上传输数据,每一对均工作于半双工模式。第四对用于 CSMA/CD 冲突检测。符合 EIA586 结构化布线标准,最大网段长度为 100 m。

3. 千兆以太网

千兆以太网技术作为最新的高速以太网技术，采用了与10 M以太网相同的帧格式、帧结构、网络协议、全/半双工工作方式、流控模式以及布线系统。由于该技术不改变传统以太网的桌面应用、操作系统，因此可与10 M或100 M的以太网很好地配合工作。升级到千兆以太网不必改变网络应用程序、网管部件和网络操作系统，能够最大程度地保护投资。

千兆以太网技术有两个标准：IEEE802. 3z和IEEE802. 3ab。IEEE802. 3z制定了光纤和短程铜线连接方案的标准。IEEE802. 3ab制定了五类双绞线上较长距离连接方案的标准。

3.5.3　以太网在建筑设备自动化系统的应用

以太网传输速度快，组网方式简单灵活，价格便宜，并且由于硬件设备相同，用以太网作为建筑设备自动化网络可以很容易实现建筑自动化系统与办公自动化网络的集成。但是通常用在办公网络的以太网技术的特点并不一定完全适合建筑自动化的特点，不能将以太网技术照搬到建筑自动化网络中。表3-4对比了办公网、工业控制总线及建筑自动化网络的需求。

表3-4　办公网、工业控制总线及建筑自动化网络的需求比较

项目	办公网	工业控制总线	建筑自动化网络
数据量	大	小	小
实时性	低	很高	一般
可靠性	低	高	高
灵活性	高	不要求灵活	较高
兼容性	高	较低	高
安全性	很高	高	高

从表3-4中可以看出，建筑自动化网络的数据量小，而办公网络所传输的数据量大。以太网采用的是面向字符型同步通信模式，以太网以及IP协议群中，用于网络传输控制的字节长度需要十几个字节，甚至几十个字节。办公网络传输的数据通常几千字节，传输控制字节所占比例仅为1%左右，传输效率高。而在建筑自动化系统中，有效数据通常只有几十个字节，用以太网传输时，传输控制字节占数据帧代码的50%左右，传输效率非常低。如何对控制数据打包以提高传输效率是以太网在建筑设备自动化系统中应用面临的一个重要课题。

另外，建筑自动化系统中信息点多，并且要求较高的可靠性，而以太网在网络节点多时，数据碰撞和数据丢失的情况会加剧。以太网技术可以保证网络中任何两节点随时随地进行通信，而建筑自动化系统中，由于数据传输方向是相对确定的，不需要这样灵活的通信方式。如果能控制以太网中的数据通信方向，那么就可以避免数据碰撞,提高可靠性。

网络安全是以太网在建筑自动化中应用另一个被质疑的方面。网络病毒和黑客威胁着网络安全。办公网的通信被破坏不过是数据的丢失和损坏,如果建筑自动化网络通信被攻击可能威胁到建筑本身的安全。

尽管存在以上问题,各种基于以太网技术的控制设备不断被开发和应用。例如:英国 TREND 卓灵公司推出的 IQ3 控制器系统,以太网正在逐渐被应用到建筑自动化中。

3.6 系统集成技术

3.6.1 系统集成概念与内容

系统集成是指将智能建筑内不同功能的智能化子系统在物理上、逻辑上和功能上连接在一起,以实现信息综合、资源共享的一种技术方法和手段。通过系统集成,可以进行集中监控、实现联动和优化运行,从而提高管理和服务效率,节省成本,降低运行和维护费用。

从不同角度看,智能建筑系统集成的内容主要包括功能集成、网络集成、软件界面集成等。

1. 网络集成

网络集成实质上是将不同通信协议的网络进行互联,通过网关、路由器和标准接口等实现信息的集成和共享。网络集成侧重于网络协议、网络互联设备这两个方面。在技术上主要是解决不同网络通信协议之间的转换问题。这是实现系统集成和优化的基础性工作。

2. 功能集成

将原来分享的各智能化子系统的功能进行集成,并形成原来子系统所没有的针对所有建筑设备的全局性监控和管理功能。功能集成主要分两个层次。

①IBMS 中央管理层的功能集成:集中监视、控制和管理功能,信息综合管理功能,全局事件管理功能,流程自动化管理功能,公共通信网络管理功能。

②各智能化子系统的功能集成:BAS、OAS、CNS、BMS 的功能集成。

3. 软件界面集成

一般各智能化子系统的运行和操作界面是不同的,界面集成就是要实现在统一的平台和统一的界面上运行和操作系统,界面集成实现的前提是各子系统之间数据的互通交换。

3.6.2 系统集成的实施开发

1. 明确用户技术需求

结合建筑的功能用途以及投资规模,与用户反复沟通确认,形成初步设计方案,最终形成业主在建筑自动化方面明确的基本功能要求、系统集成的范围和目标。按照业主的需求，进行系统组成结构的设计，根据不同子系统的实际情况和资金情况，决定系统集成方式是分层次进行集成，还是整体直接进行系统集成；是分阶段进行系统集成，还是一次实施集成。

2. 集成系统的深化设计

深化设计的核心内容是软件和硬件的开发方案设计。

①软件开发计划至少应该包括系统功能的总体描述、实施各项功能的部件即功能模块、数据流程和数据节点、参量表格、操作界面表格、系统运作的总体结构、功能模块的结构、各模块开发所需的人员数以及开发周期等。

②硬件开发计划建立在对各系统集成对象的分析基础上，主要是对各对象的通信协议和控制机制进行分析，而主要的开发内容也是各种通信系统间的协议转换设备，以及中央的控制设备。在设计过程中应该确定硬件设备的功能、采用的开发技术、开发设备的整体结构、设备框图、性能指标、检测方法、开发周期和开发费用。

3. 集成系统现场监控点和信息点的设置

根据功能要求确定各个子系统监控点和信息点的位置和数量，以及确定楼层信息点的分布和数量。统计出相应硬件设备的数量，确定传感器、执行器和控制器等硬件产品型号，形成设备清单以供集成系统的工程预算。

4. 软件开发

软件开发是实施系统集成的主要工作，其基本内容包括三个大类：监控及应用程序的开发、信息及数据的录入和用户界面的制作。

①监控程序是指由智能化系统设备厂商提供的组态软件平台，开发工作的主体是对这些程序包的安装和移植，移植工作在这里的含义是将该程序包安装到非原厂商提供的其他操作平台上，并增加适当的插件和中间程序使之正常工作，最终形成统一的操作界面。应用程序指那些提供综合服务和高层功能的工作逻辑，包括信息数据结构、用户调用的前台工作界面开发、不同系统数据传输接口的开发、后台智能运作逻辑执行程序的开发等。

②信息在此指独立于大厦智能化系统，并可以为其运作和用户工作提供帮助的各种信息，如大厦建筑结构和设备图纸、出租设备的租借费用标准、大厦周边信息等。而数据指由智能化系统运作自动产生的数据，以及为系统运行而预设置的初始数据。

③用户界面制作包括综合控制界面的制作、用户前台操作界面的制作和智能化系统设备状况细化分析界面。

5. 硬件开发

一般情况下，智能化系统设备厂商提供了系统集成的标准硬件资源。这些硬件的主要任务是进行控制和在不同通信标准之间建立协议转换。但在有些情况下，非标准的通信协议转换硬件需要被开发，目前最常见的开发方法是：首先分析协议转换的逻辑和规则，其次根据分析结果开发协议转换软件，最后将软件固化于专用硬件中，成为软件固化卡，在不同的通信接口设备之间进行协议转换运算。这种硬件开发工作对于一般的系统集成商有一定的困难。

6. 系统集成测试

系统集成的测试包括两方面内容：首先是对系统集成功能的测试。即根据用户最初提出的系统需求，分别检查和试验各种需求的实现情况，并做出适当的调整，直至完全满足用户需求为止；其次是对系统集成性能的测试，包括软件的运行速度、硬件和系统集成平台的稳定性等。系统集成的测试不同于其他智能化系统，其主要的参数是定性的参数，而较少有定量的参数，因此系统集成的测试应该贯彻以用户需求最终满足为目标的原则。

3.6.3 基于 Apogee 系统的第三方设备网络集成

1. Apogee 系统标准网关

Apogee 系统是西门子开发的基于 BACnet 协议的 BAS 软件，采用了 Ethernet 802.3 物理层作网络兼容，采用特定的网络兼容器，已与 150 多个厂家系统进行系统兼容，包括了冷冻机、工业控制器、锅炉、供/配电系统、消防报警、停车库系统、保安系统等。标准网关类型如表 3-5 所示。

表 3-5 Apogee 系统标准网关类型

网关类型	系统兼容的厂家系统和标准协议
标准协议网关	Modbus(RTU)，LonWorks，BACnet
HVAC 系统网关	Carrier，York，Mcquay，Trane，Daikin，Atlas，AirFlow…
消防系统网关	Cerberus，Edwards，Simplex…
安保系统网关	Siemens，Maxial…
电力系统网关	Siemens，Merlin Gerin，Square D，Crompton…
照明系统网关	GE，Square D，Douglas，MicroLite，Thomas，Triatek…
直接对映类型	Edward System，Technology (EST) IRC3
应用对映类型	Carrier，McQuay
特殊对映类型	Cerberus，Simplex，Square D 5200 Power Meter，Allen Bradley PLC-5，Honeywell/Cleaver-Brooks Boiler，Armstrong Trapscan System Edward (EST)/Siemens ALS3

2. 非标准网关的自行开发

Apogee 系统提供了多种网关，一部分网关是基于 RS485/RS232 开发的，还有一部分是基于以太网的。另外，还可以根据实际需要开发其他的非标准网关。Apogee 系统基于 RS232/RS485 的网关，可以分为以下四种。

1)采用 Modbus(RTU)通信协议

RTU(远程终端设备)模式通信信息定义如表 3-6 所示。

表 3-6 RTU 模式通信信息定义表

地址节	功能代码	数据数量	数据 1	…	数据 n	CRC 高字节字	CR 低

当控制器设为在 Modbus 网络上以 RTU(远程终端单元)模式通信,在消息中的每个 8 Bit 字节包含两个 4 Bit 的十六进制字符。这类网关相对标准,用户可以自己修改参数来使用在不同厂家采用该协议的设备和系统上。

2)采用 Modbus(ASCII)通信协议

ASCII(美国信息交换码)是 Modbus 协议的一种数据模式,采用这种模式的设备相对比较少,通常是发电机、直燃机及相关的设备。

3)单向通信类

通常的消防报警或者其他要求实时性比较好的系统,都会采用这种方式,像西门子或其他类型的 PLC 通常也有通信模块采用,这种系统的特点是:通信设备根据设定自动发送数据,有时候是周期性的,有时候是有报警就发送。

4)其他网关

只要是采用 RS485/RS232 协议,而不采用上述三种协议的都属于这一类,其包含的内容比较多。通常情况下,这类设备需要网关程序先与之建立通信,然后传送数据,用户须提供接口资料。目前已经有 CATERPILLAR CCM II、OMRON PLC、MITSUBISHI PLC 等采用这种网关。

3. 与第三方系统正常通信或连接要获取的资料

与第三方系统正常通信或连接要获取的资料包括以下方面。

①系统通信工作原理或工作流程介绍,原设备厂商名称设备类型及型号。

②通信硬件接口 Ethernet、RS485、RS422、RS232 等。通信接口规格、接口管脚定义及与 PC 机的接线图。

③标准通信协议是否 Modbus、OPC 等;对于自定义通信协议第三方应提供详细的通信控制步骤、传送控制顺序、控制符号、格式、相应代码所代表的含义等编程所必需的资料;数据库方式应提供数据结构,包括数据类型、格式定义及说明,并说明那些数据是实时的,数据库接口应支持 ODBC 方式。

④罗列系统所能提供的数据(点数表)及数据的详细描述,系统通信设备在现场安装的准确位置,以及何时、何地、如何提供测试环境或条件。

【本章要点】

建筑自动化网络有其鲜明的特点,是建筑自动化系统的核心技术之一。本章介绍了计算机网络的基本组成、拓扑结构、传输介质、通信协议等基础知识和概念;重点介绍了建筑自动化系统应用中主流的 LonWorks 标准、BACnet 标准和几种典型的现场总线协议。最后阐述了以太网在建筑设备自动化系统的应用中存在的问题和发展前景。

【思考与练习题】

3-1 简述计算机网络的基本组成、拓扑结构的类型和特点。

3-2 简述 OSI 参考模型通信分层的目的以及各层的作用。

3-3 简述 BACnet 标准的体系结构和基本内容。

3-4 简述 LonWorks 标准的核心技术和特点。

3-5 现场总线的概念和特点有哪些?

3-6 建筑自动化网络应用中存在的问题和解决方向是什么?

3-7 简述系统集成的基本概念、意义和基本内容。

3-8 简述系统集成设计与实施的一般步骤和要点。

【深度探索和背景资料】

OPC 技术在楼宇自动化系统集成中的应用

从系统集成的角度来看,系统中存在两类关键的数据交换与融合。一类是现场控制器与监控计算机之间的数据交换;另一类是控制层与管理层之间监控与资源信息的数据交换与融合。OPC 技术是解决这两类数据交换与融合比较好的办法之一。

1. OPC 技术概念

所谓 OPC 技术,是指用于过程控制的对象链接与嵌入技术,从接口角度出发,OPC 是一种设备服务器的标准接口,能够提供即插即用的软、硬件组合。OPC 服务器提供的现场设备与应用软件之间的接口体系结构如图 3-17 所示。

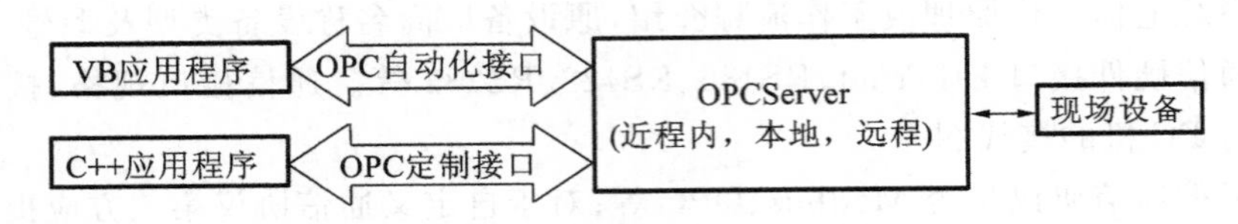

图 3-17 两种典型的 OPC 接口体系结构

应用程序端有两个接口,一个是定制接口(Custom Interface),另一个是自动化接口(Automation Interface)。定制接口只支持 C /C++编写的客户应用。自动化接口则支持更上层的应用,凡支持 VBA 的所有应用程序,如 Visual Basic、Excel 等,均可作为客户端的编程应用。在设备端遵循 OPC 标准的现场设备可与 OPC 服务器直接通信,OPC 服务器就相当于设备驱动软件。在该结构中,OPC 服务器对现场设备而言是客户端,而对应用程序而言又是服务器端。这样,OPC 服务器在现场设备与应用程序之间起到了接口的作用,使得应用程序与设备之间的通信变得简单易行。

2. OPC 客户端的实现

客户应用程序访问 OPC 服务器必须遵循 OPC 数据访问服务器所规定的方法、

属性和事件。首先，必须获取OPC服务器中的OPCServer对象。OPCServer是客户应用程序访问OPC服务器的唯一入口和实例化点。其次，用OPCGroup类的ADDGroup方法创建Group类对象，继而创建Item对象。在获取Item对象后，就可以进行各种读写操作了。在整个过程中，客户应用程序不需要了解OPC数据访问服务器的内部设计，而只需按照OPC服务器所要求的格式调用方法、属性和事件来实现。下面以某综合大楼的中央监控程序为例，说明编写OPC客户端程序的具体步骤。该例选用OPC服务器的自动化接口，实现中央监控程序与OPC服务器的连接。

①变量声明。先对OPC对象变量进行声明，变量的数据类型应该指定为对象型。

```
Private gOpcServerAsOPCServer
Private gOPCGroup sAsOPCGroup s
PublicWithEvents gOPCGroup AsOPCGroup
```

②OPC服务器的连接。

```
Set gOpcServer = New OPCServer
gOpcServer. Connect ( " Gesytec. ElonOPC2" )
```

③OPC组的建立和添加。

```
Set gOPCGroup s = gOpcServer. OPCGroup s
Set gOPCGroup = gOPCGroup s. Add ( " G1" )
```

④OPC项的建立和添加。对OPC服务器访问前，必须先在OPC组里添加要访问的OPC项。

```
Set gOPC Items = gOPCGroup. OPC ItemsgOPCGroup. OPC Items. Add Items
count,item IDs,Cli2entHandles,_serverhandles,errors,_dataTypes,accessPaths
```

⑤接收数据。使用了WithEvents后，DataChange自动存在于gOPCGroup的事件列表中，当gOPCGroup的属性IsSubscribed为真时，事件被触发。

```
Private Sub gOPCGroup _DataChange ( _ByVal Transac2tion ID As Long,_
ByValNum Items As Long,_ClientHandles ( ) As Long,_ ItemValues ( ) As
Variant,_Qualities ( ) AsLong,_TimeStamp s( ) AsDate)
```

⑥断开连接。

```
gOpcServer. Disconnect
Set gOpcServer = Nothing
```

编写OPC客户程序的步骤可以概括为指定服务器、建立OPC组、添加OPC项、接收数据、断开连接。由于一个OPC客户程序可能与多个OPC服务器相连，因此设计时也最好采用多线程，以便同时与多个OPC服务器程序进行交换，从而提高通信效率。

3. 多总线楼宇自动化系统集成的OPC技术

OPC/DA规范实现了应用程序对不同现场总线协议设备之间的数据访问，为不同总线协议之间的互联和互操作提供了一个重要的手段。基于OPC技术的多总线系统集成是通过软件实现的,这种方法灵活通用,同时还提供了与管理层软件通信的接口。基于OPC技术的多现场总线楼宇自动化系统的软件结构模式如图3-18所示。

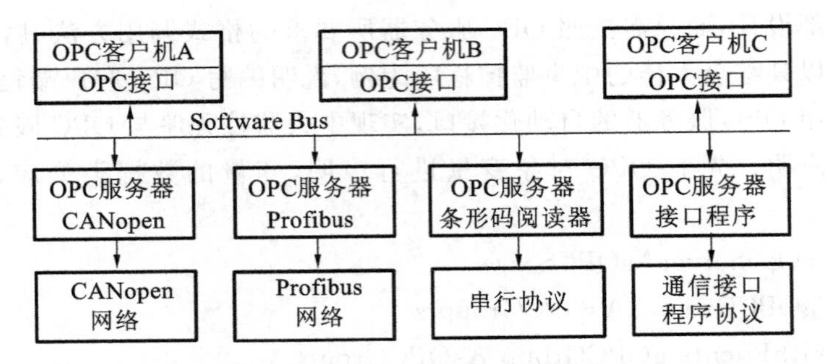

图3-18　基于OPC技术的多现场总线楼宇自动化系统的软件结构模式

OPC技术将底层硬件驱动程序和上层应用程序的开发有效地分隔开,使用统一的接口实现不同总线协议间的数据互访,简化了系统集成环境,基本上解决了目前采用现场总线技术的自控系统的网络集成问题。此外,由于OPC技术的系统集成采用的是软件方式,在实现控制网络与信息网络无缝连接的同时也易于功能的扩展,使系统更加开放。

第4章 建筑设备自动化中的监控设备

建筑设备自动化系统中的监控设备种类繁多，主要包括各种传感器、执行器、控制器和网络互联设备。传感器用来感知建筑物及其设备系统的实时状态，例如设备自动化中的温度、湿度、压力、流量、液位等参数检测的传感器，消防自动化中的火灾报警探测器，安全防范系统中的入侵传感器等；控制器接受传感器的信号，控制程序以完成分析和决策过程，其输出驱动执行器；执行器的动作对设备系统产生影响，从而使设备系统处于最佳的工作状态，同时也要对建筑物内部关系人身、财产安全及设备运行安全的状态进行监视，并采取有效的防范措施。本章主要介绍BAS(不含FAS和SAS)中常用的监控设备。

4.1 建筑设备系统常用传感器

4.1.1 传感器基础知识

按国家标准GB 7665—2005对传感器的定义，传感器是指能感受被测量参数并按照一定的规律转换成可用输出信号的器件或装置，通常由敏感元件和转换元件组成。其中，敏感元件是指传感器中能直接感受或响应被测量参数的部分；转换元件是指传感器中将敏感元件感受或响应的被测量参数转换成适于传输或测量的电信号的部分。

传感器把被测参数转换成电信号，输出的电信号一般都很微弱，而且常混有干扰信号，为了方便应用，需要有信号调理与转换电路对其进行放大、整形、线性化等，并输出为符合国际标准的信号。例如输出标准的电压信号为0～5 V DC或0～10 V DC，标准的电流信号为4～20 mA。敏感元件和转换元件可以是分离的，也可以是一体化的，一般将转换元件输出的微弱信号变换成标准信号的装置称为变送器。

1. 传感器的分类

传感器的分类方法很多，常用的分类方法有以下几种。

①根据传感器的工作机理，可分为结构型与物性型两大类。结构型传感器是依靠传感器的结构参数变化而实现信号变换。例如，变极距式电容传感器是依靠改变电容极板间距的结构参数来实现传感功能的。物性型传感器是在实现变换过程中传感器的结构参数基本不变，而仅依靠传感器小元件内部的物理、化学性质变化实现传感功能的。例如，光电式或热电式传感器在受光、受热情况下结构参数基本不变，主要是依靠接受这些刺激后材料内部电参数变化而实现信号变换的。

②根据传感器的能量转换情况,可分为能量控制型传感器和能量转换型传感器。能量控制型传感器,在信号变换过程中,其能量需要外电源供给。如电阻式、电感式、电容式等传感器属此类,基于应变电阻效应、磁阻效应、热阻效应、霍尔效应等的传感器也属此类。能量转换型传感器,同时又是能量变换元件,在信号变换过程中,它不需要外电源。如基于压电效应、热电效应等的传感器。

③按传感器输入的物理量分类。例如:用来测量力的称为力传感器;测量位移的称为位移传感器;测量温度的称为温度传感器;等等。这种分类方法便于实际使用者选用传感器。

④按传感器输出信号的性质分类,根据传感器输出是模拟信号还是数字信号,可分为模拟传感器和数字传感器。

2. 传感器主要技术指标

①量程,指传感器检测被测量的变化范围。

②精度,又称静态误差,是指传感器在满量程范围内任意一点的测量值与其真值的偏离程度,用相对误差来表示。传感器的精度与传感器多项技术指标相关,不宜单纯追求高精度的传感器,而应考虑实际应用对精度的要求,也要考虑其经济成本。

根据国家标准 GB/T 13283—2008 的规定,电测仪表的精度等级分为 0.1、0.2、0.5、1.5、2.5、5.0 级。所谓的级是指仪表测量时可能产生的误差占仪表满量程的百分数。0.1 级表和 0.2 级表多用作标准表;0.5 级表和 1.5 级表多用作实验仪表;1.5～5.0 级表多用作工控检测仪表。

一般来讲,测量误差除与传感器有关外,还与选用的仪表等级、量程有关。例如,分别用 0.2 级和 2.5 级量程均为 10 A 的电流表测量 8 A 电流:0.2 级表的误差为 10 A×0.2%＝0.02 A;2.5 级表的误差为 10 A×2.5%＝0.25 A。又如,若用同为 2.5 级、量程为 0～10 A 及 0～5～10 A 的两块电流表测量 4 A 电流,那么,量程 0～10 A表的误差为 10 A×2.5%＝0.25 A,而量程为 0～5～10 A 表,如果选用 5 A 量程,测量误差为 5 A×2.5%＝0.125 A。可见,级别数字越小,测量精度越高,被测值与仪表量程相差越小,测量精度就越高。因此,在选用仪表量程时,应尽可能使测量值接近仪表满量程的 2/3 以上为好。

③重复性,指传感器在输入量按同一方向做全量程连续多次测量时,所得特性曲线的不一致程度。

④灵敏度,指传感器在稳定条件下,输出增量与输入增量之比,为其静态灵敏度。例如,某线性温度传感器,当输入变化 1 ℃,输出电流变化 4 mA 时,其灵敏度为 4 mA/℃。

⑤漂移,指传感器在规定使用期限内,不能保持恒定不变特性的程度。影响漂移的主要因素是时间和温度。

⑥线性度,在满量程范围内,传感器输入-输出校准曲线与理论拟合直线之间的

最大偏差与输出满度值之比。

⑦稳定性，指传感器在室温条件下，保持其性能的时间间隔。多用有效期来表示。

⑧迟滞，指传感器在相同工作条件下，反向行程期间输出-输入曲线不重合的程度。

3. 传感器与控制器的连接

传感器与直接数字控制器的模拟量输入通道 AI 和开关量输入通道 DI 连接，只需考虑采用的传感器输出信号与控制器接收信号的匹配以及接线方式的匹配即可。传感器输出信号形式可分为以下三类。

①通/断型开关信号。这种信号在任何情况下只有一种可能，即非通则断。

②电压型/电流型标准模拟信号。经变送器输出的 4～20 mA(或 0～10 mA)电流型标准信号和 0～10 V(或 1～5 V)电压型标准信号。

③数字脉冲信号。由幅值相等、频率相同的一组脉冲序列组成的信号，主要用于精度定位检测。

传感器的输出信号多数采用有线传输，以电力线、双绞线、屏蔽线、补偿线为主，采用两线制、三线制或四线制接线方式，部分智能型传感器已通过网络进行信号传输。

4.1.2　常用传感器

1. 温度传感器

温度传感器用于测量室内、室外空气温度以及流体输送管道内的介质温度。温度传感器通常有热电偶、热电阻、热敏电阻和电接点温度计。安装方式有墙挂式、水管式、风道式和室外温度式。

1)热电偶

热电偶是利用两种不同金属组成闭合回路时，若两不同金属材料接点处温度不同，回路就会出现热电动势(mV)，并产生电流。将热电偶材料一端温度保持恒定(称为自由端或冷端)，而将另一端插在需要测温的地方，这样两端的热电动势就是被测温度(工作端或热端)的函数，只要测出这一电动势，就能确定被测点的温度，一般工业上用于测量 500 ℃以上高温。

国际电工委员会(IEC)推荐了七种标准化热电偶，常用的 5 种列于表 4-1 中。其中铂及其合金组成的热电偶价格最贵，但热电动势非常稳定。铜、康铜价格最便宜，镍铬居中，但灵敏度最高。由于热电偶的热电动势大小不仅与测量温度有关，还决定于自由端(冷端)温度，即电动势的大小取决于测量端与自由端的温差。由于自由端距热源较近，因而其温度波动较大，给测量带来误差，为克服这个缺点，通常需采用补偿导线和热电偶连接，补偿导线的作用就是将热电偶的自由端延长到距热源较远、温度比较稳定的地方，对补偿导线的要求是它在温度比较低时的特性与热电偶相同或接近，且价格低廉。

表 4-1 几种常用的标准型热电偶

热电偶名称	分度号	热电丝材料	测温范围/℃	平均灵敏度	特 点
铂铑$_{30}$—铂铑$_{6}$	B	正极 Pt 70%,Rh 30% 负极 Pt 94%,Rh 6%	0~+1800	10 μV/℃	价贵,稳定性好,精度高,在氧化气氛中使用
铂铑$_{10}$—铂	S	正极 Pt 90%,Rh 10% 负极 Pt 100%	0~+1600	10 μV/℃	同上,线性度优于 B
镍铬—镍硅	K	正极 Ni 90%,Cr 10% 负极 Ni 97%,Si 2.5% Mn 0.5%	0~+1300	40 μV/℃	线性好,价廉,稳定,可在氧化及中性气氛中使用
镍铬—康铜	E	正极 Ni 90%,Cr 10% 负极 Ni 60%,Cu 60%	−200~+900	80 μV/℃	灵敏度高,价廉,可存氧化及弱还原气氛中使用
铜—康铜	T	正极 Cu 100% 负极 Ni 60%,Cu 60%	−200~+400	50 μV/℃	价廉,但铜易氧化,常用于 150 ℃以下温度测量

2)热电阻

热电阻是根据金属导体和半导体的电阻随温度的变化而变化,并呈一定函数关系的特性制成的。

(1)金属热电阻

铂、铜、镍等是应用最广泛的金属热电阻材料,除 Pt100、Cu50 等之外,国外有 Pt1000、Pt3000 等,也有铁镍合金 BALCO500 热电阻,它们基本上是线性元件。图 4-1以铂电阻为例说明了金属热电阻的结构。

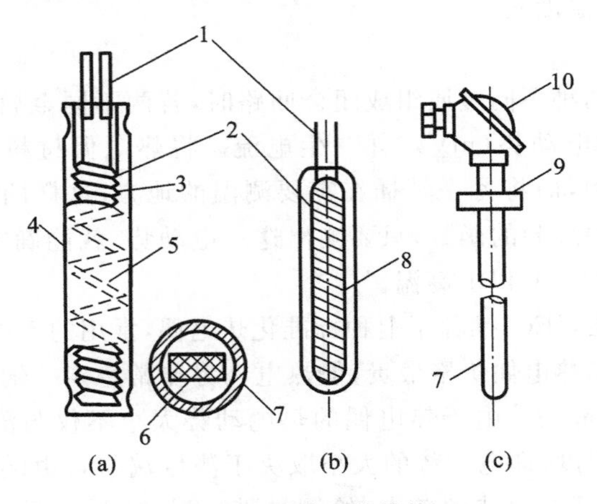

图 4-1 铂电阻的结构

1—引出线;2—铂丝;3—云母骨架;4—保护用云母片;5—绑带;6—铂电阻横断面;7—保护管;8—石英骨架;9—连接法兰;10—接线盒

表 4-2 为铂电阻(WZP)和铜电阻(WZC)的基本参数。表中的分度号是指在标

准大气压下，0 ℃时的电阻值；电阻比 $W(100)=R100/R0$，表征热电阻材料的纯度，$W(100)$越高说明纯度高。

表 4-2　铂电阻和铜电阻基本参数

名称	代号	分度号	温度测量范围	0 ℃时的阻值和允差		电阻比 W(100)及其允差	
				A 级	B 级	A 级	B 级
铂电阻	WZP	Pt10	−200～850 ℃	10±0.006	10±0.012	1.3850±0.0004	1.3850±0.0010
				A 级	B 级		
		Pt100		100±0.06	100±0.06		
铜电阻	WZC	Cu50	−50～150 ℃	50±0.05		1.482±0.002	
		Cu100		100±0.1			

铂热电阻的主要特点：阻值与温度的关系基本上是线性的，精度高，性能可靠，价格较贵，是较理想的热电阻材料，可用来制造精密的标准热电阻。

铜热电阻的主要特点：阻值与温度的关系也是线性的，精度不高，高温下易氧化，但价格便宜，用于测量精度要求不高的场合。

(2)半导体热敏电阻

金属热电阻阻值随温度的升高而增大，但半导体热敏电阻却相反，它的电阻值随温度的升高而减小，并呈现非线性，称为负温度系数热敏电阻(NTC)。半导体热敏电阻的主要特点：可测量−40 ℃至+350 ℃，灵敏度高(是金属热电阻的 100 倍以上)，体积小，结构简单，价格便宜，目前已深入到各种领域，发展极为迅速。但稳定性、互换性差，温度特性非线性，实际应用中应线性化处理，图 4-2 为 NTC 的线性化特性。在建筑设备自动化系统中标准的半导体热敏电阻应用非常广泛。其标称电阻值是指在基准温度 25 ℃时测得的电阻值，分为 2 kΩ、3 kΩ、5 kΩ、10 kΩ、15 kΩ、20 kΩ、30 kΩ、50 kΩ、100 kΩ、150 kΩ 等级别。在 BAS 工程应用中一般要求温度精度±1%，热时间常数<20 s，特别要考虑由于 NTC 封装形式的不同所引起的延迟和误差。

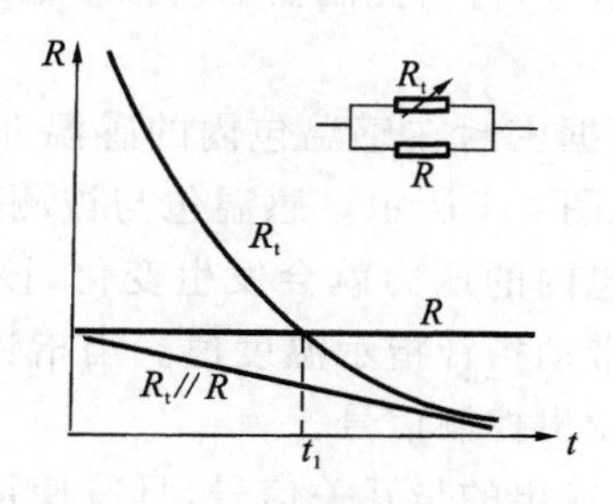

图 4-2　NTC 的线性化特性

(3)热电阻的测温

热电阻阻值随着温度变化而变化，还需要将阻值变化转化为电量，一般采用平衡或不平衡电桥电路实现。图 4-3 中 R_T为热电阻,图 4-3(a)中平衡电桥电路对应于每个温度的热电阻值,滑动电阻动触点都有一个确定的位置使桥路平衡即 $I_P=0$;图 4-3(b)不平衡电桥电路指示被测量值时,电桥处于不平衡状态即 $I_P\neq0$。(a)图和(b)图中与电桥电路连接的热电阻 R_T内部引出线是两根,称为两线制,用于不需要较高精度且测温热电阻与检测仪表距离较近的场合。图 4-3(c)为三线制接法,采用三线制是为了消除连接导线电阻(当导线很长时其电阻不可忽略)引起的测量误差,这是因为测量热电阻的电路一般是不平衡电桥,热电阻作为电桥的一个桥臂电阻,其连接导线电阻也成为桥臂电阻的一部分,这一部分电阻是未知的且随长度和环境温度变化,造成测量误差。采用三线制,二根导线的电阻分别置于电桥的相邻两臂上,中间的一根导线电阻连接在电源对角线上,它们的电阻变化对读数的影响可以相互抵消。

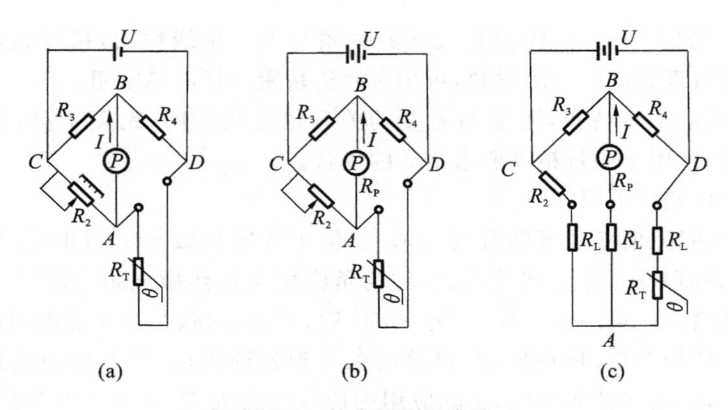

图 4-3 热电阻测温电路

(a)平衡电桥;(b)不平衡电桥;(c)三线制接法

在工程中使用热电阻测量温度分为两种情况:一种是直接把热电阻通过导线接入控制器的模拟量输入通道 AI,测量电路和电源在控制器中,根据热电阻的规格,配置相应的软件即可。第二种是热电阻和测量电路在一起,通过温度变送器输出 0~10 V或 4~20 mA 标准信号,再与控制器的模拟量输入通道 AI 连接。

3)电触点压力温度计

电触点压力温度计是根据密封在感温包内的感温介质的压力与温度之间的变化关系制成的。其结构图如图 4-4 所示。感温包与被测物容器紧密连接。测温时,当被测物温度发生变化,温包内的压力就会发生变化,该压力经毛细管传递到 C 形弹簧管,并使其变形、位移,带动指针指示温度值。当指针移动到上、下限位指针时,触点通断,通过电输出端子输出控制信号。

电触点压力温度计由于输出的是开关信号,具有使用方便、控制简单、检测直观等优点,适用于 20 m 之内,−50~550 ℃的液体、气体和蒸汽温度检测,以及控制要求不高的场合。

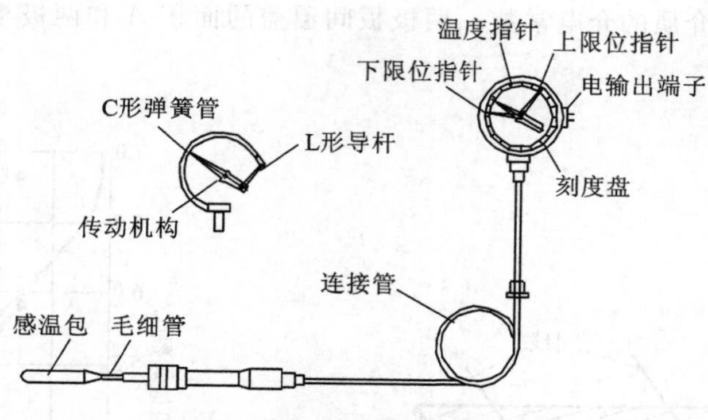

图 4-4　电触点压力温度计结构图

2. 湿度传感器

在建筑设备自动化系统中，湿度传感器主要用于室内外的空气湿度和风道内空气湿度的检测。由于环境温度、空气中的水蒸气含量、空气压力、湿敏材料的物理化学特性等因素都会影响到湿度的测量，所以湿度的精确测量比温度检测要困难得多。湿度传感器种类繁多，结构、原理各不相同，按对水分子的吸收和渗透特性分类，如图 4-5 所示。

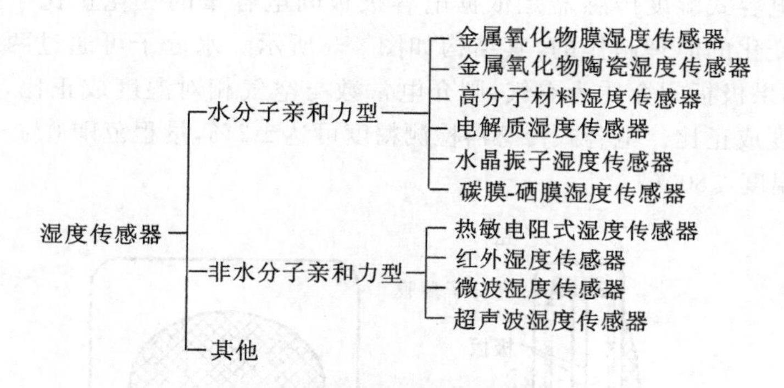

图 4-5　湿度传感器分类

1）氯化锂电阻式湿度传感器

氯化锂电阻式由高导电率电极、有机绝缘基片、含有氯化锂溶液的感湿膜、封闭外壳等组成（见图 4-6），属典型的电解质湿度传感器。

氯化锂是一种吸湿物质，吸收水分，电阻变小，释放水分，阻值变大。利用这一特性，可以通过检测电极间的电阻变化来检测环境的相对湿度。氯化锂湿度传感器的阻值在湿度 50%～80% RH 范围内与湿度变化呈线性关系，如图 4-7 所示。近年来研发生产的 DWS-P 型新型氯化锂湿度传感器性能得到极大的改善，克服了早期产品寿命短、特性不稳定等缺陷，精度可达±5%，响应迅速，但耐热性较差，适用于环境温度≤50 ℃，20%～90% RH 的工作环境。

2）电容式湿度传感器

电容式湿度传感器实际上是一个具有可变参数的电容器，电容器的电容量 C 的大小与两极板间介质的介电常数ε、两极板间覆盖的面积A和两极板间的距离d有关,即$C=\frac{\varepsilon A}{d}$。

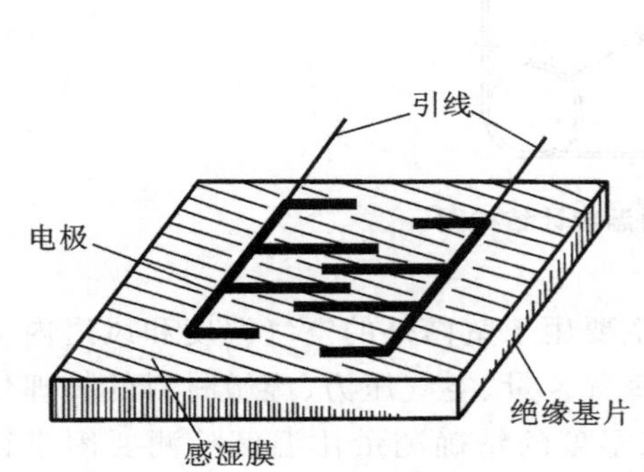

图 4-6　氯化锂电阻式湿度传感器结构示意图

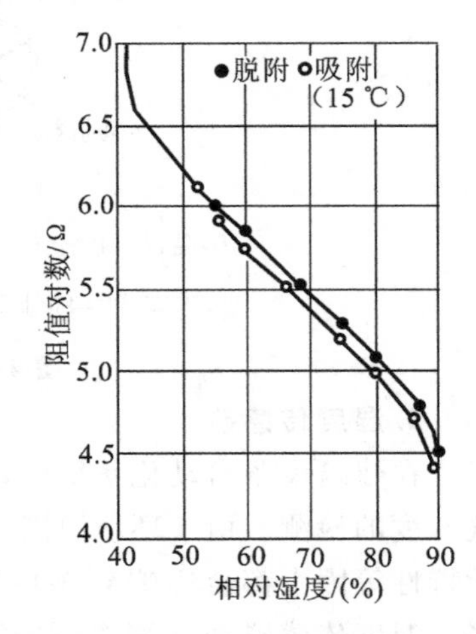

图 4-7　氯化锂电阻-湿度特性曲线

高分子电容式湿度传感器是依据电容极板间电容量的变化正比于极板间介质的介电常数变化的原理制作的,其结构如图 4-8 所示。水分子可通过两端电极的高分子薄膜,如果极板间介质为空气,则介电常数与空气相对湿度成正比,即电容量与空气相对湿度成正比。电容式传感器检测精度可达±2%,量程范围 0%～100% RH,适用于环境温度≤80 ℃。

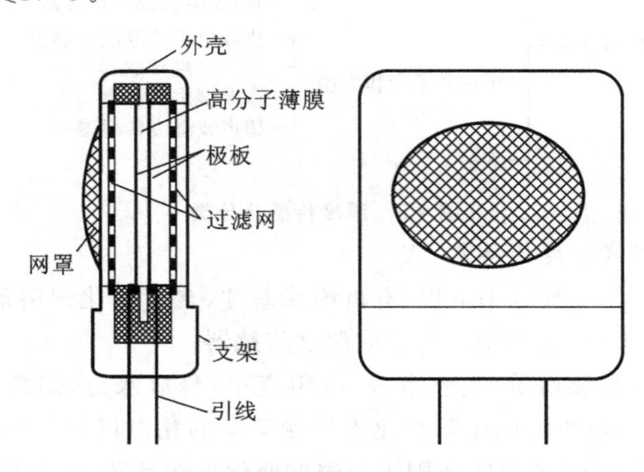

图 4-8　电容式湿度传感器结构示意图

3. 压力/压差传感器

在建筑设备系统中,水系统和风系统经常需要测量、控制压力和压差,以保证工艺过程的正常进行。例如,在恒压供水系统中利用压力传感器检测给水管供水压力来控制变频器调节水泵的转速;空气压差开关用于监视风机运行状态和过滤器阻力状态等。压力传感器按敏感元件可分为：电容型压力传感器、压电式压力传感器、采用弹性元件的压力传感器等。

1）电接点压力表

压力表中的弹性元件主要有弹簧、弹簧管、波纹管和弹性膜片等。当被测压力作用于弹簧管时，其末端产生相应的弹性变形，经传动机构放大后，由指示装置在度盘上指示出来。同时，指针带动电接点装置的动触点与设定指针上的触头（上限或下限）相接触的瞬时，致使控制系统接通或断开电路，以达到自动控制和发信报警的目的。在电接点装置的电接触信号针上，有的装有可调节的永久磁钢，可以增加接点吸力，加快接触动作，从而使触点接触可靠，消除电弧，能有效地避免仪表由于工作环境振动或介质压力脉动造成触点的频繁关断。所以这种仪表具有动作可靠、使用寿命长、触点开关功率较大等优点。

2）霍尔压力传感器

以弹簧管作为压力敏感元件，将压力变化转换成弹簧管自由端的位移的变化，带动霍尔片在磁场中移动，利用霍尔效应将位移信号转换成电动势，从而实现压力测量。该传感器也称为霍尔片式弹簧管远传压力表（见图 4-9）。

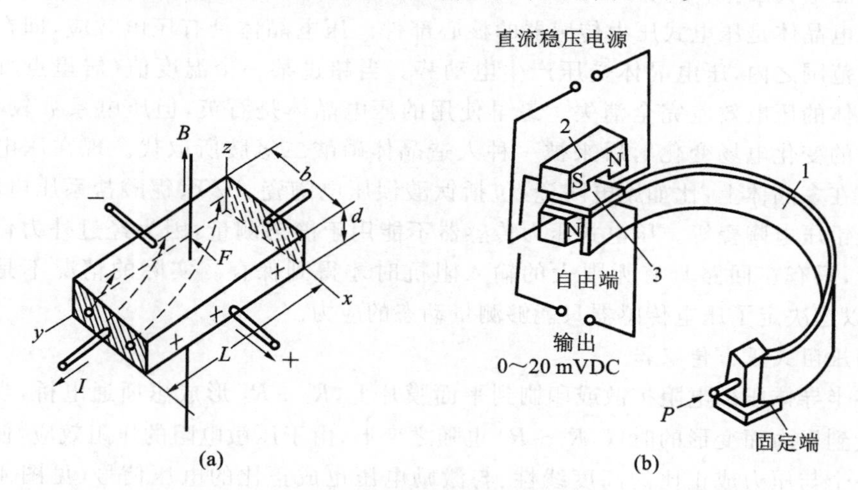

图 4-9　霍尔式传感器原理

（a）霍尔效应；（b）原理示意

1—弹簧管；2—磁钢；3—霍尔片

3）电容式差压传感器

图 4-10 是一种电容式差压传感器的示意图，可以测量压力和差压。左右对称的不锈钢基座内有玻璃绝缘层，其内侧的凹形球面上除边缘部分外镀有金属膜作为固定电极外，中间被夹紧的弹性膜片作为可动测量电极，左、右固定电极和测量电极经导线引出，从而组成了两个电容器。不锈钢基座和玻璃绝缘层中心开有小孔，不锈钢基座两边外侧焊上了波纹密封隔离膜片，这样测量电极将空间分隔成左、右两个腔室，其中充满硅油。当隔离膜片感受两侧压力的作用时，通过硅油将差压传递到

弹性测量膜片的两侧从而使膜片产生位移。电容极板间距离的变化,将引起两侧电容器电容值的改变。此电容量的变化经过适当的变换器电路,可以转换成反映被测差压的标准电信号输出。这种传感器结构坚实,灵敏度高,过载能力大,精确度为±0.25%～±0.05%。

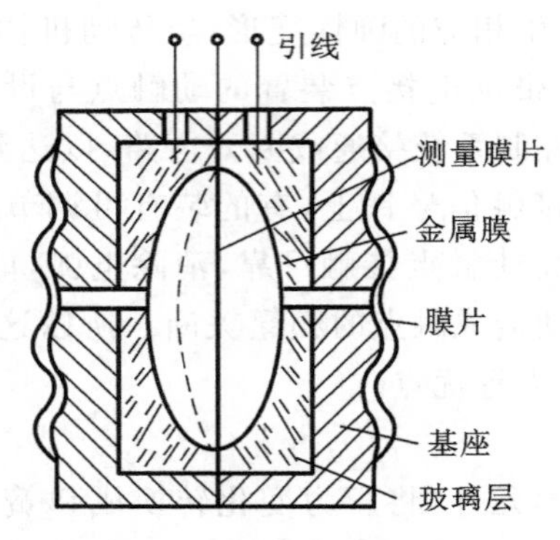

图 4-10 电容式差压传感器

4)压电式压力传感器

压电晶体是压电式压力传感器的核心部件。压电晶体具有压电效应,即在一定的温度范围之内,压电晶体受压产生电动势。当超过某一个温度值(居里点)时,其压电晶体的压电效应完全消失。最早使用的压电晶体是石英,但压电系数较小(随着应力的变化电场变化),后来被一种人造晶体磷酸二氢胺所取代。现在压电效应也应用在多晶体上,比如压电陶瓷,包括钛酸钡压电陶瓷、PZT、铌酸盐系压电陶瓷、铌镁酸铅压电陶瓷等。压电式压力传感器不能用于静态测量,因为经过外力作用后的电荷,只有在回路具有无限大的输入阻抗时才得到保存。实际的情况不是这样的,所以这决定了压电传感器只能够测量动态的应力。

5)压阻式压力传感器

将半导体压敏电阻扩散或印刷到平面膜片上,$R_1 \sim R_4$ 形成惠斯通电桥,当平面膜片受到压力而变形的时候,$R_1 \sim R_4$ 也随之变形,由于压敏电阻的压阻效应,使电桥产生一个与压力成正比的高度线性、与激励电压也成正比的电压信号(见图 4-11)。这种传感器可在较恶劣的工作条件下正常工作,可靠性高、精度好、温度误差极小、性价比高。

6)压差开关

压差开关是一种以气膜作为弹性元件的空气微压差仪表,可以通过刻度盘设定压差动作值,其控制范围为一般在 20～1000 Pa 之间,能满足一般空调机组中风机故障报警,初效、中效和高效过滤器阻塞报警的要求。两个传感孔通过细塑料管分别接在被测的高压和低压侧,注意不能接反,压力差作用于薄膜的两面,当两侧压差大于设定值时,弹簧承托的薄膜移动并驱动触点通断动作。

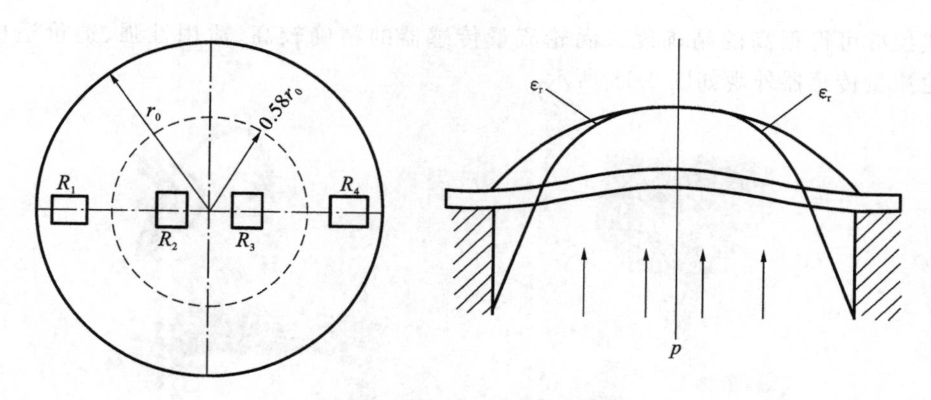

图4-11　压阻式压力传感器原理

4. 水流量传感器

在建筑物中水流量传感器主要测量给排水系统和空调水系统的流量，用于计算系统的水量、冷量和热量。水流量传感器类型很多，在BAS系统中常用的有涡轮流量传感器、电磁式流量传感器、涡街式流量传感器和超声波流量传感器等。

1)涡轮流量传感器

涡轮流量传感器结构如图4-12所示。当流体通过传感器时，涡轮叶片旋转，由磁性材料制成的叶片通过固定在壳体上的永久磁钢时，磁路中的磁阻发生周期性变化，从而感生出交流电脉冲信号，该信号的频率与被测流体的体积流量成正比，磁电转换器的输信号经过放大后，进行流量指示和积算。

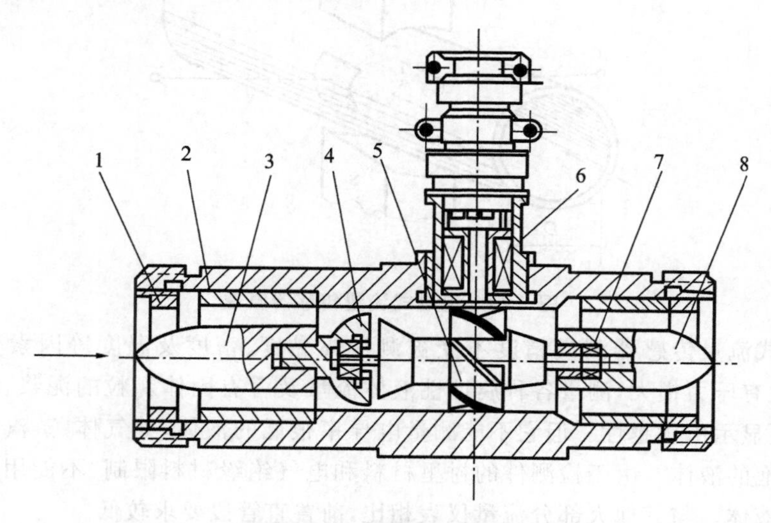

图4-12　涡轮流量传感器结构

1—紧固环；2—壳体；3—前导流器；4—止推片；5—涡轮叶片；
6—磁电转换器；7—轴承；8—后导流器

涡轮流量传感器的精度对于液体一般为±0.25% R～±0.5% R，高精度型可达±0.15% R；短期重复性为0.05%～0.2%，由于具有良好的重复性，如经常校准或在线校准可得很高的精确度。涡轮流量传感器的精确较高、适用性强、造价适中。涡轮流量传感器外观如图 4-13 所示。

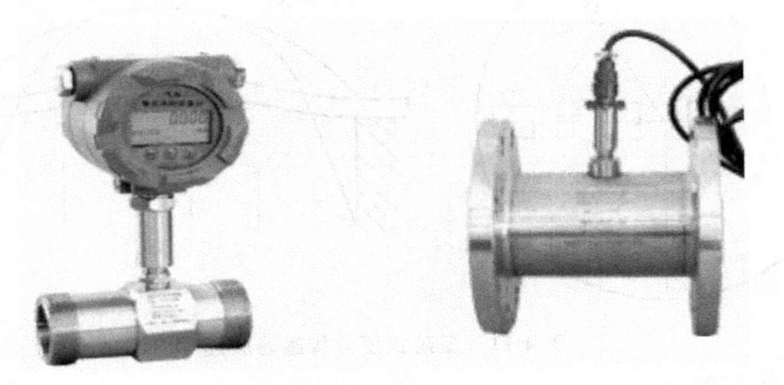

图 4-13　涡轮流量传感器外观

2)电磁式流量传感器

电磁式流量传感器是利用法拉第电磁感应定律(即当导体在磁场中运动切割磁感线时,在导体中产生感应电动势)制成的一种测量导电液体体积流量的仪表。测量管上下装有激磁线圈,与磁场垂直方向装有一对电极,测量通道是一段无阻流衬里的光滑直管(见图 4-14)。

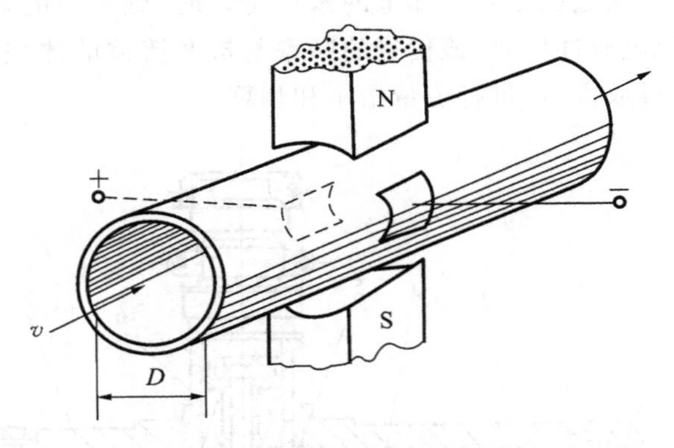

图 4-14　电磁式流量传感器原理

电磁式流量传感器测量精度不受被测液体黏度、密度及温度等因素变化的影响,几乎没有压力损失,测量各种腐蚀性液体流量及含有固体颗粒的泥浆、纸浆等的流量时,更显示出优越性。但它不能测量电导率很低的液体,如气体、蒸汽和含有较多较大气泡的液体。由于检测件的衬里材料和电气绝缘材料限制,不能用于测量较高温度的液体。与其他大部分流量仪表相比,前置直管段要求较低。

市场通用型电磁流量传感器性能有较大差别,精度高的仪表基本误差为(±0.5%～±1%)R,精度低的仪表则为(±1.5%～±2.5%)FS,两者价格相差 1～2 倍。有些型号的仪表声称有更高的精确度,基本误差仅(±0.2%～±0.3%)R,但有严格的安装要求和参比条件。

3)涡街式流量传感器

涡街式流量传感器是国际上 20 世纪六七十年代才问世的,根据流体力学中的“卡门涡街”原理制作的流量测量仪表。如图 4-15 所示,流体流过旋涡发生体(阻流体)时,两侧交替地产生有规则的旋涡,这种旋涡称为“卡门涡街”。旋涡列在旋涡发生体下游非对称地排列。根据“卡门涡街”原理,当传感器和管道结构一定的时候,在 $ReD=2\times10^4\sim7\times10^6$ 范围内,体积流量只与旋涡的发生频率 f 有关。因此,只要用检测元件把涡街频率信号转换成电信号,并进行放大、滤波、整形等处理后,就能得出与流量成比例的脉冲信号。

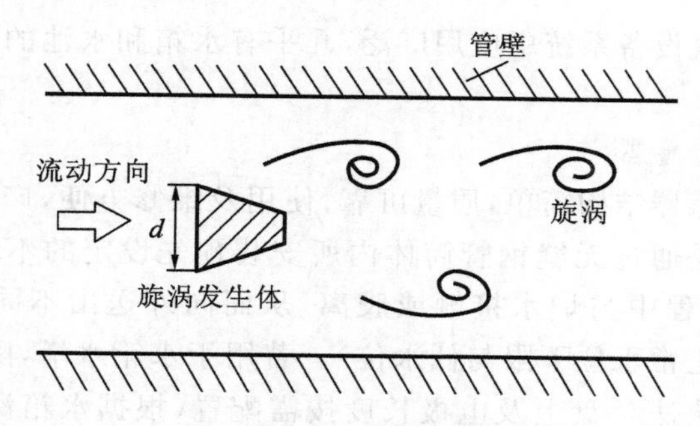

图 4-15　“卡门涡街”原理

4)超声波流量传感器

超声波流量传感器最大的特点是有非接触式测量,安装在管道外壁。超声波在流体中的传播速度与流体的流速有关。相对于固定坐标系(如管壁),顺流的超声波的传播速度将大于逆流的传播速度。因此,只要测量出流体中的超声波流速,就可以通过差值计算出流体的流速,从而计算出流量。为实现流量(流速)测量,首先需要有一个发射超声波的换能器(俗称超声波探头),利用高频电脉冲的作用,使压电晶体高频振动,从而发出脉冲变化的高频压力波(即超声波)。超声波以某一角度射入流体中传播,然后由装在管道对面的接收换能器接受。接受换能器则利用正压电效应,将高频压力波又转换高频的电脉冲信号。其速度的测量方法用得最多的是传播时间法和多普勒效应法。在使用过程中,需要输入流体介质类型、管道材质、管道内径、壁厚和换能器安装距离(也可自动检测)等参数,用于计算流量。需要注意的是安装时需要在直管段,管道表面不能有凹凸和锈蚀。不能用于衬里或结垢太厚的管道,以及不能用于衬里(或锈层)与内管壁剥离的情况。

5)靶式流量开关

靶式流量开关的结构如图 4-16 所示。流体流动的推力作用在一悬挂于流束中的靶上,当靶片所受作用力大于流量计上弹簧的弹簧力时,靶片转动拨动微动开关使触点变位。靶式流量开关一般安装在空调冷冻水和冷却水的供水干管上,起联锁和断流保护作用。

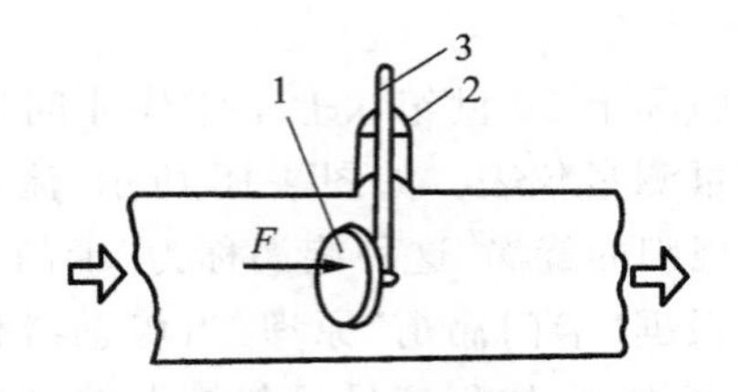

图 4-16　靶式流量开关示意图

1—靶片;2—输出轴密封片;3—靶片输出杠杆

5. 液位传感器

液位开关在建筑设备系统中应用广泛,几乎有水箱和水池的地方都需要监测和控制液位。

1)电极式液位传感器

电极式液位传感器结构简单,质量可靠,使用及维修方便,广泛应用于锅炉液位控制。其工作原理是通过无缝钢管筒体内所安装预先设定的不同长度的不锈钢电极棒,在锅炉运行过程中与炉水接触或胶离,从而向外送出不同液位的信号(高水位、正常水位上限、正常水位下限与低水位)。若用于水箱水塔,除了一般不配筒体,几根电极均装在一块法兰盘上及电极长度按需配置(根据水箱深度配置,无统一规格)以外,其他均与用于锅炉上的相同。

2)浮球液位传感器

浮球液位传感器基本原理是通过测量漂浮于被测液面上的浮子随液面变化产生的位移,或利用沉浸在被测液体中的浮筒所受的浮力与液面位置的关系检测液位。浮球液位传感器结构如图 4-17 所示。

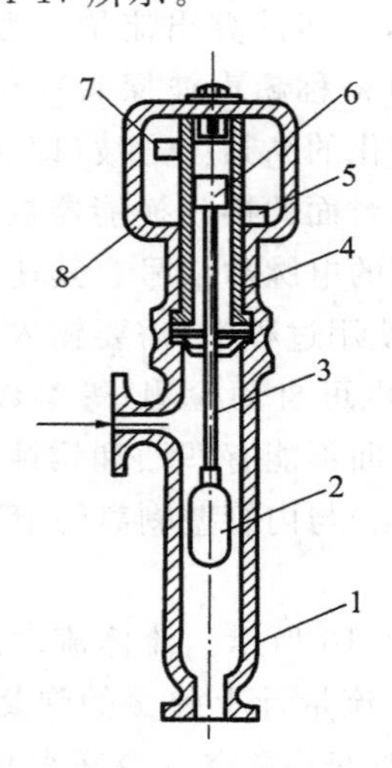

图 4-17　浮球液位传感器结构

1—浮筒;2—浮球;3—连杆;4—非导磁管;5—下限水银开关;
6—磁钢;7—上限水银开关;8—调整箱组件

3)电缆浮球开关

电缆浮球开关是利用微动开关或水银开关作接点零件，当电缆浮球以重锤为原点上扬一定角度时(通常微动开关上扬角度为 28°±2°，水银开关上扬角度为 10°±2°)，开关便会有 ON 或 OFF 信号输出。图 4-18 为电缆浮球开关的结构和应用。

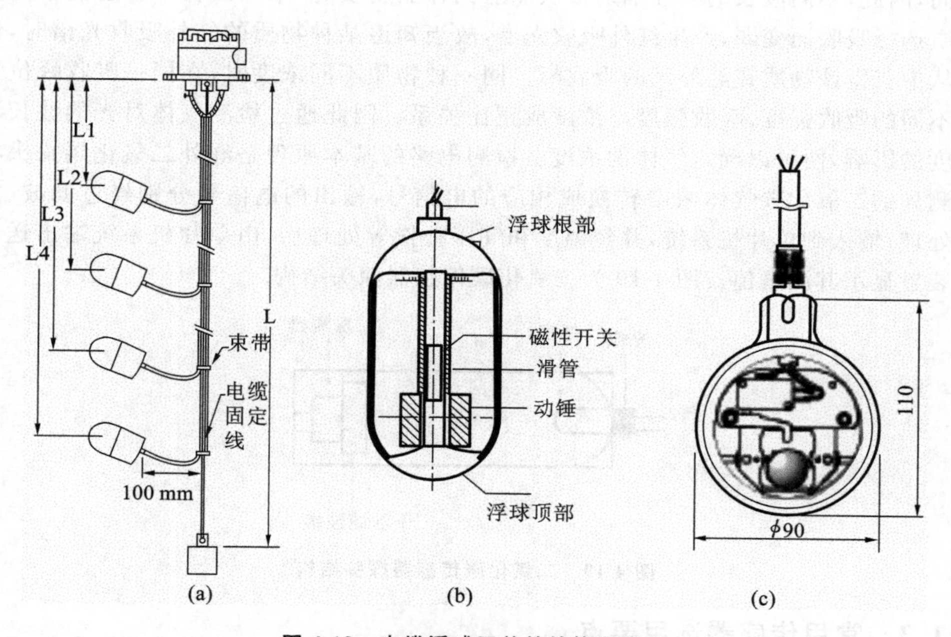

图 4-18　电缆浮球开关的结构和应用

(a)重锤组合应用；(b)重锤磁性开关；(c)重锤微动开关

6. CO_2 传感器

现代楼宇除了要求提供合适的温度、湿度环境外，更应保持室内的空气品质。在工程中一般采用 CO_2 浓度来表征空气品质，规定房间中 CO_2 浓度应小于 1000 ppm，以保证人们的卫生要求。

1)基于气敏半导体的 CO_2 传感器

最常用的 CO_2 传感器是采用气敏半导体元件的传感器。传感器平时加热到稳定状态，空气接触到传感器的表面时被吸附，一部分分子经热分解而固定在吸附处，有些气体在吸附处取得电子变成负离子吸附，这种具有负离子吸附倾向的气体被称为氧化型气体，如 O_2、NO；还有一些气体在吸附处释放电子而成为正离子吸附，具有这种正离子吸附倾向的气体被称为还原型气体，如 H_2、CO 等。当这些氧化性气体吸附在 N 型半导体上，还原性气体吸附在 P 型半导体上时，将使半导体的载流子减少。反之，当还原性气体吸附到 N 型半导体上，而氧化性气体吸附到 P 型半导体上时，使载流子增加。正常情况下，敏感器件的氧吸附量一定，即半导体的载流子浓度是一定的，如异常气体流入传感器，器件表面发生吸附变化，器件的载流子浓度也随之发生变化,这样就可测出 CO_2 气体浓度大小。

2)基于红外吸收型的 CO_2 传感器

红外吸收型 CO_2 气体传感器是基于气体的吸收光谱随物质的不同而存在差异的原理制成的。不同气体分子化学结构不同,对不同波长的红外辐射的吸收程度就不同,因此,不同波长的红外辐射依次照射到样品物质时,某些波长的辐射能被样品物质选择吸收而变弱,产生红外吸收光谱,故当知道某种物质的红外吸收光谱时,便能从中获得该物质在红外区的吸收峰。同一种物质不同浓度时,在同一吸收峰位置有不同的吸收强度,吸收强度与浓度成正比关系。因此通过检测气体对光的波长和强度的影响,便可以确定气体的浓度。检测电路的基本原理是红外二氧化碳探头将检测到的二氧化碳气体浓度转换成相应的电信号,输出的电信号分别经过滤波、放大处理,输入到单片机系统,并经温度和气压补偿等处理后,由单片机系统输出送显示装置显示其测量值。图 4-19 为二氧化碳传感器探头结构。

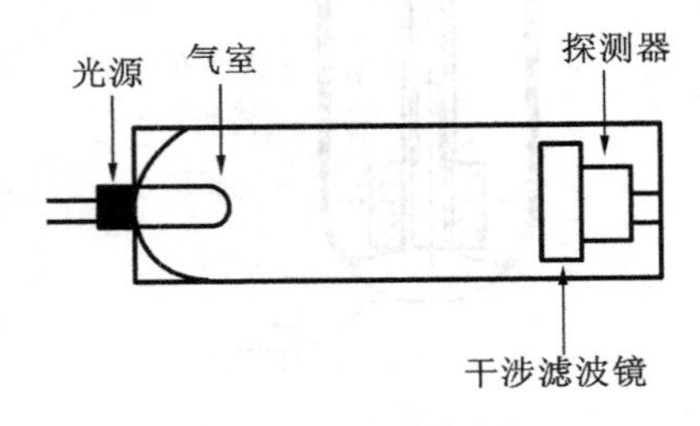

图 4-19 二氧化碳传感器探头结构

4.1.3 常用传感器选用要点

无论何种传感器,作为测量与自动控制系统的首要环节,都必须具有快速、准确、可靠而又经济地实现信息转换的特点。在选择时要注意以下方面。

①选择合适的量程。明确工艺过程中被测参数的额定值和最大值,一般选择参数最大值为量程的 2/3,使之具有一定过载能力。量程过小不能满足要求,量程过大又影响测量精度。对于国外产品,经常采用英制单位,要注意正确换算。

②选择适当的精度。在建筑设备自动化系统中,一般温度±0.1 ℃,压力±1%,湿度±2%,流量±2%即可。精度选择过低会由于控制环节的累计误差,导致控制效果不好;精度选择过高则会使成本很高。

③选择合理的类型。传感器类型繁多,要根据被控制对象参数变化特点和传感器的特点综合考虑。但一定要选择标准的传感器,其输出信号与被测输入信号成线性关系的最好。

④安装方式、接线和电源。要注意说明书上正确的安装要求,很多情况下测试不准确不是传感器本身的原因,而是安装不当造成的;电源要注意是交流还是直流和电压等级。

⑤输出信号形式。传感器的输出信号接入控制器的模拟量输入(AI)或开关量

输入通道(DI)。要注意输出的模拟信号是 0～10 V 还是 4～20 mA,;输出的开关信号是有源的还是无源的。

⑥使用环境的要求。如环境温度、湿度、是否有干扰等。

⑦使用经济。成本低、寿命长,且便于使用、维修和校准。

4.2　控制器

控制器是建筑设备自动化中的核心部件之一,其基本功能是根据被控参数检测值与设定值进行比较,按预先设定的某种规律(如 PID)进行运算,其输出信号驱动执行机构,从而使被控参数的检测值接近或达到设定值。由于建筑设备系统的多样性和复杂性,对于控制的功能要求不同,使得控制器类型也多样化,例如,火灾报警控制器、风机盘管控制器、锅炉控制器等。从控制器按所用信号形式的角度可以大体分为机械电气式、模拟电子式、直接数字式三种。本章只介绍与暖通空调有关的控制器。

4.2.1　机械电气式控制器

1. 自力式温度控制器

自力式温度控制器是集传感器、控制器与调节阀为一体的控制装置,也称恒温控制阀,它结构简单,工作时不需要另加能源,只靠传感器从被控介质中取得能量推动执行器动作,但控制精度低。采暖散热器恒温调节阀如图 4-20 所示,它安装在每台采暖散热器的进水管上,调节进入散热器的热水量,从而调节采暖房间的温度。

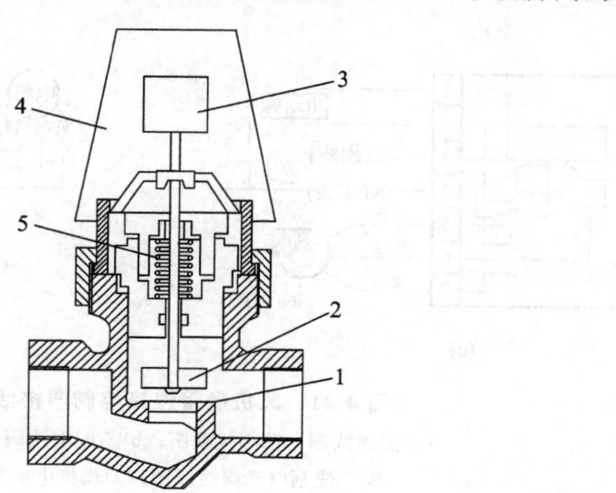

图 4-20　采暖散热器恒温调节阀

1—阀座；2—阀芯；3—传感器；
4—调节旋钮；5—弹簧

控制器中的传感器为一弹性元件体,其内充有少量液体。当温度升高时,部分液体蒸发变成蒸汽,使弹性元件体内压力升高,产生向下的形变力,通过传动机构,克服弹簧的反作用力使阀芯向下运动,关小阀门,减少流入散热器的水量。当室温降低时,其作用相反,部分蒸汽凝结为液体,传感器向下的压力减小,弹簧反作用力使阀芯向上运动,使阀门开度增大。用户可以根据对室温的要求,旋动调节旋钮调节弹簧的预紧力,从而改变了温度控制器的温度设定值。

2. 电气式温度控制器

电气式温度控制器的感温元件有膜盒、温包、双金属片等,与控制部分组装在一个仪表壳内,就构成了温度控制器。可以用于风机盘管控制,空调箱防冻控制等方面。这是一类结构简单、低成本的温度控制装置。

1)电气式风机盘管温控器

电气式风机盘管温控器的感温元件是弹性材料制成的感温膜盒,其内充有感温介质。当检测的温度发生变化时,膜盒内介质的压力发生变化,导致膜盒产生形变,形变力克服微动开关的反作用力,可使微动开关接点动作。其控制规律是双位的,通过"刻度盘"调整膜盒的预紧力来调整温度设定值。风机盘管温度控制器接线如图 4-21 所示。

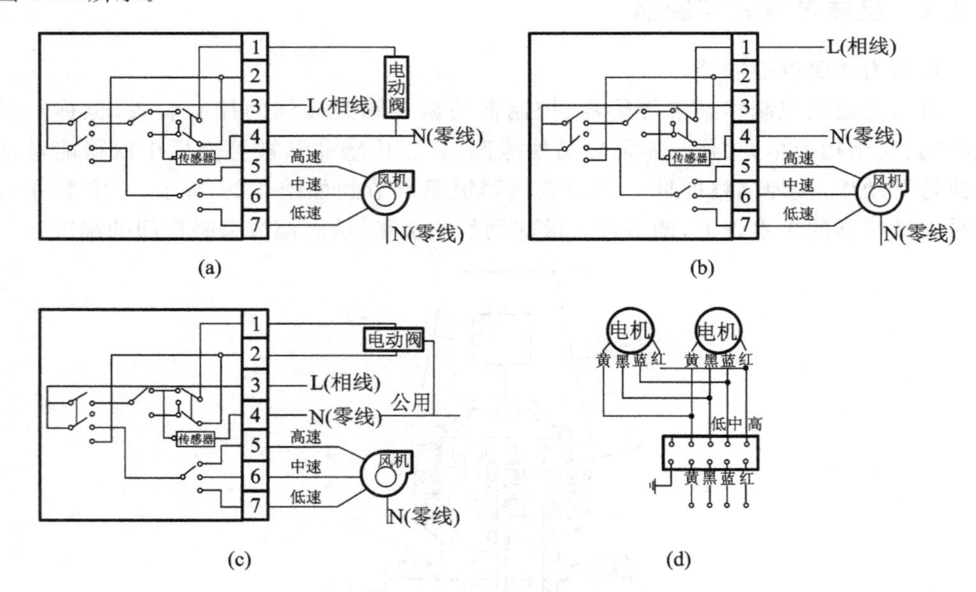

图 4-21　风机盘管温度控制器接线图

(a)配二线制电动阀接线图;(b)不配电动阀接线图;

(c)配三线制电动阀接线图;(d)风机电机接线图

2)双金属片温控器

图 4-22 所示是双金属片温控器结构。当温度变化时,双金属片产生形变,驱动电接点开关动作。为了使开关快速动作以防止电弧产生,在固定触点处装有永久磁铁,当动触点进入磁场内,被迅速地吸引,使开关快速关闭。相反,当触点打开时,双

金属片反转力必须克服磁力，才能使触点打开。也就是说，当温度上升或下降时，开关“闭”的温度与“开”的温度间存在着一个间隙，这就是控制器的呆滞区，被测温度超过呆滞区时，开关就急速地动作。其控制特性是双位的。

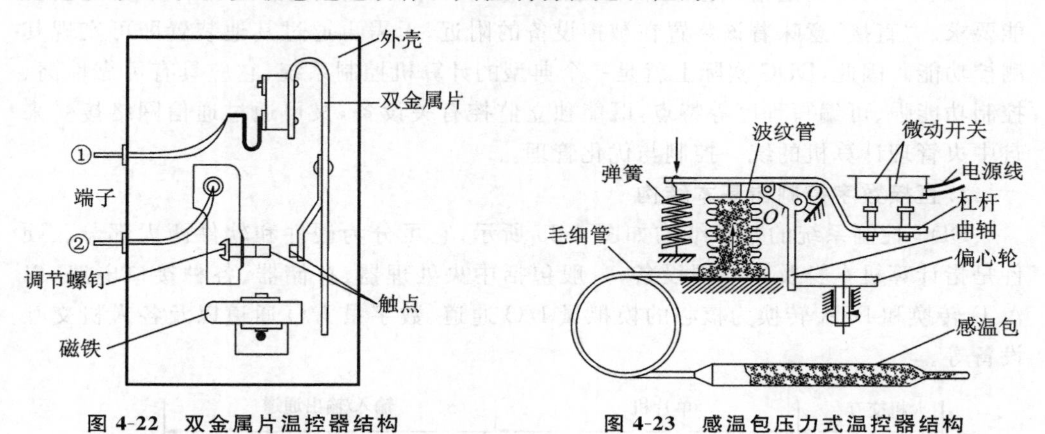

图 4-22 双金属片温控器结构　　图 4-23 感温包压力式温控器结构

3)感温包压力式温控器

图 4-23 所示，感温包内充注感温介质，当温度发生变化时，感温介质膨胀或收缩，通过毛细管推动波纹管动作，从而驱动杠杆移动。当杠杆力矩克服了弹簧力矩的时候，微动开关触点动作。

4.2.2 模拟电子式控制器

模拟电子式控制器采用模拟电子器件实现各种控制规律，由于其测量精度较高，可实现多种调节规律，使用可靠，成本低廉，如今在简单回路控制、要求低成本的小型系统还有应用。模拟控制器的信号输出可分为断续输出和连续输出两种形式，其中断续输出的电子控制器有双位控制器、三位控制器、三位比例积分控制器等。连续输出的电子控制器可实现 PI 控制或 PID 控制，输出直流信号分为 0～10 mA、4～20 mA 和 0～10 V 等数种。一般说来，连续输出的电子控制器可用图 4-24 所示框图表示。分为测量变送电路、放大电路和 PID 反馈调节电路等部分。测量电路将传感器送来的热工量变成电信号，变送器将其转换成标准电信号，再与给定值信号比较发出偏差信号，偏差信号经过放大后，送入 PID 调节器，实现 PID 控制输出。

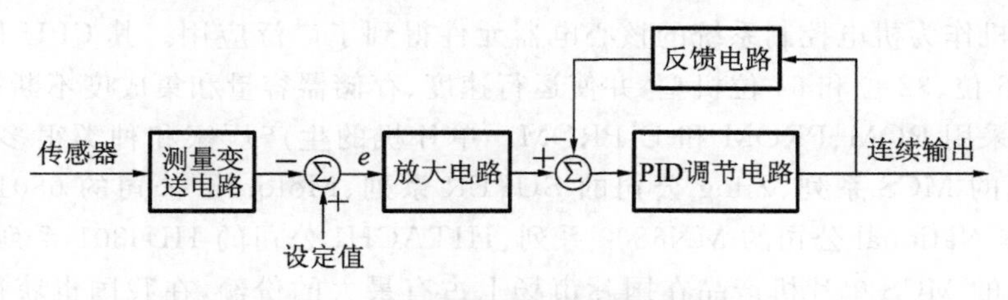

图 4-24 连续输出电子控制器框图

4.2.3 直接数字控制器

“数字”的含义是指该控制器利用数字技术以微处理机为核心部件来实现其功能要求。“直接”意味着该装置在被控设备的附近,无需再通过其他装置即可实现其测控功能。因此,DDC 实际上就是一个典型的计算机控制系统,它应具有可靠性高、控制功能强、可编写程序等特点,既能独立监控有关设备,又可通过通信网络接受来自中央管理计算机的统一控制与优化管理。

1. 直接数字控制器基本结构

DDC 控制系统的基本结构如图 4-25 所示,它可分为硬件和软件两大部分。硬件是指计算机本身及其外围设备,一般包括中央处理器、存储器、各种接口电路、以 A/D 转换和 D/A 转换为核心的模拟量 I/O 通道、数字量 I/O 通道以及各人机交互设备等。

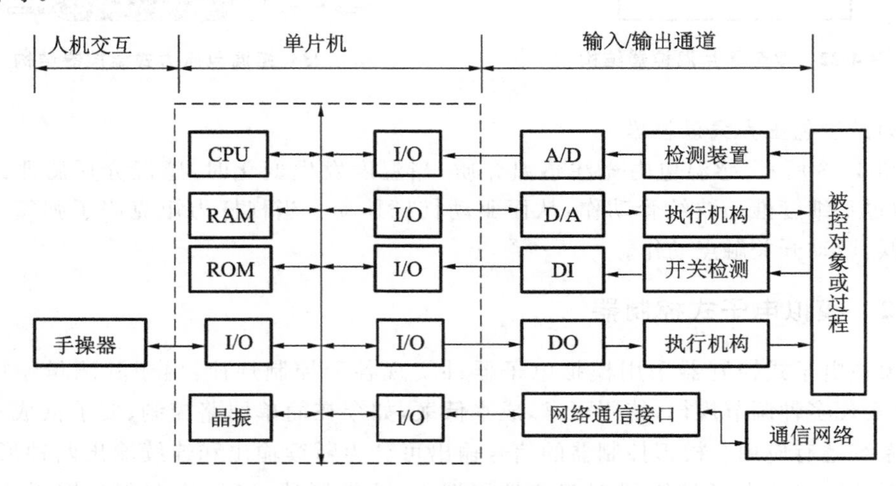

图 4-25 DDC 系统硬件结构方框图

1)单片机

单片机是把中央处理器(CPU)、时钟电路、存储器和 I/O 接口集成在了一个芯片上,同时还具有定时/计数、通信和中断等功能的微型计算机。它是组成 DDC 的核心部件,主要进行数据采集、数据处理、逻辑判断、控制量计算、越限报警等,通过接口电路向系统发出各种控制命令,指挥全系统有条不紊地协调工作。

单片机作为机电控制系统的核心电器元件得到了广泛应用。其 CPU 依次出现了 8 位、16 位、32 位和 64 位机型,并使运行速度、存储器容量和集成度不断提高。存储器一般采用 ROM、PROM 和 E^2PROM。单片机的生产厂家和种类很多,如美国 Intel 公司的 MCS 系列、Zilog 公司的 SUPER 系列、Motorola 公司的 6801 和 6805 系列,日本 National 公司的 MN6800 系列、HITACHI 公司的 HD6301 系列等,其中 Intel 公司的 MCS 单片机产品在国际市场上占有最大的份额,在我国也获得广泛的应用。

2)I/O 接口与输入输出通道

I/O 接口与输入输出通道是计算机主机与外部连接的桥梁，常用的 I/O 接口有并行接口和串行接口。输入输出通道包括四种类型。

模拟量输入通道(AI，Analogy Input)。将经由传感器得到的被控对象的过程参数，经过 A/D 转换器变换成二进制代码传送给计算机。例如：温度、压力、流量等连续物理量。一般为 0～10 V 或 4～20 mA 的直流信号。

模拟量输出通道(AO，Analogy Output)。将计算机输出的数字控制量，通过 D/A转换器变换为控制操作执行机构的模拟信号，以实现对生产过程的控制。一般输出 0～10 V 或 4～20 mA 的标准信号，直接驱动各种阀门电动执行机构或变频器。

开关量输入通道(DI，Digital Input)。将各种继电器、压力开关、温度开关、液位开关等的状态通过输入接口传送给计算机。

开关量输出通道(DO，Digital Output)。将计算机发出的开关动作逻辑信号经由输出接口传送给生产机械中的各个电子开关或电磁开关。例如：控制风机或水泵的启停。

3)人机交互设备

人机交互设备是人机对话的联系纽带，操作人员可通过人机交互设备向 DDC 输入和修改控制参数，发出各种操作命令；DDC 可向操作人员显示系统运行状况，发出报警信号。在 DDC 中人机交互设备一般有两种情况，少数 DDC 本身就配有小键盘或按钮和 LED 或 LCD 显示器。大多数是通过“手操器”实现上述功能，“手操器”有 CPU、存储器小键盘和 LCD 显示器，通过通信接口与 DDC 进行交互。

4)网络通信接口

网络通信接口主要用于计算机控制系统中设备之间的数据通信，在建筑设备自动化系统中用于构成 DCS 系统。可以实现不同地理位置、不同功能的计算机或设备之间的信息交换。一般情况下，必须符合某种开放的自动控制网络通信协议或标准。

在计算机控制系统中，硬件是基础，软件是灵魂。软件是指计算机控制系统中具有各种功能的计算机程序的总和，如完成操作、监控、管理、控制、计算和自诊断等功能的程序。整个系统在软件指挥下协调工作。从功能区分，软件可分为系统软件和应用软件。

系统软件是由计算机的制造厂商提供的，用来管理计算机本身的资源和方便用户使用计算机的软件。常用的有操作系统、开发系统等，它们一般不需用户自行设计编程，只需掌握使用方法或根据实际需要加以适当改造即可。应用软件是用户根据要解决的控制问题而编写的各种程序，比如各种数据采集、滤波程序、控制量计算程序、生产过程监控程序等。

2. 数字控制器常见产品类型

直接数字控制器 DDC 是一种数字化的过程控制仪表，从产品应用的角度，大体可以分为四类：简单回路 PID 控制器、可编程序控制器、专用控制器和基于 BAS 平台的 DDC 现场控制器。

1)简易型 PID 控制器

在建筑设备自动化系统中,被控参数大多采用单回路的 PID 调节,例如:风机盘管控制、送风温度控制等。很多厂家设计生产了低成本的 1～3 个 PID 回路的通用控制器。这类控制器一般包括多个 AI、AO 和 DO 通道,只要按说明书在相应的 AI 端口接入规定的标准温度传感器,AO 端口输出 0～10 V 电压接电动阀门等执行器,进行功能参数设定后,就可以构成调节回路。

2)可编程序控制器

国际电工委员会(IEC)对 PLC 作了如下定义:可编程序控制器(PLC,Programmable Logic Controller)是一种数字运算操作的电子系统,专为在工业环境下应用而设计。它采用可编程序的存储器,用来在其内部存储执行逻辑运算、顺序控制、定时、计数和算术运算等操作的指令,并通过数字式、模拟式的输入和输出,控制各种类型的机械或生产过程。可编程序控制器及其有关设备,都应按易于使工业控制系统形成一个整体,易于扩充其功能的原则设计。PLC 主要由 CPU 模块、输入模块、输出模块和编程装置组成,同时具有联网功能。PLC 的工作采用扫描模式,基本步骤为读取输入、执行用户程序、通信处理、CPU 自诊断测试、改写输出、中断程序的处理、I/O 处理,反复不停地分阶段处理各种不同的任务。PLC 作为成熟的工业通用控制器性价比高,可靠性和抗干扰能力强。图 4-26 为整体式可编程序控制器外观。

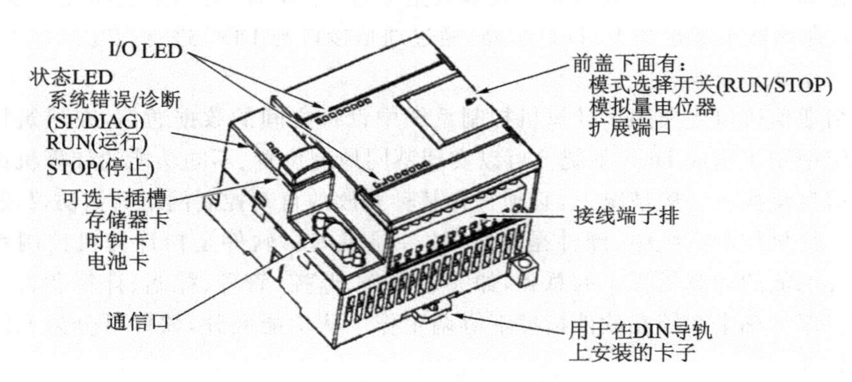

图 4-26 整体式可编程序控制器外观

在建筑设备自动化系统中,PLC 主要用在恒压供水系统、供配电监控系统、水泵风机控制、新风机组、空气处理机组监控和冰蓄冷监控等方面。PLC 是通用控制器,采用梯形图编程语言,可以针对特殊的工艺进行比较灵活的编程,所以针对建筑物中单体机电设备的控制应用较多。当中小型建筑物采用楼宇自控平台造价较高时,也可以采用 PLC 联网方式实现建筑设备子系统的监控,以降低成本,但如果没有成形的针对建筑设备系统工艺的程序模块,就会增加开发与调试难度。

3）专用控制器

专用控制器是指专门为解决某一类建筑设备系统的控制问题而开发的控制器。例如：照明控制器、冷冻站控制器、空气处理机组控制器、水泵控制器等。专用控制器一般都内置了一系列应用程序，并可适当修改，其输入输出端口被定义了专门功能。专用控制器可以针对单体机电设备，但更多的是针对“小系统项目”。在“小系统项目”中采用专用控制器，可以在保证控制功能和质量的前提下，比采用 BAS 平台产品大大降低成本，提高开发效率。图 4-27 为 SYNCO 配置空气处理机组标准应用程序的示意图。

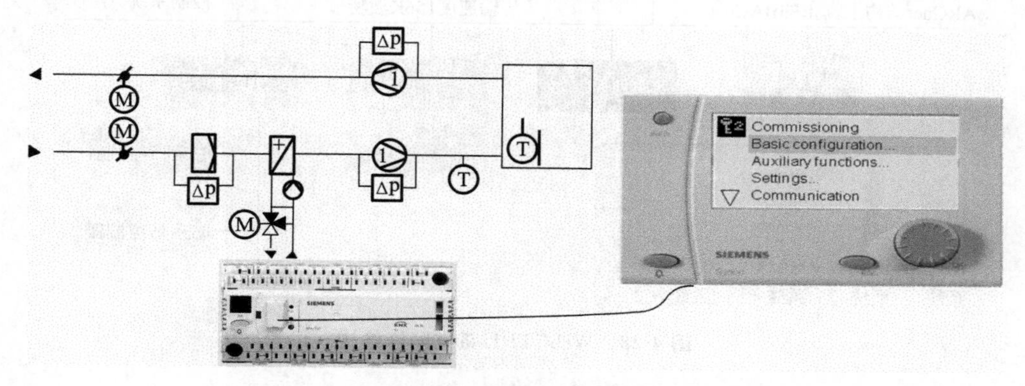

图 4-27　SYNCO 配置空气处理机组标准应用程序

4）基于 BAS 平台的 DDC 现场控制器

这里的“BAS 平台”是指一套完整的楼宇自动化控制系统。例如：美国 ALC 公司的 WebCTRL 系统、honeywell 公司的 EBI 系统、江森公司的 METASYS 系统、西门子公司的 APOGEE 系统。这些产品都是基于 Web 技术的集散型控制系统，占据了中国 90％的智能建筑市场。

（1）网络结构

图 4-28 为 WebCTRL 系统网络结构。WebCTRL 系统采用 BACnet 协议，包括管理平台、网络控制器（路由器和 Portal 网关）、现场控制器（M 系列、S 系列、U 系列）、传感器和执行器。它具有开放性、模块化、扩展性强的特点。

（2）现场控制器

楼宇自动化控制系统中的现场控制器就是带有通信功能的 DDC，通过输入输出通道直接和传感器、执行器连接，下载控制程序后，能独立地对被控对象实施控制。图 4-29 是 WebCTRL 系统中 S6104 现场控制器外观。S6104 主要技术特性如下所述。

电源：24 V AC ±10％，20 VA。

通信：运行于 156 K 波特 ARCnet 上的 BACnet，光学隔离的通信端口和诊断端口。

微处理器：32 位摩托罗拉 M68 系列微处理器。

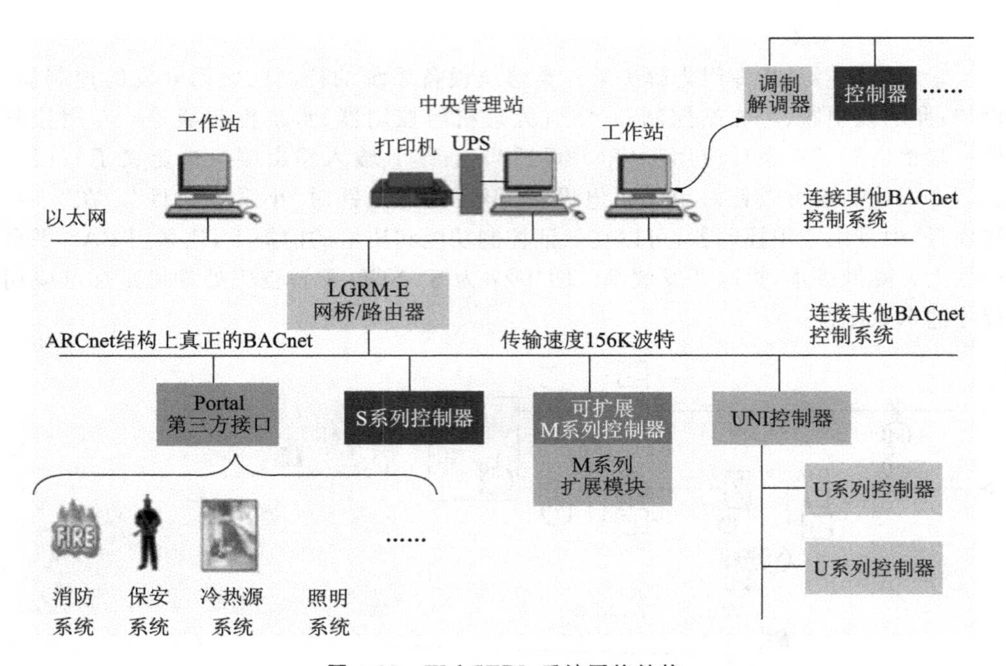

图 4-28　WebCTRL 系统网络结构

图 4-29　S6104 现场控制器外观

内存:512 KB 闪存和 128 KB 电池后备非易失随机存取内存。

数字输出:共 6 路;24 V AC、3 A 继电器输出,“开—关—自动”开关,LED 指示灯。

通用输入:共 10 路;0～5 V DC,4～20 mA(输入负载 5000 hms),热敏电阻(BAPI Ⅱ型曲线)。

输入分辨率:10 位 A/D。

脉冲输入频率:10 Hz(最小脉宽 50 ms)。

模拟输出:共 4 路;0～10 V DC,4～20 mA,LED 指示灯。

输出分辨率：8 位 D/A。

(3)现场控制器的配置与应用

现场控制器的配置是否得当，直接对 BAS 系统的信息处理能力、性价比、扩展能力、维护性和可靠性产生影响。现场控制器的选择是以系统的监控点表(AI、DI、AO、DO)的统计为依据的，在配置控制器时，要注意以下几个方面。

①考虑设备监控时的相对独立性，即一个设备最好不要由多个 DDC 共同完成。

②注意每种 DDC 的独特性能和用途。例如：WebCTRL 系统中 M 系列控制器适合商业环境下的多设备应用场合；S 系列控制器适合单一设备控制。

③考虑 DDC 的扩展配置。当选择的 DDC“点”的数量不够的时候，可以增加扩展板或“点”模块。

④要保留 10%～20%的余量。

⑤考虑被控设备的位置，传输距离应在规定范围内。

在使用的时候要特别注意 DDC 的 DO 的继电器输出的电气容量，如果是 220 V AC、5 A，就可以直接与强电控制电路连接；若容量为 24 V AC、3 A，则需要接一个灵敏中间继电器，灵敏中间继电器的触点(可承受 220 V AC、5 A)再与强电控制电路连接。

4.3　常用执行器

4.3.1　电磁阀

电磁阀是利用电磁铁作为动力元件，在线圈通电后，产生电磁吸力提升活动铁芯，从而带动阀塞运动控制气体或液体的流量通断的，其动作可由双位调节器(如压力控制器、温度控制器或液位控制器等)发出的电气控制信号控制。例如，在直接蒸发式空调器中制冷剂流量的控制和加湿系统中蒸汽量的控制等。

电磁阀有直动式和先导式两种。图 4-30(a)为直动式电磁阀，这种结构中，电磁阀的活动铁芯本身就是阀塞，通过电磁吸力开阀，失电后，由复位弹簧闭阀。图 4-30(b)为先导式电磁阀，它由导阀和主阀组成，通过导阀的先导作用使主阀开闭。线圈通电后，电磁吸力提升活动铁芯，使排出孔开启，由于排出孔与主阀上腔联通，使上腔压力降低，主阀下方压力与进口侧压力相等，则主阀因压差作用而上升，阀门开启。断电后，活动铁芯下落，将排出孔封闭，介质从平衡孔进入主阀上腔，上腔内压力上升，当约等于进口侧压力时，主阀因复位弹簧作用力，使阀门关闭。先导式电磁阀线圈只要吸引尺寸和质量都很小的铁芯，就能推动主阀塞打开阀门。因此，不论电磁阀通径的大小，其电磁部分包括线圈都可做成一个通用尺寸，使先导式电磁阀具有质量轻、尺寸小和便于系列化生产的优点。电磁阀的型号应根据工艺介质选择，通径通常与工艺管路的直径相同。

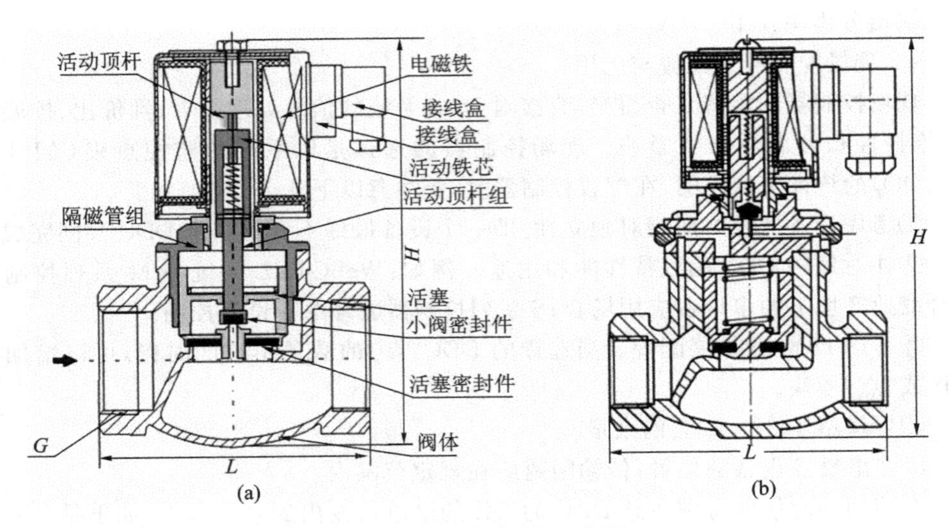

图 4-30 电磁阀结构示意图

(a)直动式电磁阀;(b)先导式电磁阀

4.3.2 风机盘管电动阀

风机盘管电动阀是一种常用的电动双位阀,根据控制器发出的开关信号(0 或 1),关闭或打开阀门。其作用是安装在风机盘管的回水管上控制冷、热水路的开或关,从而实现房间温度控制。风机盘管电动阀的上部是一只单相磁滞同步电机,带动中间的齿轮减速箱,下部是铜质二通阀或三通阀,如图 4-31 所示。

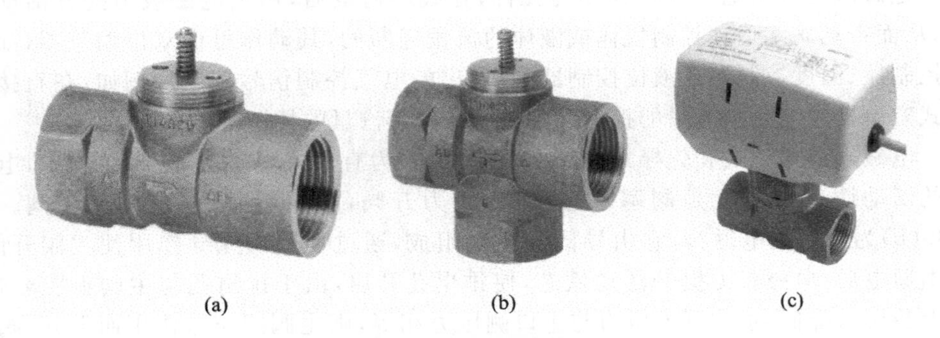

图 4-31 风机盘管电动阀

(a)二通阀;(b)三通阀;(c)执行机构与阀体连接

风机盘管电动阀的电气接线有二线制和三线制之分。二线制电动阀当接通电源时,电机推动组件,克服回程弹簧阻力,将阀杆推向下方打开阀门;切断电源时,回程弹簧克服介质压力将阀芯推向关闭位置。三线制电动阀是随着电机的正转或反转,开启或关闭阀门。

4.3.3　电动调节水阀

电动调节水阀是根据控制器发出的模拟信号，连续改变阀芯行程来改变阀门阻力系数，从而达到调节流过阀门流体流量的目的。在暖通空调系统中主要用于调节冷媒或热媒流过换热器的流量，以实现温度控制。其一般由电动执行机构和调节机构两大部分组成，在结构上可以分装成两个部分，也可以组装成整体的执行器。

1. 电动调节水阀的结构

1）调节机构

调节机构就是水调节阀，接受执行机构的操纵，改变阀芯与阀座间的流通面积，用于调节工质流量。阀门按结构可分为直通单座阀、直通双座阀、三通阀等，结构如图 4-32 所示。其中直通双座阀的阀杆受力抵消，可以应用于压差较大的场合。但由于有两个阀芯，泄露量相对较大。

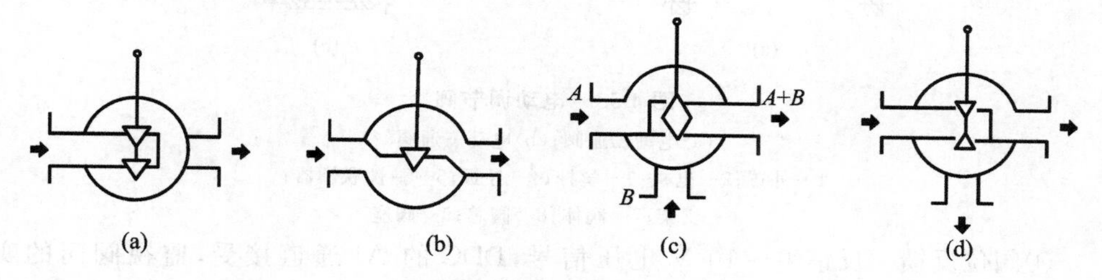

图 4-32　阀门结构

（a）直通双座阀；（b）直通单座阀；（c）三通合流阀；（d）三通分流阀

2）电动执行机构

电动执行机构也叫阀驱动器，主要由电动机、机械减速器、丝杠、复位弹簧、机械限位组件、弹性联轴器、位置反馈（电动阀门定位器）等组成。如图 4-33 所示，当电机 2 通电旋转，带动机械减速机构使丝杆 3 转动，丝杆上的导板 4 将电机转动变成上下移动，由弹性联轴器 5 去带动阀杆，进而使阀芯 8 上下移动，随着电机的转动方向不同使阀芯朝着打开或关闭方向移动。当阀芯达到极限位置时，触动轴上的凸轮，相应的限位开关断开，电机停转，同时可发出到位信号。

图 4-34 为阀驱动器的电路原理示意图，可见阀驱动器具备下列基本功能。

①接受控制器的标准电压信号，控制电机运转，达到所要求的阀门开度。

②正反作用。正作用指输入电压与阀门开度成正比；反作用指输入电压与阀门开度成反比。

③调整阀门开始动作的对应电压，如 4～10 V 对应阀门从全关到全开，0～4 V 阀门不动。这种功能可以实现分程控制，用控制器的一个信号控制两个阀门。例如：空调箱中的加热器和表冷器，夏天表冷器的水阀工作，此时控制器只输出 0～4 V 电压；冬天加热器的水阀工作，此时控制器只输出 4～10 V 电压；实现了逻辑上的“互锁”功能。

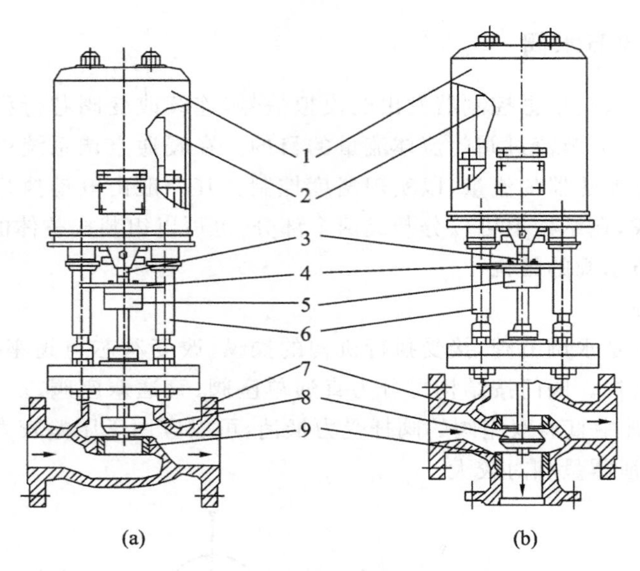

图 4-33 电动调节阀

(a)电动二通阀;(b)电动三通阀

1—外罩;2—电机;3—丝杆;4—导板;5—弹性联轴器;

6—支架;7—阀体;8—阀芯;9—阀座

④阀位反馈。反馈 0～10 V 电压信号,DDC 的 AI 通道接受,监视阀门的实际开度。

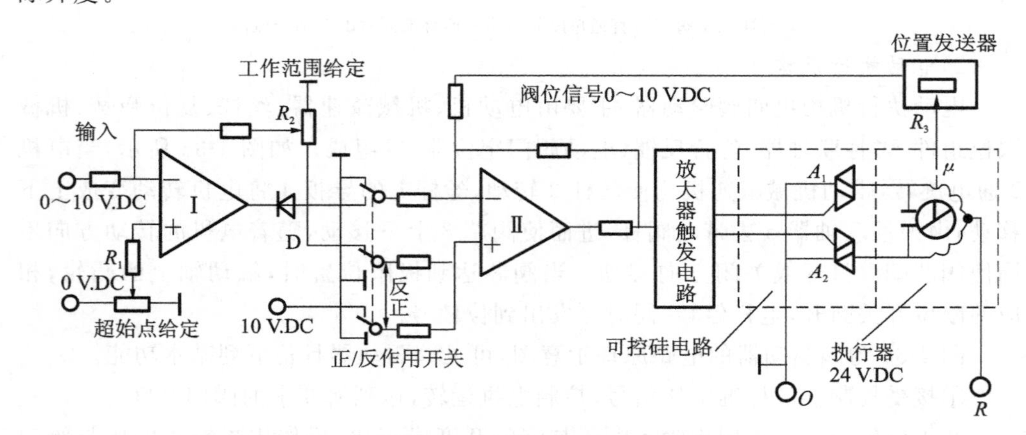

图 4-34 阀驱动器的电路原理示意图

2. 阀门的流量特性

1)流量特性的定义

调节阀的流量特性,是指介质流过调节阀的相对流量与调节的相对开度之间的关系,即

$$\frac{W}{W_{\max}}=f\left(\frac{l}{l_{\max}}\right) \tag{4-1}$$

式中　$\frac{W}{W_{\max}}$——相对流量，即调节阀某一开度下的流量与全开时流量之比；

$\frac{l}{l_{\max}}$——相对开度，即调节阀某一开度下的行程与全开时行程之比。

2)理想流量特性

调节阀在前后压差固定的情况下得到的流量特性称为理想流量特性，是由阀芯形状决定的。典型的理想流量特性有直线流量特性、等百分比(或称对数)流量特性、快开流量特性和抛物线流量特性，特性曲线如图4-35所示，它们所对应的阀芯形状如图4-36所示，图4-36中1～4是柱塞形阀芯，5、6是开口形阀芯。

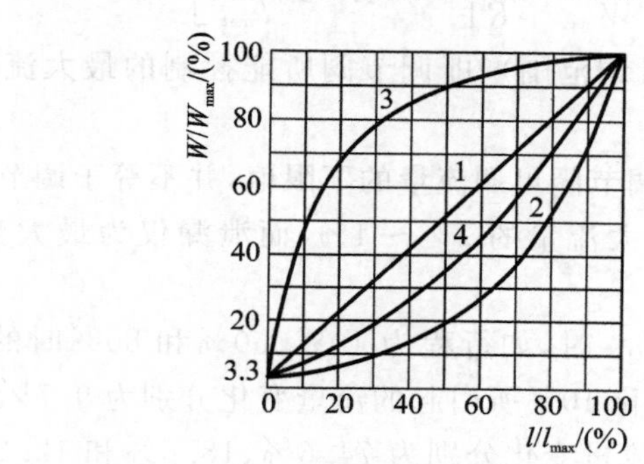

图4-35　理想流量特性

1—直线流量特性；2—对数流量特性；3—快开流量特性；4—抛物线流量特性

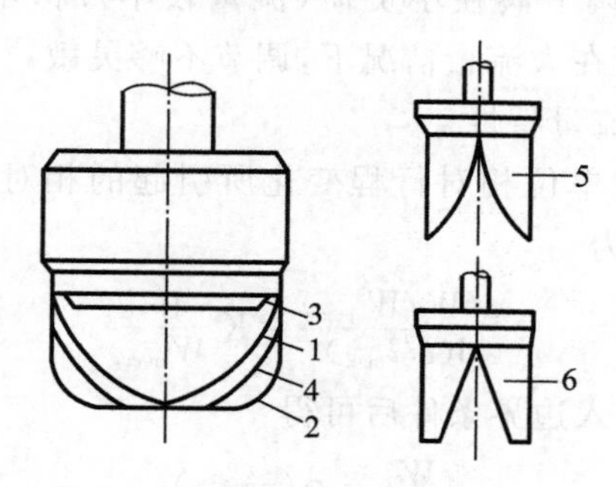

图4-36　阀芯形状

1—直线流量特性阀芯；2—对数流量特性阀芯；3—快开流量特性阀芯；
4—抛物线流量特性阀芯 5—对数流量特性阀芯；6—直线流量特性阀芯

(1)直线流量特性

直线特性是指调节阀的相对流量与相对开度成直线关系，即单位相对行程变化所引起的相对流量变化是一个常数，用数学表达为

$$\frac{\mathrm{d}(W/W_{\max})}{\mathrm{d}(l/l_{\max})}=K \tag{4-2}$$

式中　K——常数，称调节阀的放大系数。

将式(4-2)积分可得

$$\frac{W}{W_{max}}=K\frac{l}{l_{max}}+C \tag{4-3}$$

式中 C——积分常数。

把边界条件 $l=0$ 时，$W=W_{min}$；$l=l_{max}$ 时，$W=W_{max}$，代入式(4-3)得

$$\frac{W_{min}}{W_{max}},K=1-\frac{W_{min}}{W_{max}} \tag{4-4}$$

所以

$$\frac{W}{W_{max}}=\left(1-\frac{W_{min}}{W_{max}}\right)\frac{l}{l_{max}}+\frac{W_{min}}{W_{max}} \tag{4-5}$$

即

$$\frac{W}{W_{max}}=\frac{1}{R}\left[1+(R-1)\frac{l}{l_{max}}\right] \tag{4-6}$$

式中 R——可调比(又称可调范围)，即调节阀所能控制的最大流量与最小流量之比，$R=W_{max}/W_{min}$。

值得指出的是，W_{min} 是调节阀可调流量的下限值，并不等于调节阀全关时的泄漏量，一般最小可调流量为最大流量的2%～4%，而泄漏仅为最大流量的0.01%～0.1%。

由式(4-6)可知，当 $R=30$ 时，如行程为10%、50%和80%时的流量分别13%、51.7%和90.4%，如行程变化10%所引起的流量变化分别为9.7%、9.6%和9.8%，流量变化几乎相等，而相对流量变化分别为74.6%、18.6%和12.2%，可见，直线流量特性在行程变化值相同时，在小流量情况下，相对流量变化值大，而流量大时，相对流量变化的小。因此，调节阀在小负荷(流量较小)时，不容易控制，即不容易微调，易使系统产生振荡；而在大流量情况下，调节不够灵敏。

(2)等百分比(对数)流量特性

等百分比流量特性指单位相对行程变化所引起的相对流量变化与此点相对流量成正比，其数学表达式为

$$\frac{d(W/W_{max})}{d(l/l_{max})}=K\frac{W}{W_{max}} \tag{4-7}$$

将式(4-7)积分，并代入边界条件后可得

$$\frac{W}{W_{max}}=R^{\left(\frac{l}{l_{max}}-1\right)} \tag{4-8}$$

由式(4-8)可知，当 $R=30$ 时，等百分比流量特性调节阀在如行程为10%、50%和80%时的流量分别4.67%、18.3%和50.8%，行程变化10%所引起的流量变化分别为1.91%、7.3%和20.4%。开度小时，流量变化小，开度大时，流量变化大。流量相对变化率均为40%，具有等比率特性，等百分比流量特性调节阀也是由此得来的。

(3)抛物线流量特性

抛物线流量特性的调节阀的单位相对行程变化所引起的相对流量变化与此点相对流量的平方根成正比，即

$$\frac{d(W/W_{max})}{d(l/l_{max})}=C\left(\frac{W}{W_{max}}\right)^{1/2} \tag{4-9}$$

将式(4-9)积分，并代入边界条件后可得

$$\frac{W}{W_{\max}}=\frac{1}{R}\left[1+(\sqrt{R}-1)\frac{l}{l_{\max}}\right]^2 \tag{4-10}$$

在直角坐标上，抛物线流量特性是一条抛物线，它介于直线及等百分比曲线之间，如图 4-35 曲线 4 所示。

(4)快开流量特性

快开流量特性是在调节阀的行程比较小时，流量就比较大，随着行程的增大，流量很快就达到最大，因此称为快开特性。快开流量特性调节阀的阀芯形状为平板式，调节阀的有效行程在阀座直径的四分之一以内，当行程再增大时，阀的流通面积不再增大，便不起调节作用了。快开特性的调节阀主要用于双位调节。

三通调节阀的流量特性符合前述直通调节阀的理想特性的一般规律，直线流量特性的三通调节阀在任何开度时分支流量之和不变，即总流量不变，如图 4-37 中的曲线 1 为总流特性，1′和 1″是分支流量特性。而对数特性调节阀总流量是变化的(见图 4-37 中曲线 2)，在开度 50%处总流量最小，向两边逐渐增大至最大。当可调范围相同时，直线特性的三通调节阀较对数特性的三通调节阀总流量大，而抛物线特性的三通调节阀的总流量(见图 4-37 中曲线 3)，比对数特性的调节阀的总流量要大。

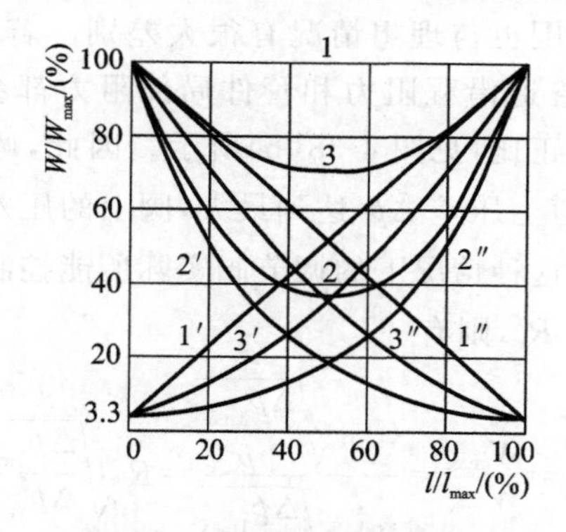

图 4-37　三通调节阀流量特性

1—直线流量特性；2—对数流量特性；3—抛物线流量特性

3)工作流量特性

理想流量特性是在调节阀前后压差不变的情况下得到的。但是在实际使用时，调节阀装在具有阻力的管道系统上，调节阀前后的压差值不能保持不变。因此，虽在同一开度下，通过调节阀的流量将与理想特性时所对应的流量不同。所谓调节阀的工作流量特性是指调节阀在前后压差随负荷变化的工作条件下，调节阀的相对开度与相对流量之间的关系。

(1)直通调节阀的串联工作流量特性

直通调节阀与管道、设备串联时如图 4-38(a)所示。图中 Δp 为系统的总压差，Δp_1 为调节阀上的压差，Δp_2 为串联管道及设备上的压差。对于有串联管道时，令

$$S_f=\frac{\Delta p_{1max}}{\Delta p}=\frac{\Delta p_{1max}}{\Delta p_{1max}+\Delta p_2} \tag{4-11}$$

式中 Δp_{1max}——调节阀全开时的压差；

S_f——阀权度，S_f在数值上等于调节阀在全开时，阀门上的压差占系统总压差的百分数。

若管道、设备等无阻力损失，即 $\Delta p_2=0$，则 $S_f=1$。这时系统总压差就是调节阀上的压差。调节阀的工作流量特性与理想流量特性一致。

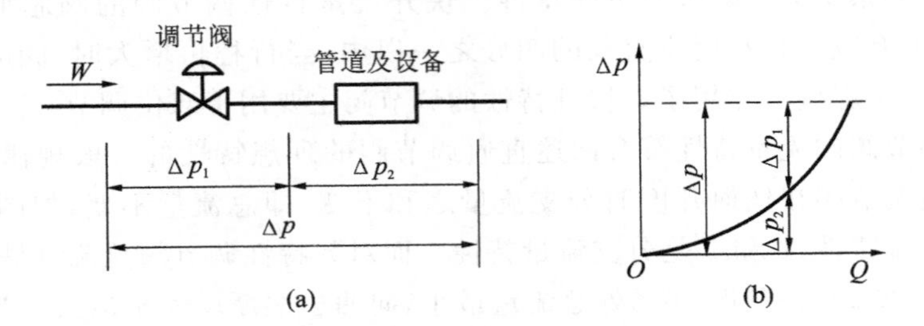

图 4-38 调节阀与管道串联

(a)调节阀与管道串联；(b)调节阀与管道压差变化

实际情况下的调节范围也与理想情况有很大差别。若系统的总压差 Δp 一定，随着管路中流量的增加，管道沿程阻力和管件局部阻力都会随之增加，这些阻力损耗大体上与流量的平方成正比，见图 4-38(b)所示。因此，调节阀上的压差 Δp_1 相应减小。当流量最大时，管道上压差 Δp_2 达到最大，阀上的压差 Δp_1 最小，反之，则阀上的压差 Δp_1 最大。我们把这种情况下的调节阀实际所能控制的最大流量与最小流量的比值称为实际可调范围 R_r，则有

$$R_r=\frac{W_{max}}{W_{min}}=\frac{C_{max}\sqrt{\frac{\Delta p_{1min}}{\rho}}}{C_{min}\sqrt{\frac{\Delta p_{1max}}{\rho}}}=R\sqrt{\frac{\Delta p_{1min}}{\Delta p_{1max}}} \tag{4-12}$$

式中 Δp_{1min}——调节阀全开时，阀两端的压差(MPa)；

Δp_{1max}——调节阀全关时，阀两端的压差(MPa)；

C_{max}、C_{min}——调节阀全开时及全关时的流通能力，取决于阀门的通径和阻力系数。

由于调节阀全关时，流量很小，管道阻力也很小，故阀两端压差 Δp_{1max} 近似等于系统总压差 Δp，则

$$S_f=\frac{\Delta p_{1min}}{\Delta p}\approx\frac{\Delta p_{1min}}{\Delta p_{1max}} \tag{4-13}$$

所以

$$R_r\approx R\sqrt{S_f} \tag{4-14}$$

故调节阀的实际可调范围比理想可调范围小，通常 R_r 为 10 左右。

若调节阀不变，仅改变管道阻力时，其 S_f 值也是不同的。随着管道阻力的增大，S_f 值就要减小，对于不同的 S_f 值可求得调节阀在串联工作管道时的工作流量特性。如以 W_{100} 表示存在管道阻力时调节阀的全开流量，则 W/W_{100} 称作以 W_{100} 为参比的调节阀的相对流量，图 4-39 为以 W_{100} 为参比值，在不同 S_f 值下的工作流量特性。由图 4-39 可知，当 $S_f=1$ 时，即管道阻力损失为零，系统的总压差全部降落在调节阀上，实际工作特性与理想特性是一致的。随着 S_f 值的减少（管道阻力增加），不但调节阀全开时流量越来越小（即可调比越来越小），并且工作流量特性对理想流量特性的偏离也越来越大，直线特性渐趋快开特性，等百分比特性渐趋直线特性，实际使用中，一般 S_f 值不希望低于 0.3。

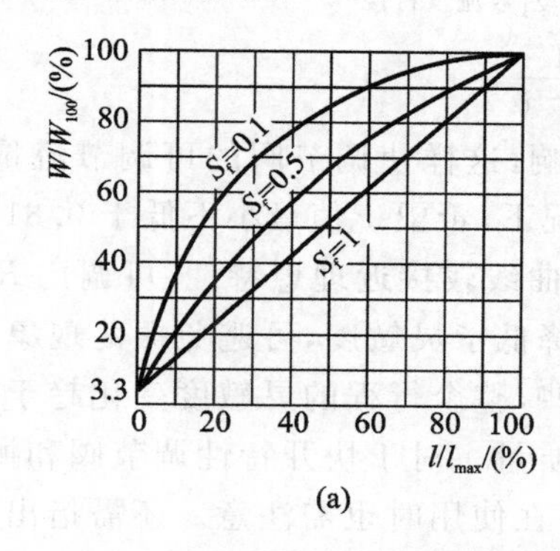

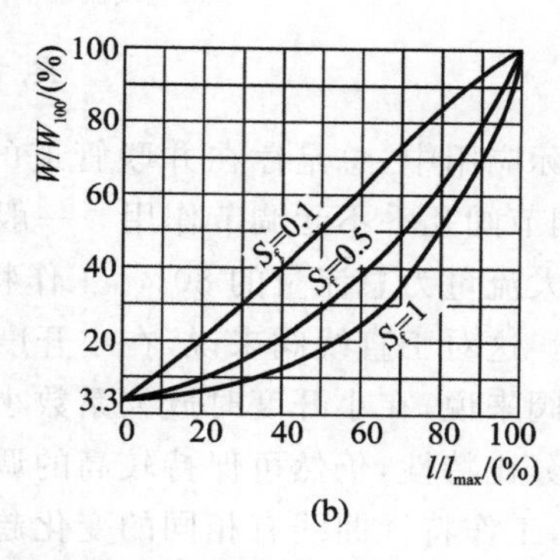

图 4-39　串联管道上调节阀的工作流量特性

(a)直线流量特性；(b)对数流量特性

(2)直通调节阀的并联工作流量特性

图 4-40 为调节阀并联的情况。调节阀两端压力虽为恒定，其并联的旁通阀的开启程度也会影响调节阀的流量特性。若以 W_{100} 表示调节阀全开时的通过调节阀的流量，以 W_{max} 表示总管最大流量，以 x 来表示旁路的程度，则 $x=W_{100}/W_{max}$。

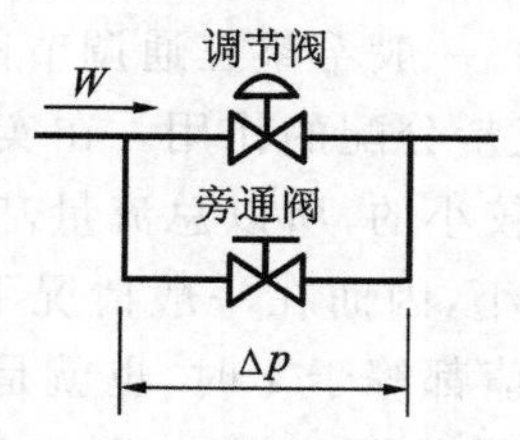

图 4-40　调节阀与旁通阀并联

在不同的 x 值下，其工作流量特性如图 4-41 所示，$x=1$ 时，旁通阀关闭，调节阀的工作流量特性即理想流量特性。随着旁通阀的逐步开启，旁通阀的流量增加，x 值不断减小，流量特性不改变，但可调比大大下降。实际可调比与旁路程度 x 的关系为

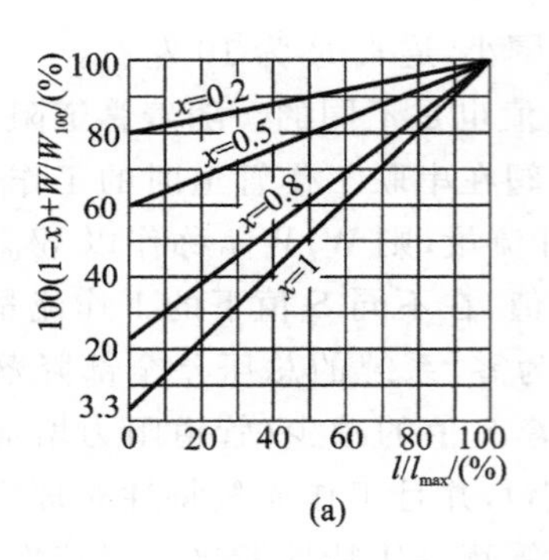

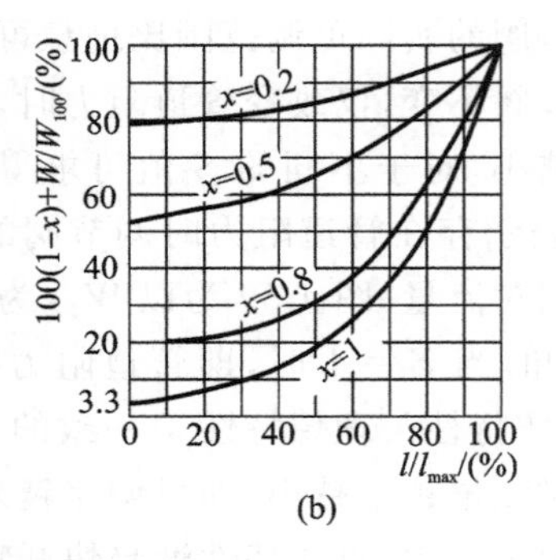

图 4-41　调节阀与旁通阀并联的工作特性

(a)直线流量特性;(b)对数流量特性

$$R_r = \frac{1}{1-x} \tag{4-15}$$

在实际应用中,总是存在并联管道的影响,这样使调节阀的可调节流量变得很小,甚至调节阀几乎不起调节作用。一般情况下,希望 x 值最小不低于 0.81,这样调节阀的最大流量为总流量的 80%,工作特性曲线较接近理想特性,可调比 R 不至于减少太多。这对于直线阀来说,在小开度时降低了灵敏度,可避免振荡现象的发生;对于对数阀来说,在小开度时放大系数小一些,整个行程的灵敏度变化趋于恒定,近似呈等百分比特性,仍然可保持较高的调节质量。对于快开特性调节阀和抛物线特性调节阀,工作特性曲线有相同的变化趋势,在使用时也需注意。还需指出的是,在并联工作时,有$(1-x)W_{max}$的流量不能被调节,因为这部分流量经旁通阀流出。从控制的角度说,在调节阀相对开度较小时,相对流量较小,相对于理想特性来说,调节阀的调节迟钝,调节时间延长,调节能力下降。并联管道的调节方式,因管道系统的流量可调范围减小,尽量避免采用。

(3)三通调节阀的工作流量特性

三通调节阀当每一支路中存在阻力降时(如管道、设备、阀门),其工作流量特性与直通调节阀串联管道时一样。一般希望三通调节阀在工作过程中流过三通阀的总流量不变,三通调节阀仅起流量分配的作用。在实际使用中,三通调节阀上的压降比起管路系统总压降来是比较小的,所以总流量基本上取决于管路系统的阻力,三通调节阀的调节对其影响很小,因而在一般情况下可以认为总流量是基本不变的。当三通调节阀每一支路 S_f 值都等于 1 时,也就是说,每一支路的系统压降小到可以忽略时,可采用直线流量特性的调节阀,如图 4-42(a)所示;当每一支路 S_f 值都等于 0.5 左右时,也就是说每一支路管道阻力降与阀上压降基本相同时,可采用抛物线特性的三通调节阀,如图 4-42(b)所示。

在掌握了阀门流量特性以后,还需要了解热交换器的静特性,才能选出适宜的阀门流量特性,以便恰当地补偿热交换器的静特性,取得良好的调节品质。

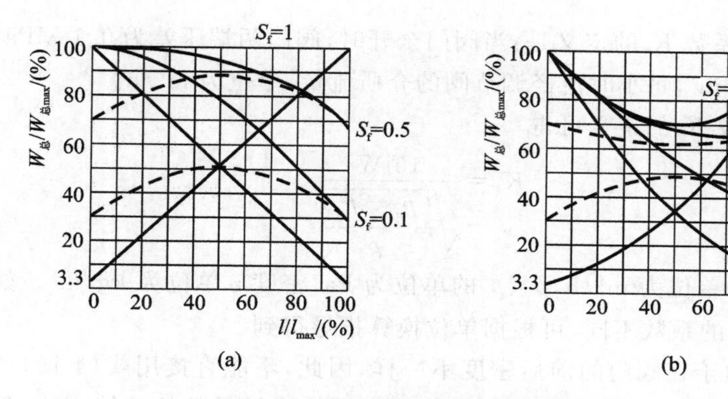

图4-42 三通调节阀的工作流量特性

(a)直线流量特性;(b)抛物线流量特性

实线——当换热器阻力很小时;虚线——当换热器阻力等于旁通阻力时

3. 调节阀的选择

调节阀的阀门口径是根据工艺要求的流通能力来确定的。调节阀的流通能力直接反映调节阀的容量,是设计、使用部门选用调节阀的主要参数。在工程计算中,为了合理选取调节阀的尺寸,应正确计算流通能力,否则将会使调节阀的尺寸选得过大或过小。如选得过大,将使阀门工作在小开度的位置,造成调节质量不好和经济效果较差;如选得过小,即使处于全开位置也不能适应最大负荷的需要,使调节系统失调。正确选择阀门应考虑如下参数:阀门的流通能力、汽蚀和闪蒸、阀门流量特性、阀体种类、阀门执行器的大小等。

1)调节阀的流量系数

调节阀是通过改变阀芯行程来改变阀门的局部阻力系数,从而达到调节流量的目的。由流体力学可知,对于不可压缩流体,调节机构上的压头损失为

$$h=\frac{p_1-p_2}{\gamma}=\zeta\frac{v^2}{2g} \tag{4-16}$$

式中 h——调节机构的压头损失(m);

p_1、p_2——阀前、阀后的流体压力(Pa);

ζ——调节机构的阻力系数;

v——流体平均流速(m/s)。

如果流过阀门的流量为W(m^3/s),流体的密度为ρ(kg/m^3),调节阀的流通截面积为A(m^2),则由式(4-16)可得

$$W=v\cdot A=\frac{A}{\sqrt{\zeta}}\sqrt{2\frac{p_1-p_2}{\rho}} \tag{4-17}$$

也可写成

$$W=A\sqrt{\frac{2}{\zeta}}\sqrt{\frac{p_1-p_2}{\rho}} \tag{4-18}$$

阀门的流量系数 K_v 的定义是：当阀门全开时，阀门两端压差为 0.1 MPa，流体密度为 $\rho=1000\ kg/m^3$，每小时流经调节阀的介质流量，单位为 m^3/h。

由式(4-18)及 K_v 的定义可得

$$K_v=\frac{10\ W}{\sqrt{\frac{(p_1-p_2)}{\rho}}} \tag{4-19}$$

上式中 W 的单位为 m^3/h，p_1、p_2 的单位为 Pa，密度 ρ 单位为 kg/m^3。如果单位不同，式(4-19)中的系数不同，可根据单位换算推导得到。

对于蒸汽，由于在阀门的前后密度不一样，因此，不能直接用式(4-19)计算蒸汽阀的流量系数而必须考虑密度的变化。关于汽阀的流量系数的计算方法，目前有阀后密度法、阀前密度法、平均密度法和压缩系数法四种。根据实际工程情况，可采用阀后密度法。

当 $P_2>0.5\ P_1$ 时：

$$K_v=\frac{10W}{\sqrt{\rho_2(P_1-P_2)}} \tag{4-20}$$

当 $P_2<0.5P_1$ 时：

$$K_v=\frac{14.14\ W}{\sqrt{\rho_{2c}P_1}} \tag{4-21}$$

式中 W——蒸汽流量(kg/h)；

P_1、P_2——阀门进出口处的绝对压力(Pa)；

ρ_2——在 P_2 压力及 t_1 温度(P_1 压力下的饱和蒸汽温度)时的蒸汽密度(kg/m^3)；

ρ_{2c}——超临界流动状态($P_2<0.5\ P_1$)时，阀门出口截面上的蒸汽密度(kg/m^3)，通常可取 $P_1/2$ 压力及 t_1 温度时的蒸汽密度。

在实际计算过程中，由于 P_2 常常是未知的，因此采用式(4-21)一般来说较容易一些，也比较符合实际使用情况。

2)调节阀的流量特性的选择

空调末端设备通常采用冷水、热水或蒸汽来处理空气，然后将其送入空调房间，使房间温度达到设定温度。处理空气的换热设备称为换热器，房间温度的控制效果与换热器的静特性(换热器水侧流量与换热量之间的关系)有关。

根据换热器的知识可知，在用热水或冷水加热或冷却空气时，由于换热器进出口水温度差的存在，换热器表面的温度不均匀，使得换热器的换热量与水流量呈非线性关系，如图 4-43(a)所示。

表冷器与空气加热器静特性相似，但其换热量与析湿系数 ξ 值有关，不同的 ξ 值对应不同的性能特性典线。在冷却减湿处理过程中，ξ 的最小值为 1，对目前国内大多数城市的气象参数分析可知，在处理新风时，ξ 的最大值的大约为 2.3。因此，表冷器的特性曲线是在 $\xi=1$ 和 $\xi=2.3$ 所决定的两条特性曲线之间变化。在具体应用时，可用其中的某一条曲线来近似代表表冷器的性能特性，比如可取 $\xi=2.3$ 的特性曲线，如图 4-43(b)所示。

对于用蒸汽作为热媒时，由于在换热器中的蒸汽总是具有相同的温度，所以加热器的加热量与蒸汽流量成正比例，即成线性关系，如图 4-43(c)所示。但需要指出的是，蒸汽加热器只有在蒸汽作自由冷凝时，它的静特性才是线性的，而要使蒸汽在加热器中实现自由冷凝，要把加热器与真空系统连接，在低负荷时要有很低的负压才行。而工程中换热器的冷凝水是通过疏水器排入回水系统中的，不能实现自由冷凝，有一部分蒸汽冷凝后再冷却，使加热器的实际静特性稍偏离直线，但这种偏离可以忽略。

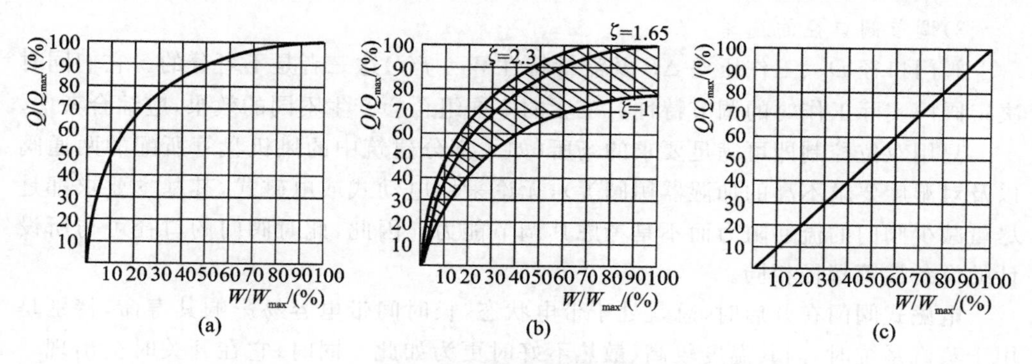

图 4-43　换热器的静特性

(a)水—空气加热器热力特性；(b)表冷器热力特性；(c)蒸气—空气加热器热力特性

选择换热器调节阀时的一个重要原则是以阀门的工作特性来补偿换热器的静特性，以达到较好的换热量调节效果。通常，以蒸汽为一次热媒的换热器，其静特性为线性的，而以水为一次侧介质的换热器，无论二次侧介质是水还是空气，其静特性都是非线性的。根据以水为一次侧介质的换热器的特性，在小流量时会引起盘管大的换热输出，而等百分比调节阀在小开度时提供较小的流量，两者可以相互抵偿，使等百分比调节阀与换热器构成的调节系统的综合特性呈线性(如图 4-44 所示)，具有较好的调节质量。以蒸汽为一次热媒的换热器的静特性为线性，应选择抛物线流量特性的调节阀，因为该特性的调节阀的实际工作流量特性接近直线特性。

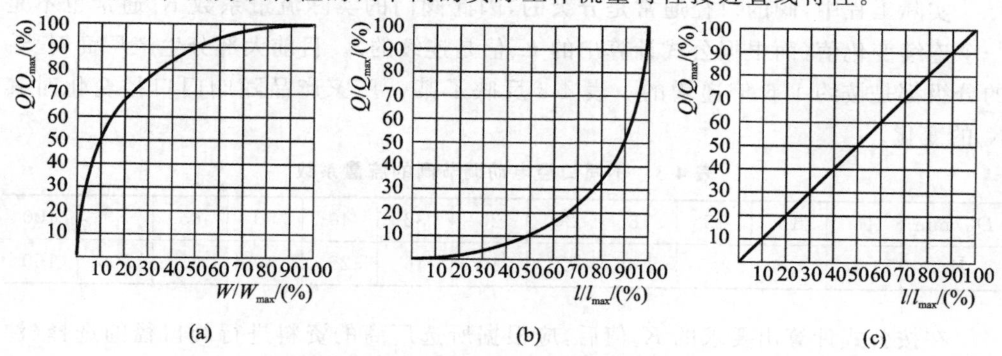

图 4-44　换热器与等百分比调节阀的综合特性

(a)换热器热力特性；(b)等比例调节阀特性；(c)换热器与调节阀综合热力特性

在变水量空调系统中，冷热源机房内供回水总管之间常安装压差旁通阀。当末端负荷减小，旁通阀两端压差超过设定值时，逐渐开启阀门，使供水总管中的一部分水量通过旁通阀回到回水总管，通过对旁通阀的控制不仅可使制冷机组蒸发器水侧流量恒定，而且可使供回水压差稳定，减小了压力波动对末端盘管的调节阀的影响，提高了空调房间温度控制的稳定性。由于压差旁通阀两端的压差基本不变，其工作目的是要求阀门根据两端压差均匀地旁通水流量，因此应选用线性流量特性的调节阀。

3)调节阀口径的选择

阀门口径 D_N、工作压差 ΔP 及流量特性 $W=f(l)$ 这三者是不可分的。它们同时决定阀门实际工作时的调节特性。三者的不同组合会产生不同的效果，应综合考虑。

只用双位控制即可满足要求的场所(如大部分建筑中的风机盘管所配的两通阀以及对湿度要求不高的加湿器用阀等)，无论采用电动式或电磁式，其基本要求都是尽量减少阀门的流通阻力而不是考虑其调节能力。因此，此时阀门的口径可与所设计的设备接管管径相同。

电磁式阀门在开启时，总是处于带电状态，长时间带电容易影响其寿命，特别是用于蒸汽系统时，因其温度较高、散热不好时更为如此。同时，它在开关时会出现一些噪声。因此，应尽可能采用电动式阀门。

调节用的阀门，直接按接管管径选择阀口径是不合理的。因为阀的调节品质与接管流速或管径是没有关系的，它只与其水阻力及流量有关。换句话说，一旦设备确定后，理论上来说，适合于该设备控制的阀门只有一种理想的口径而不会出现多种选择。因此，应按阀门流量系数选择阀门口径。

在换热设备确定后，查该产品样本可得换热器在额定工况时的阻力，根据 $S_f=0.3\sim0.5$ 确定阀门的阀权度，从而可计算出在换热器额定工况时阀门两端必需的压差，再根据这个压差及换热器额定工况的流量按式(4-19)(对水阀)，或式(4-20)及式(4-21)(对蒸汽阀)进行计算调节的流量系数。

实际工程中，阀的口径通常是分级的，因此阀门的实际流量系数 K_v 通常也不是一个连续变化值(而根据公式计算出的 K_v 值是连续的)。目前大部分生产厂商对 K_v 的分级都是按约 1.6 倍递增的。表 4-3 反映了某一厂家产品随阀门口径变化时其 K_v 的变化。

表 4-3 不同口径电动调节阀的流量系数

D_N/mm	15	15	15	15	20	25	32	40	50	65	80	100
K_v	1.0	1.6	2.5	4.0	6.3	10	16	25	40	63	100	160

在按公式计算出要求的 K_v 值后，应根据所选厂商的资料进行阀口径的选择(注意：不同厂商产品在同一口径下的 K_v 值可能是不一样的)，应使 K_v 尽可能接近且大于计算值。

【例】 空调机组表冷器水侧流量为 21 m³/h，水侧阻力为 43 kPa，表冷器的接管管径为 D_N 50，选择合适的调节阀口径。

【解】 根据 $S_f=0.3 \sim 0.5$，取 $S_f=0.4$，再根据式(4-11)可计算出调节阀两端的压差 Δp_{1max}

$$S_f=\frac{\Delta p_{1max}}{\Delta p_{1max}+\Delta p_2},\quad 0.4=\frac{\Delta p_{1max}}{\Delta p_{1max}+43}$$

得

$$\Delta p_{1max}=28.7\ \text{kPa}$$

根据式(4-19)可得调节阀的流量系数 K_v 为

$$K_v=\frac{10W}{\sqrt{\dfrac{(p_1-p_2)}{\rho}}}=\frac{10\times 21}{\sqrt{\dfrac{28700}{1000}}}=39.2$$

如果按表 4-4 提供的流量系数选择调节阀的口径，应选 D_N 50。

4）调节阀选用及安装注意事项

在选用调节阀时，除了要使换热器获得较好的调节性能，选择合理的调节阀流量特性及口径外，还要注意以下事项：

①介质种类。在暖通空调系统中，调节阀通常用于调节水和蒸汽的流量。这些介质本身对阀件无特殊的要求，因此一般通用材料制作的阀件都是可用的。对于其他流体，则要认真考虑阀件材料，如杂质较多的流体，应采用耐磨材料；腐蚀性流体，应采用耐腐蚀材料等。

②工作压力。工作压力也和阀的材质有关，一般来说，在生产厂家的样本中对其都是有所提及，使用时实际工作压力只要不超过其额定工作压力即可。

③工作温度。阀门资料中一般也提供该阀门所适用的流体温度，只要按要求选择即可。常用阀门的允许工作温度对于暖通空调冷、热水系统都是适用的。

但对于蒸汽阀，应注意阀门的工作压力、工作温度与某种蒸汽的饱和压力和饱和温度不一定是对应的，因此，应按温度与压力的适用范围中取较小者来确定其应用的限制条件。例如：假定一个阀门的工作压力为 1.6 MPa，工作温度为 180 ℃。1.6 MPa的饱和蒸汽温度为 204 ℃，因此，当此阀门用于蒸汽管道系统时，它只适用于饱和温度 180 ℃（相当于蒸汽饱和压力约为 1.0 MPa）的蒸汽系统中，而不能用于 1.6 MPa 的蒸汽系统中。

④工作电压及调节信号。电动调节阀有多种工作电压可供选择，应根据系统设计统一选定一种工作电压。电动阀执行器可接收的调节信号应与控制器的输出信号一致。

⑤安装。阀门执行器的安装位置不能低于管道轴线，以防止阀门泄漏造成执行器的损坏；阀体四周应留有足够的维修空间；安装时应注意阀体上标注的流动方向；建议在调节阀前安装过滤器；调节阀宜安装在换热器的出水管段上。

4.3.4 电动风阀

在通风和空调系统中使用的电动风阀，多数情况下起通断作用。例如：在新风机组的新风进风管上设置电动风阀，风阀与机组同关同开，保护新风机组的盘管在冬天不被冻裂；防排烟系统采用电动风阀来实现自动排烟或加压送风的目的，这时要求风阀应具有良好的密闭性、自动开关的可靠性。也有少数情况下起调节作用，比如变新风量运行的空调系统为了充分利用新风冷量，需要新风阀、回风阀和排风阀的联动，改变新风和回风的混合比，保证总送风量不变，同时为了不使空调房间的正压过高，需要开大排风阀门，这时需要所使用的阀门具有良好的调节性能。

1. 电动调节风阀

电动风阀是由电动执行机构和风阀组成的。风阀有单叶风阀和多叶风阀两类。多叶风阀又分为平行多叶阀和对开多叶阀，如图 4-45 所示。

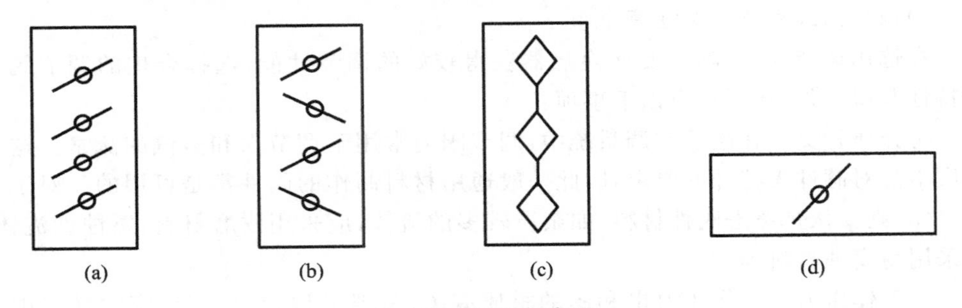

图 4-45　风阀示意图

(a)平行叶片；(b)对开叶片；(c)菱形；(d)单叶蝶阀

1)调节风阀的流量特性

风阀的流量特性是指空气流过调节风阀的相对流量与风阀转角的关系，与调节水阀一样，风门的工作流量特性与阀权度 S_f 值有关。如图 4-46 所示为平行多叶风阀和对开多叶风阀的工作流量特性，各条曲线的 S_f 值列在表 4-4 中。

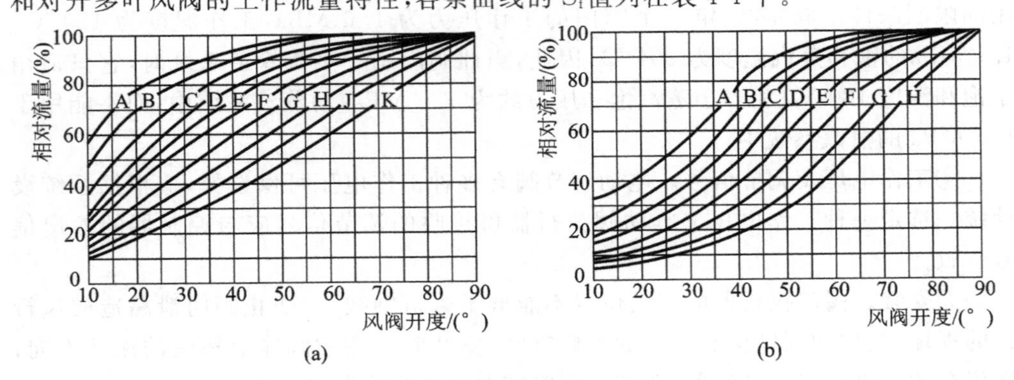

图 4-46　风阀流量特性

(a)平行多叶风阀；(b)对开多叶风阀

表 4-4　调节风阀 S_f 值列表

平行多叶风阀		对开多叶风阀	
曲线序号	S_f 值	曲线序号	S_f 值
A	0.005～0.01	A	0.0025～0.005
B	0.01～0.015	B	0.005～0.0075
C	0.015～0.025	C	0.0075～0.015
D	0.025～0.035	D	0.015～0.025
E	0.035～0.055	E	0.025～0.055
F	0.055～0.09	F	0.055～0.135
G	0.09～0.15	G	0.135～0.255
H	0.15～0.20	H	0.255～0.375
J	0.20～0.30		
K	0.30～0.50		

在风管系统中起调节作用的风阀，要求有线性的工作特性和小的漏风量。从图中可以看出，对开多叶风阀在 S_f＝0.03～0.05 时，接近线性；平行多叶风阀在 S_f＝0.08～0.20 时，才接近线性。因此，当阀门所在管道总阻力较大时，应选用对开多叶阀；当管道阻力较小时，可选用平行多叶阀。从减少漏风量来看，对开多叶风阀比平行多叶阀要好。

2）风阀执行器

电动风阀执行器直接安装在风阀轴上用于通风、空调系统的风阀控制，也用于可变风量末端装置（VAV Box）的阀板控制。其控制方式有二位控制、三位控制和连续调节三种类型，工作电压一般为 24 V DC、24 V AC 或 230 V AC，对于连续调节的控制信号一般为 0～10 V DC。现以某一品牌的风阀执行器为例介绍风阀执行器的基本功能。

二位控制执行器的基本功能是当加上 24 V AC 或 230 V AC 工作电压时，执行器即向“90°”方向旋转，当电源故障或工作电压被关闭时，执行器复位弹簧会使风阀自动返回到“0”位置。

三位控制执行器的基本功能是当正转端子得电，执行器向“90°”方向旋转，当反转端子得电，执行器向“0°”方向旋转，当正反转端子均失电时，风阀保持当前位置。

连续调节执行器的基本动作功能是当接收到输入控制信号（>0 V），执行器即向“90°”方向旋转，控制信号保持不变，则执行器保持位置不变，控制信号中断，执行器将返回“0” 位置。当电源故障或工作电压被关闭时，执行器复位弹簧会使风阀自动返回到“0”位置。连续调节执行器内部接线图如图 4-47 所示。

除了以上所说的基本动作功能外，还可有一些可选功能，如阀位指示输出、辅助开关等。在选用时应根据风阀的面积选配合适力矩的风阀执行器。

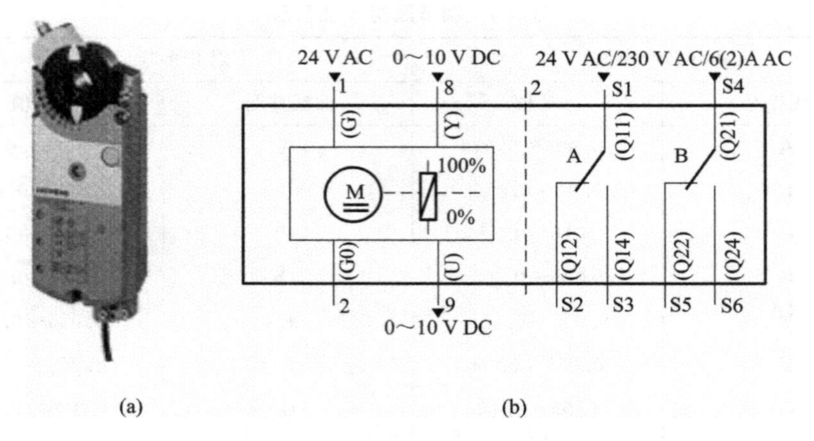

图 4-47　风阀执行器及接线图

(a)执行器;(b)接线图

2. 防火阀

防火调节阀应用于有防火要求的通风空调系统风管上,当火灾发时,易熔金属环受热至 70 ℃时阀门动作关闭,切断火势和烟气沿风管蔓延,防火调节阀阀门叶片可在 0°~90°范围内无级调节。当阀门关闭的同时,微动开关动作 *B*、*C* 点接通,输出阀门关闭信号,可与其他设备联动,如图 4-48(b)所示。

防烟防火阀应用于有防烟、防火要求的通风空调系统的风管上,火灾发生时,在烟感器自动报警及消防设施的联动控制下,阀门上或远距离控制操作机构接受联动控制电源(24 V DC),阀门执行机构动作,阀门自动关闭;或当管道内气流温度达到 70 ℃时,阀门执行机构上熔断器动作,阀门也迅速关闭,切断火势和烟气沿风管蔓延。当阀门关闭的同时,微动开关动作 BC 和 DE 接通,输出阀门关闭信号,可与其他设备联动,如图 4-48(c)所示。

自动复位防烟防火阀广泛用于高层建筑、公共建筑、地下建筑的通风空调系统或排风系统上。在一些重要的建筑物内(如图书馆的珍藏部分和博物馆的特藏库及各类电站)除设有火灾自动报警设备以外,还设有卤代烷气体自动灭火装置,在气体释放前要求所有阀门要关闭,灭火完毕后,又应该打开阀门进行通风排气,否则人员进入有中毒的危险;当排烟系统兼作通风空调系统使用时,既要考虑平时通风及空气调节的需要,又考虑火灾发生时能够迅速排烟及防火的要求;当通风空调管道吊装在高处顶棚内,无法用人工手动复位时,以上这几种场合的风管上均须配备自动复位的防烟防火阀。这种防烟防火阀平时常开,当远程控制系统(防灾控制中心,烟、温感探测报警器)发出的 24 V DC 信号可使阀门自动关闭,并联锁通风、空调风机停机,输出关闭信号。当需要防烟防火阀再次打开时,电信号可使阀门自动复位到原先开启的状态,并联锁通风、空调风机自动启动,如图 4-48(d)所示。这种阀门还可通过手动按钮或温度熔断器动作使阀门关闭。

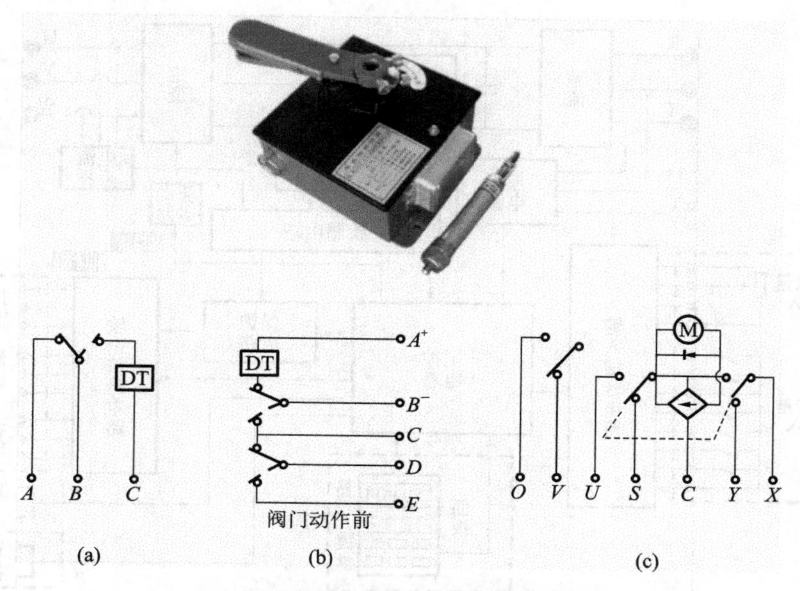

图 4-48　防火阀、排烟阀执行器及接线图

4.3.5　变频器

各国使用的交流供电电源，无论是用于家庭还是用于工厂，其电压和频率是固定的，例如 400 V/50 Hz 或 230 V/60 Hz(50 Hz)。电压和频率固定不变的交流电(CVCF)变换为电压或频率可变的交流电(VVVF)的装置称作“变频器”。变频器内部控制框图如图 4-49 所示。变频器被广泛应用如变频定压供水系统、变水量(VWV)系统、变风量(VAV)系统中的水泵、风机的变频调速，以实现供需平衡，从而节约系统的运行能耗。

根据交流异步电动机的工作原理可知，电机转子转速 n(单位为 rpm)与电源频率 f、极对数 p 以及转差率 s 的关系可由下式表示

$$n=\frac{60f}{p}(1-s) \tag{4-22}$$

由上式可知，异步电动机的转子转速近似取决于电机的极对数和频率。电机的极数不是一个连续的数值(为 2 的倍数，例如极数为 2,4,6,8)，极就是磁极的意思，是成对出现的，1 个磁极对数对应 2 极，通过改变绕组的连接方式可以改变电机旋转磁场的磁极对数，能分级地改变电机转速，但非常有限，如双速或三速，所以不适宜采用改变极对数来连续调整电机速度。

变频器是把交流电变换为直流电，再通过逆变器将直流电逆变成可变频率的交流电源，通过改变电机定子绕组供电频率来实现电机的变速运行。

变频器的分类方法有多种，按照主电路工作方式分类，可以分为电压型变频器和电流型变频器；按照开关方式分类，可以分为 PAM 控制变频器、PWM 控制变频

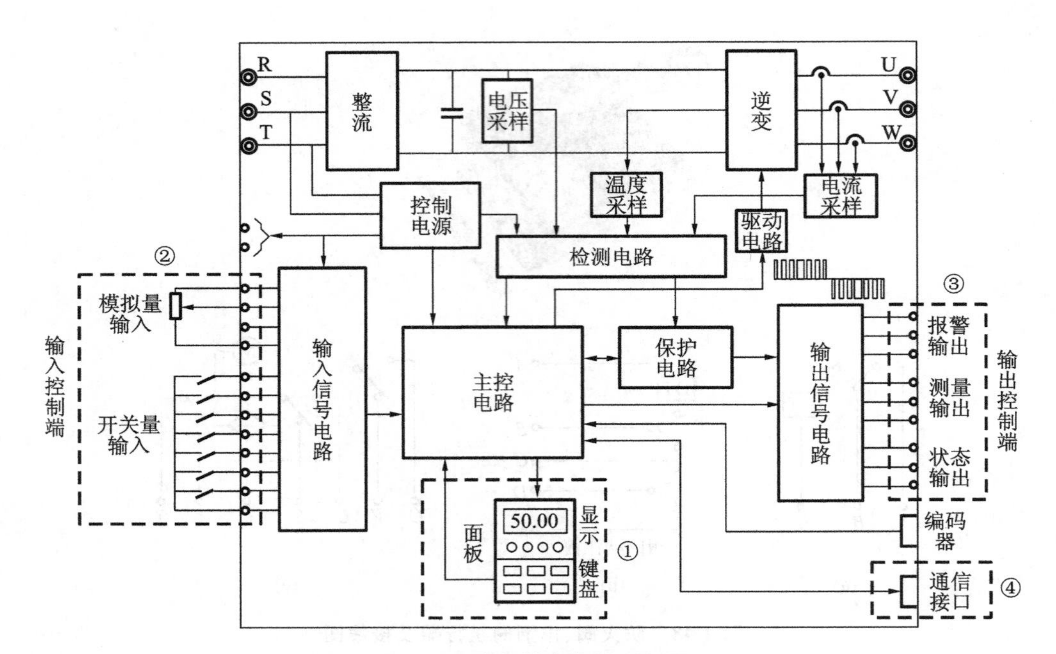

图 4-49 变频器内部控制框图

器和高载频 PWM 控制变频器;按照工作原理分类,可以分为 V/f 控制变频器、转差频率控制变频器和矢量控制变频器等;按照用途分类,可以分为通用变频器、高性能专用变频器、高频变频器、单相变频器和三相变频器等。

变频器与外部的连接除了一次回路进(R,S,T)出(U,V,W)接线端子以外,还有大量弱电控制端子。经常使用的有:启动信号(DO)、0～10 V 控制信号(AO)、报警信号(DI)、状态信号(DI)、频率检测(AI)。通过控制端口以及内部的功能代码的设定,变频器能够实现丰富的功能,满足各种控制的需要。

4.3.6 晶闸管调功器

晶闸管(SCR)也叫可控硅,是一种大功率半导体器件,具有效率高、控制特性好、寿命长、体积小等优点。晶闸管调功器是运用数字电路触发可控硅实现交流电源调压和调功,与带 0～5 V、4～20 mA 的智能 PID 温控器或 PLC 配套用于加热控制。常用于恒温恒湿空调的电加热管的功率控制。

如图 4-50 所示的调温系统可以实现手动调温和自动调温,当接触器 KM1 闭合时,调功器开始工作,电加热器得电加热介质,智能 PID 温控器接收 PT100 温度传感器输入的检测温度并与设定温度比较,输出 4～20 mA 的控制信号调节调功器的电压输出,使被加热介质的温度达到设定值,当加热温度超过设定值的上限,温控器报警输出,AL1 触点闭合,使调功器停止工作,以防损坏加热设备。

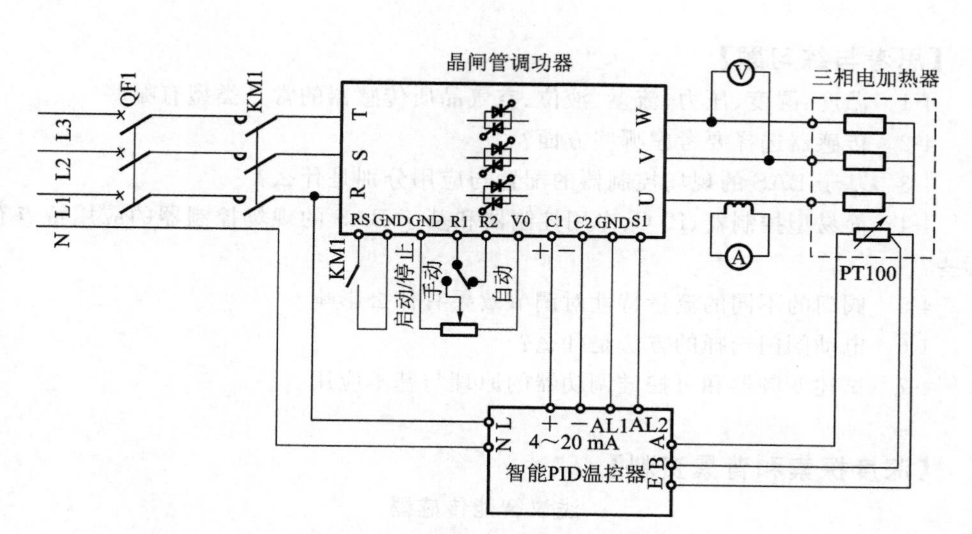

图 4-50　晶闸管调功器恒温控制原理图

4.3.7　交流接触器

交流接触器是用于远距离控制电压至 380 V、电流至 600 A 的交流电路，以及频繁地启动和控制的交流电动机。接触器主要由电磁机构、触点系统和灭弧装置等几部分组成。它利用铁芯线圈通电后电磁铁产生的吸引力使衔铁动作，从而带动触点动作。交流接触器的触点可分为主触点和辅助触点，主触点允许通过大电流，用以通断主电路；辅助触点允许通过较小的电流，用以通断控制回路。由于主电路的电流较大，在断开电路时，主触点断开处会出现电弧，烧坏触头，甚至引起相间短路，因此必须采取灭弧措施，一般在相间都有绝缘隔板，大容量的接触器在主触点上还装有专门的灭弧罩。

接触器在电路图中常用 KM 来表示，不同的编号表示不同的接触器，但同一接触器上的线圈和常开点、常闭点在电路中的编号相同。在选用接触器时，应注意它的额定电流、线圈电压和触点数量等，特别注意线圈电压一定要和电源电压相同，电压过高或过低都会给接触器的正常工作带来不利的影响，甚至会烧坏接触器。

【本章要点】

本章介绍了建筑设备自动化系统中常见的各种类型的传感器、执行器和控制器。重点在于：①温度、湿度、压力、流量、液位、空气品质传感器的类型、结构特点、工作原理、使用范围、安装要求；②简易型控制器、PLC、专用控制器和基于 BAS 的现场控制器的应用特点；③电磁阀、电动阀、变频器等执行器基本原理与应用，特别强调了电动阀不同的流量特性对调节和控制的效果有重要的影响。

【思考与练习题】

4-1 温度、湿度、压力、流量、液位、空气品质传感器的常见类型有哪些?

4-2 传感器选择要考虑哪些方面?

4-3 基于BAS的现场控制器的配置与应用分别是什么?

4-4 简易型控制器、PLC、专用控制器和基于BAS的现场控制器的应用特点有哪些?

4-5 阀门的不同的流量特性对调节效果有什么影响?

4-6 电动阀门选择的方法是什么?

4-7 试述变频器和可控硅调功器的原理与基本应用。

【深度探索和背景资料】

浅议智能传感器

1. 什么是智能传感器

智能传感器的英文名词为“Smart Sensor”或“Intelligent Sensor”。根据EDC(Eletronic Development Corporation)的定义,智能传感器应具备如下的特征:可以根据输入信号值进行判断和制定决策;可以通过软件控制做出多种决定;可以与外部进行信息交换,有输入输出接口;具有自检测、自修正和自保护功能。从这些特征来看,其中有相当一部分以前是属于一个仪器所应具有的功能,“仪器”和“传感器”的界限已不是十分明显。

从智能传感器的概念产生和发展历史来看,其经历一个内涵不断丰富的过程。例如:在20世纪80年代,将信号处理电路(滤波、放大、调零)与传感器设计在一起,输出0~5 V电压或4~20 mA电流,这样的传感器即为当时意义上的“智能传感器”;在20世纪80年代末期到90年代中后期,将单片微处理器嵌入传感器中实现温度补偿、修正、校准,同时A/D变换器直接将原来的模拟信号转换数字信号;自“现场总线”概念提出以后,对传感器的设计又提出了新的要求。从发展的角度看,越来越多的是多传感器系统的应用以实现多参数的测量和多对象的控制。测量和控制信息的交换在底层主要是通过现场总线来完成,数据交换主要是通过Intranet等网络来实现。输出的数字信号是符合某种协议格式的,从而实现传感器与传感器之间、传感器与执行器之间、传感器与系统之间的数据交换和共享。因此智能网络化是传感器未来发展方向。

2. 智能网络化传感器及其系统的结构

从原理结构来上看来,智能传感器结构可以用图4-51所示框图来表示。在很多场合,加上输出显示单元,这种单智能传感器系统已经涵盖了传统的仪表概念。

基于分布智能传感器的测量控制系统是由一定的网络将各个控制节点、传感器节点及中央控制单元共同构成。其中传感器节点是用来实现参数测量并将数据传送给网络中的其他节点;控制节点是根据需要从网络中获取需要的数据并根据这些

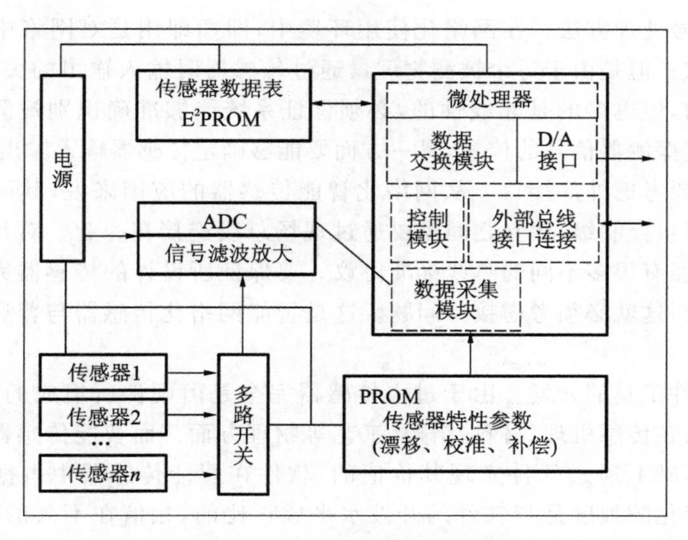

图4-51 智能传感器结构框图

数据制定相应的控制方法和执行控制输出。网络的选择可以是传感器总线、现场总线,也可以是企业内部的Ethernet,也可以直接是Internet。一个智能传感器节点是由三部分构成:传统意义上的传感器、网络接口和处理单元。根据不同的要求,这三个部分可以是采用不同芯片共同组成的,也可以是单片式的。首先传感器将被测量物理量转换为电信号,通过A/D转化为数字信号,经过微处理器的数据处理(滤波、校准)后将结果传送给网络,与网络的数据交换由网络接口模块完成。

控制节点由微处理器、网络接口及人机接口和输入输出设备组成。用来收集传感器节点所发送来的信息,并反馈给用户和输出到执行器,以实现一定的输出。

将所有的传感器连接在一个公共的网络上。为保证所有的传感器节点和控制节点能够实现即插即用,必须保证网络中所有的节点能够满足共同的协议。因此为了保证这种即插即用的功能,智能传感器节点内部必须包含微处理芯片和存储器。一方面用来存储传感器的物理特征,如偏移、灵敏度、校准参数,甚至传感器的厂家信息(维护等);另一方面用来实现数据的处理、补偿以及输出校准。由于这些功能的实现是在每个传感器内部完成的,相应的内部参数在传感器出厂的时候已经写入内部寄存器中固定的单元,因此在更换和增加的节点的时候无须对传感器进行标定、校准。

3. 设计方法和智能传感器的研究领域

智能传感器系统的实现是在传感器技术、计算机技术、信号处理、网络控制等技术的基础上发展起来的。下面针对网络化传感器系统所涉及的一些问题进行分析。

首先,系统构成。一般计算机系统所处理的数据是数字信号,且是直接通过外部设备输入的,这些信号本身会受到外部设备限制。但是对于传感器系统来说所面对的是与外界环境相关的模拟信号,信号与外界的一些物理量相关。

其次,信号处理方法。在网络化使用环境中,即插即用是对网络中的每个设备最基本的要求。但是由于每个被测物理量通过传感器时输入输出的关系是不定的,有些是线性的,但更多的是非线性的,必须保证系统能够准确识别被测对象。一方面要能够确定探测器信号的位置,另一方面要能够确定传感器输入输出之间的关系。

再次,需要考虑外部接口。从网络化智能传感器的应用来说,其一般使用在自动化现场的测量控制级,相互之间需要通过现场总线连接在一起。对于不同的应用场合,现在已经有很多不同的总线标准协议。要保证所设计的传感器完全满足这些协议比较困难,这就必须考虑接口问题。这是智能网络化传感器与普通传感器最大的区别。

最后,软件工具的开发。由于过去传感器完全是由硬件所组成的,因此研究的对象主要局限在传感机理、材料、结构、工艺等物理方面。而智能传感器的智能性则是在硬件的基础上通过软件实现其价值的,软件在智能传感器中占据了主要的成分。而且智能化的程度是与软件的开发水平成正比的,相信在不久的将来,基于计算机平台完全通过软件开发的虚拟传感器会有十分广泛的应用。软件开发工具包括设计、管理和通信管理等不同方面。目前这类工具已经开始出现,一般 C、Labview、ActiveX 等工具软件都可以完成。软件的功能与软件的开发水平成正比的,用以实现传感器模型建立、标定参数建立、最佳标定模型选择等。

尽管智能传感器的构成方法并非在所有场合使用都是合理的,但在许多的应用中,其相对于传统传感器的优点是无法抗拒的。在大多数情况下,智能传感器价格便宜、使用方便、性能优越、维护简单、功能扩展容易的优点是传统传感器无法比拟的。特别是在一些应用传感器较多的场合,智能传感器无疑是最为合理的选择。

目前来说,考虑投资因素,由于在过程测量控制领域中系统设计寿命一般都有几十年,尽管传统所使用的测量控制主要以模拟量传输的,而符合现场总线网络标准的智能传感器有很多优点,但是更换这些传感器执行器要花费很多的时间和增加很大的投资,传统系统还会存在,多种系统共存的局面将维持一段时间。

第 5 章　空调与通风系统的监控

空调系统中典型的空气处理设备包括风机盘管(FCU,Fan Coil Unit)、新风机组(FAU,Fresh Air Handle Unit)和空调机组(AHU,Air Handling Unit)。它们的容量是根据空调房间设计负荷选择的,但在空调的实际运行中,由于房间受到内部和外部的干扰量不断地发生变化,而使室内热湿负荷不断变化,因此空气处理设备的自动控制系统需要对有关调节机构进行调节,以适应空调负荷的变化,满足生产和生活对空气参数(温度、湿度、压力及洁净度等)的要求。

5.1　空气-水空调系统的监控

典型的空气-水空调系统是风机盘管(FCU)加新风机组(FAU)系统,这种空调系统包括集中处理新风的新风机组和分散在各空调房间中克服房间负荷的风机盘管。因此,其运行控制包括新风机组控制和风机盘管控制。

5.1.1　风机盘管的控制

风机盘管是由加热/冷却盘管和风机组成。风机盘管的控制包括对风机的控制和对水侧电动阀的控制,实际工程中有以下两种控制做法:水侧不安装电动阀,采用三速开关手动调节风机转速(高、中、低三档),以实现室内温度的调节;水侧安装电动阀,采用温控器自动通断或连续调节盘管水侧电动二通阀或三通阀,并通过温控器面板上的三速开关手动调节风机转速,达到对室内温度的调节目的。

风机盘管水侧电动阀的控制有位式和比例控制两种方式。位式控制设备投资少,控制简单可靠,缺点是控制精度不高。一般的民用建筑对温度控制要求不高,因此多数工程的风机盘管水侧电动阀可采用位式控制。比例控制精度较高,它要求温控器具有比例(P)或比例积分(PI)调节功能,一般用于少数要求较高或者风机盘管型号较大(如采用吊挂式空调机组时)的场合。

图 5-1 是采用电气式风机盘管温控器对风机盘管控制的系统图,其控制方式为位式控制,虚线框内为温控器内部电路,1S 为电源开关,2S 为温控开关,3S 为冬夏季转换开关,4S 为风机风速调节开关。图 5-1 (a)是双管制风机盘管控制系统,此系统中冷热盘管合用,冬季通热水、夏季通冷水。冬季工况下 3S 置于加热档(如图中所示位置),当室温低于设定值时 2S 自动调至左侧,此时热水阀门打开,加热空气,室温升高;当室温高于设定值时 2S 自动调至右侧,此时热水阀门关闭,停止加热空气。夏季工况下 3S 置于制冷档,分析过程类似。图 5-1 (b)为四管制风机盘管控制系统,

用于少数需要同时供冷和供热的高级场所，水系统中冷热盘管分开，不论冬季还是夏季，加热盘管内通热水，冷却盘管内通冷水。图中位置为夏季工况下室内温度低于设定值时的状态。对于冬季外区供热而内区需供冷的建筑物需采用四管制水系统，内外区的风机盘管可按图 5-1(a)所示进行控制。

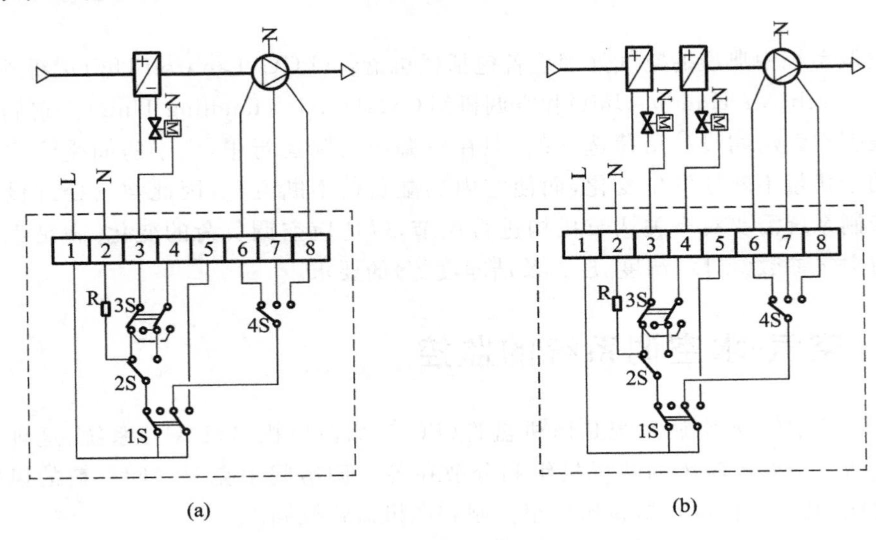

图 5-1　风机盘管控制系统图

(a)双管制、冷热盘管合用；(b)四管制、冷热盘管分开

以上所叙述的是由温控器、风机盘管电动阀和风机构成的单台风机盘管的温度控制，其中温控器一般分为电气式、模拟电子式和数字显示式三种类型，风机盘管电动阀口径较小，一般采用磁滞性电机驱动。温度传感元件可以安装在风机盘管回风口内，以快速检测房间负荷的变化进行调节，也有很多产品将温度传感元件置于风机盘管温度控制器内部，此时，风机盘管温控器应尽可能设于室内有代表性的区域或位置，不应靠近热源、灯光及远离人员活动的地点，同时也要兼顾人员操作方便。这种控制方式控制简单，不受 BAS 系统的监控，多数工程采用这种控制方式。

在一些要求较高或特殊场所(如医院病房)需要对风机盘管进行网络群控，目前工程中多数采用一些具有网络通信功能的小型现场控制器对风机盘管进行一对一控制，并通过主控制器对各现场控制器进行参数设定和管理。如图 5-2 所示是在 LonWorks 网络中应用符合 LonMark 标准的 LTEC 风机盘管单元控制器对风机盘管进行网络控制的一个例子，这种控制方式体现了集中管理、分散控制的思想，但造价较高。

另一种折中的控制方式是风机盘管电动阀、风机转速由普通风机盘管温控器控制，而风机的启停及运行状态等接入大型通用现场控制器进行集中监控。这种方式的监控效果及造价介于上述两种控制方式之间。

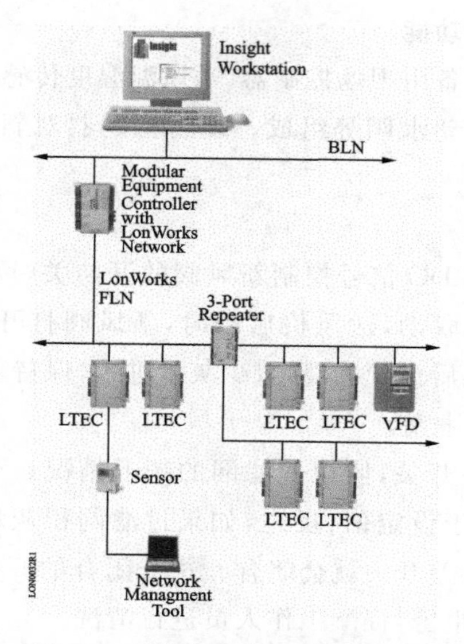

图 5-2　风机盘管网络群控系统图

5.1.2　新风机组的监控

新风机组(FAU)是用来集中处理室外新风的空气处理装置，新风机组主要由新风阀、过滤器、表面式换热器、加湿器、送风机等构成。室外新风进入新风机组经滤网过滤后，由表面式换热器进行热湿处理，当空气湿度低于设定值时，可通过加湿器加湿，处理后的空气通过送风机配送至各空调房间内。

新风机组的控制一般根据业主的需求和现行国家标准《智能建筑设计标准》(GB/T 50314—2015)中对空气处理系统的监控功能要求进行设计，如图 5-3 所示是新风机组监控系统图。

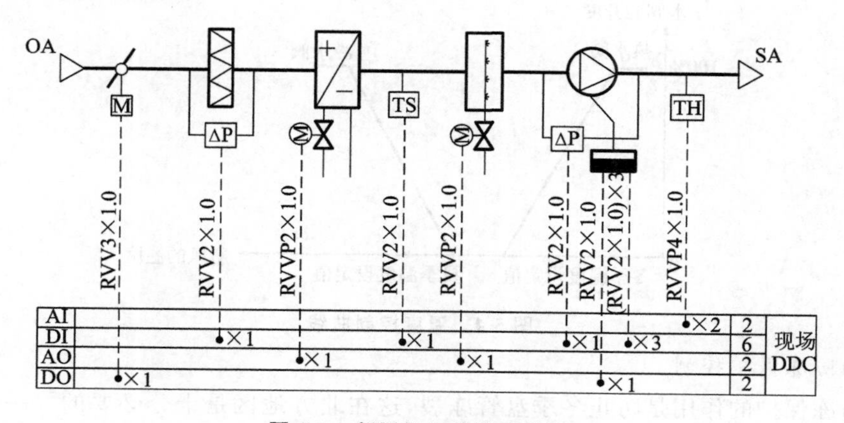

图 5-3　新风机组监控系统图

1. 新风机组基本监控功能

监控系统中的现场设备由现场控制器、送风温湿度传感器 TH、防冻开关 TS、压差开关 ΔP、电动风阀、电动水阀等组成。现场控制器对新风机组实现如下的监控功能。

1)新风阀的控制

现场控制器通过 1 路 DO 信号控制新风阀的开与关,风阀执行器的控制方式为通断式。新风阀与送风机联动,送风机启动时,新风阀打开;送风机停止,新风阀关闭。这可以防止冬季停机后盘管冻裂,减少灰尘进入,保持新风机组内清洁。

2)过滤网状态显示与报警

在滤网两侧装设压差开关,监视过滤网的畅通情况。当风机运行时,如果过滤网干净,滤网前后压差小于设定值;反之,如果过滤网积灰增加,滤网前后的压差变大,当超过设定值时,微压差开关就会闭合。这个闭合的开关信号通过 1 路 DI 输入现场控制器,控制器发出报警,提醒工作人员进行清洗。

3)送风温湿度的检测及控制

在新风机组出口处设温湿度变送器,接至现场控制器的 2 路 AI 输入通道上,分别对空气的干球温度和相对湿度进行监测,以便了解机组是否将新风处理到所要求的状态。新风温湿度实测值与设定值比较,将其差值通过 PID 运算,输出模拟 0～10 V 信号,对冷/热水阀开度进行调节,同时控制加湿阀的开关,从而维持送风温湿度的设定值。其中冬季工况时热水阀与新风温度成反比,夏季工况时冷水阀与新风温度成正比,温度控制曲线见图 5-4。冬季进行加湿控制的时候,一般采用电磁阀双位控制。为了减小最大偏差和波动,经常采用多级加湿,即湿度偏差大的时候,多组加湿器工作,偏差减小则减少加湿器工作数量。

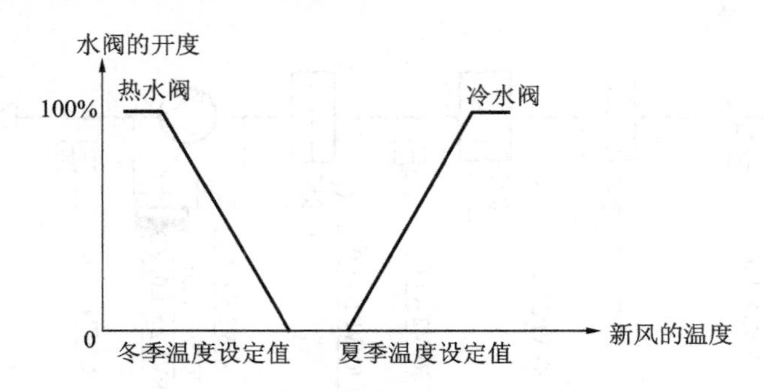

图 5-4 温度控制曲线

4)防冻保护控制

防冻保护的作用是防止冬季盘管冻裂,这在北方地区是十分必要的。一般采用如下措施:一是送风机与新风阀门联动;二是当机组停止运行时,盘管的电动水阀仍保持 10%～30%的开度,以保证有一定的热水循环;三是在表面式换热器后面安装防冻开关 TS，动作温度一般设置在 5 ℃左右，当防冻开关处的空气温度低于 5 ℃时，防冻开关的开关量信号通过 1 路 DI 输入至现场控制器，现场控制器逻辑运算后发出控制信号和报警信号，停止风机转动，开大热水阀门（80%～100%）、关闭新风阀门，使空气温度回升。当防冻开关正常时，重新启动风机，打开新风阀，恢复正常工作。

防冻保护的另一种做法是，在表面式换热器水管出口处安装水温传感器，检测出口水温，通过 1 路 AI 输入接到现场控制器。这个温度信号一方面可以判断进入换热器的是热水还是冷水，以便控制器进行自动工况转换；另一方面在冬季可用来监测热供应情况，起到防冻保护用。当机组回水温度过低时，为防止水盘管冻裂，应停止风机，关闭风阀，并将水阀全开；同时还可以判断由于水侧电动阀堵塞或误关闭造成降温的故障。

5）风机启/停控制及运行状态显示

对风机的监控内容包括风机启/停控制及运行状态监视、风机故障报警监视、风机的手/自动控制状态监视等。为实现这些功能，现场控制器就需要发出和接收以下信号：1 路 DO 输出控制风机电动机一次回路上交流接触器的线圈的供电，以控制风机的启停；取交流接触器的一个辅助触点信号作为风机的运行状态（DI 信号）；取手动/自动转换开关一个触点信号作为手动/自动状态（DI 信号）；取风机电动机一次回路上热继电器的辅助触点信号作为风机过载停机报警信号（DI 信号）。风机的状态监视一般有两种实现方式，一种是直接从风机电控箱接触器的辅助触点取信号；另一种在风机两端加设压差开关，根据压差反馈判别风机状态。第一种方法虽然简单经济，但实际只是监测风机电机的送电状态，不能确认风机是否真正运行，而第二种方法可以准确地判断风机的实际运行状态。图 5-3 中同时检测了这两个信号，可根据具体情况取用其中一个信号。

只有风机确实启动（接触器的辅助触点动作或风机压差开关检测到风机前后压差）后，温湿度控制程序才开始工作。启动顺序控制：启动新风机→开启新风风阀→开启并调节水侧电动调节阀→（冬季）调节加湿器电动阀。停机顺序控制：关闭新风机→关闭新风风阀→关闭加湿器电动阀→关闭水侧电动调节阀。现场控制器通过通讯线路与楼宇控制中心的系统控制器联接，就可实现新风机组的远程监控。

6）消防联锁控制

当火灾发生时，由消防联锁控制发出控制信号，停止风机运行，同时关闭新风阀。

7）变新风量控制

民用建筑空调房间的最小新风量通常是按设计工况室内人数确定的，但空调系统在实际运行过程中房间人数经常会变动。从节能角度考虑，室内新风量的控制一般希望在满足室内空气品质的前提下，将新风量控制到最小，因此可在室内设置空气品质传感器检测 CO_2 含量，通过 1 路 AI 输入接至风机变频器的 AI 端子，当室内空气品质满足设定值要求时,可以降低送风机供电频率(一般有最小运行频率限制,以保证最小送风量),减小新风量,以节约能源(可以减小新风负荷、风机运行能耗);当室内空气品质不满足设定值要求时,增大送风机运行频率,增加新风量。这与传统的固定最小新风量的控制方案相比,以 CO_2 浓度作为指标的控制送入室内的新风量具有明显的节能效果。

在送风温度和湿度控制中,要特别注意在夏季工况下通过表冷器的降温减湿处理过程。因为温度和湿度具有相关性,如何保证送风温度和湿度参数达到预定的控制范围?一般在舒适性空调中,可以采用最大信号选择的方式,即温度偏差和湿度偏差通过比较器,选择较大值进行 PID 运算,输出信号对表冷器的电动水阀开度进行调节,以保证温度和湿度在规定范围内波动。

5.1.3 新风热湿处理控制方案

新风机组与风机盘管组成的空气-水空调系统,夏季新风热湿处理方案一般有以下三种。

方案一,如图 5-5(a)所示,当利用低温水处理新风,将新风的含湿量处理到低于室内空气含湿量,新风承担室内的全部潜热冷负荷和室内部分显热冷负荷,风机盘管承担室内剩余的显热冷负荷。方案二,如图 5-5(b)所示,将新风处理到室内空气的等焓线时,新风机组只承担新风冷负荷,风机盘管承担室内全部冷负荷和部分新风潜热负荷。方案三,如图 5-5(c)所示,将新风处理到低于室内空气的等焓线时,新风机组除了承担新风冷负荷外,还部分承担了室内冷负荷,剩余的室内冷负荷由风机盘管承担。

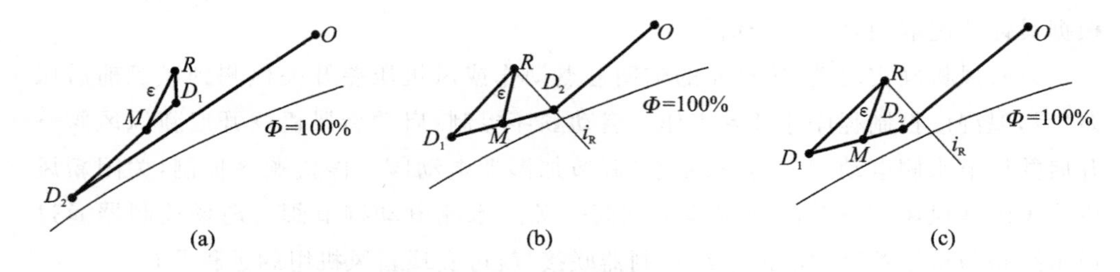

图 5-5 新风机组加风机盘管系统夏季热湿处理方案

如果采用方案一,新风热湿处理的控制方案是根据典型房间的相对湿度调节新风机组水侧电动调节阀的开度,使室内空气的相对湿度达到设计要求。

如果采用方案二,将新风处理到室内空气状态的等焓线上,在实际工程中,一般把对新风焓的控制转化为对新风温度的控制,也就是新风出风温度控制的设定值取等焓线与 90%~95%的等相对湿度线的交点所决定的温度值,一般可取 17~19 ℃。不考虑因室内空气焓值的变化而修正控制温度的设定值。

如果采用方案三，实际工程中的做法是不对新风处理进行控制，由新风机组按其处理能力对新风进行处理，房间温度由风机盘管温度控制器进行调节，相对方案二来说，风机盘管电动阀的通断时间比发生了变化，也增加了风机盘管承担室内负荷的安全裕量。

风机盘管加新风机组系统冬季工况下的焓湿图如图 5-6 所示。由图可知，需要对新风进行加热和加湿处理。对新风进行加湿控制时，根据典型房间的相对湿度调节新风机组加湿器的加湿量。对新风的加热控制需要根据室内的负荷情况以及现行国家设计规范《民用建筑供暖通风与空气调节设计规范》(GB 50736—2012)中有关送风温差的规定。

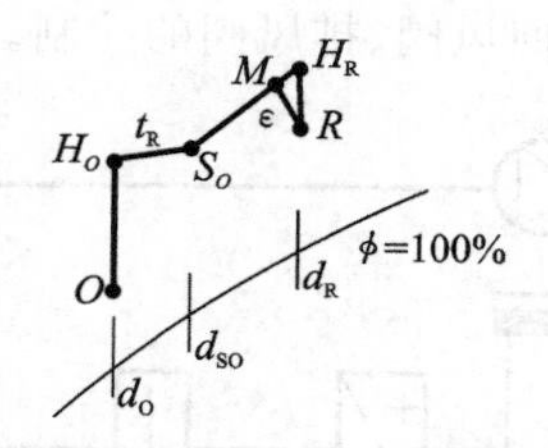

图 5-6　新风机组加风机盘管系统冬季工况下的焓湿图

对于一般的舒适性空调建筑，当新风口的高度在 5 m 以下时，新风的送风温差不宜低于 5～10 ℃；当新风口的高度在 5 m 以上时，新风的送风温差不宜低于 10～15 ℃。当室内有冷负荷，新风温度不满足上述送风温差要求时，应对新风进行加热，并达到允许的温度值；当室内有热负荷，需将新风加热到室内空气温度；若新风系统担负的区域中有的需供冷(如内区)，有的需供热(周边区)，宜将新风加热到供冷工况所确定的新风温度(低于内区室内温度)，这时对于需要供热的区域来说，新风给室内带入一些热负荷，必须由风机盘管来承担，由于风机盘管的供热能力远大于供冷能力，完全有能力承担新风所带入的热负荷。

此外，表面式换热器水侧电动调节阀应与机组风机联动，仅当风机处于运行状态时，水侧电动阀进入自动调节状态；风机停止运行后，电动调节阀应自动回到关闭位置，以免增加冷、热水的循环能耗及冷热水短路。

5.2　定风量空调系统的监控

定风量空调系统的核心设备是定风量空调机组。定风量空气处理机组与新风机组的不同在于空调机组引入了回风，将新风、回风按一定比例进行混合，在空调机组内进行热湿处理，然后送入空调房间，以实现房间温、湿度的调节。从控制角度看，两者相比有如下不同：一是控制调节参数发生变化，空调机组保障的是房间内的温度、湿度，而不是送风参数；二是要求房间的温湿度全年均处于舒适区范围内，在夏季也要考虑湿度控制,同时还要研究系统省能的控制方法;三是新回风比可以变化,因此可尽量利用新风降温,但这会引出许多新的问题。

5.2.1 定风量空调机组基本控制环节

如图 5-7 所示,定风量空调机组主要由新风阀、回风阀、排风阀、过滤器、表面式换热器、送风机、回风机、加湿器、二次加热器等组成。控制系统通常由现场控制器、新风温湿度传感器(TH)、回风温湿度传感器(TH)、空气品质传感器(CO_2)、送风温湿度传感器(TH)、防冻开关(TS)、压差开关(ΔP)、电动调节水阀、风阀执行器等组成。如果全年采用最小新风量运行,则控制系统可以在此基础上进行简化,可取消回风机及其控制,取消新风阀、回风阀、排风阀的控制。

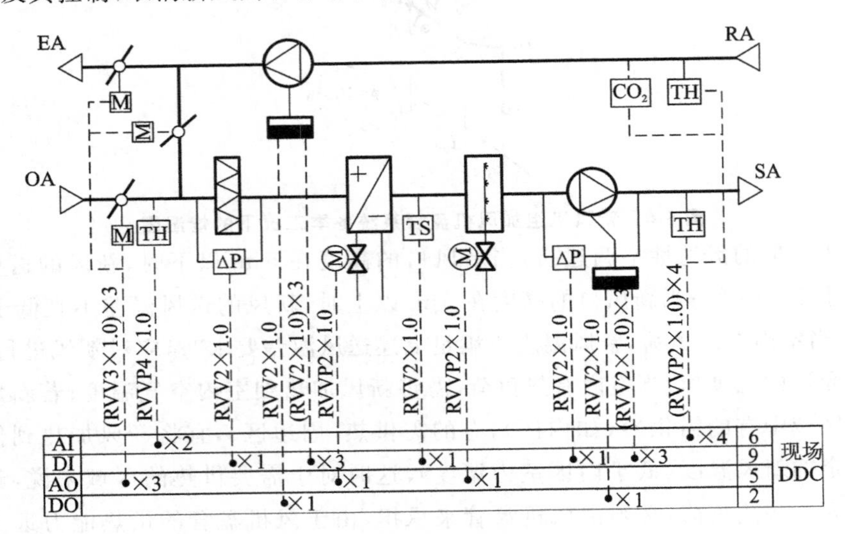

图 5-7 定风量空调机组监控原理图

控制系统处于自动状态时应具有以下功能。

①送、回风机启停控制,风机控制的手/自动状态、风机运行状态和故障状态的监测。

②三阀联动控制。如果空调系统按全年变新风量运行,为保证送风量的恒定,新风阀与回风阀开度成反比,新风阀与排风阀开度成正比,考虑到房间空气的泄漏量,排风阀开度应小于新风阀开度一定比例。如果空调系统全年按最小新风量运行,则在系统调试时将风阀调节到位后,运行过程中不需再调节风阀阀位。

电动风阀与送风机、回风机联锁控制。当送风机、回风机关闭后,电动风阀(新风、回风、排风风阀)都关闭,反之,先打开电动风阀,然后开启送风机、回风机。

③当过滤网两侧压差超过设定值时,压差开关动作向现场控制器输入 DI 信号,控制器发出报警信号。

④在冬季，当流过表面式换热器的空气温度太低时，防冻开关动作向现场控制器输入DI信号，风机和新风阀关闭，并加大水侧电动阀的开度，防止盘管冻裂。当换热器后的空气温度恢复正常时，重新启动风机，打开新风阀，恢复正常工作。

⑤现场控制器根据回风温度传感器检测空调房间空气温度，并与设定温度比较，经PID运算后，输出AO信号调节换热器水侧电动阀的开度，使实测室内温度达到设定温度。

由于空调机组中各设备的时间常数都远小于房间的时间常数，因此空调机组处理空气的调节特性与房间温度的调节特性有很大不同，导致上述采用回风温度的单回路控制，被控制参数会产生较大的超调量，只适合精度要求不高的情况。对于控制精度要求较高的空调系统，宜采用以回风温度为主控参数、送风温度为副控参数的串级控制方案。如图5-8所示，主调节器根据回风温度与设定值的偏差，通过PID计算，将控制输出作为副调节器的送风温度设定值，副调节器根据该值与送风温度实测值偏差，通过PI计算，输出信号控制表冷器的电动阀门开度，改变水流量。

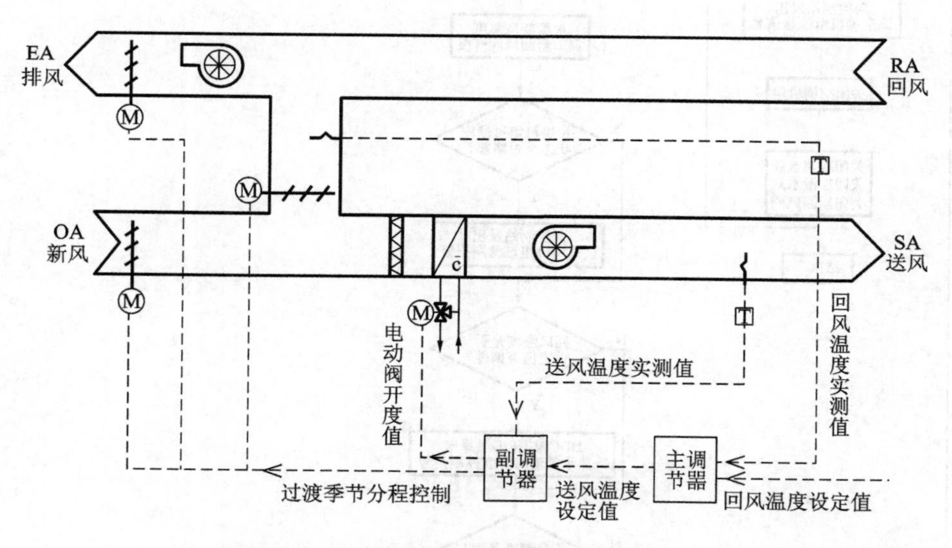

图5-8 以回风温度为主控参数的串级控制

⑥现场控制器根据回风湿度传感器检测空调房间空气湿度，并与设定湿度比较，经PID运算后，输出AO信号调节加湿器电动阀的开度，使实测室内湿度达到设定湿度。加湿器的电动阀也可通过DO输出信号进行控制，通过电动阀的通断来改变加湿量，这时电动阀应能接受DO信号。空调机组的一般控制逻辑流程如图5-9所示。

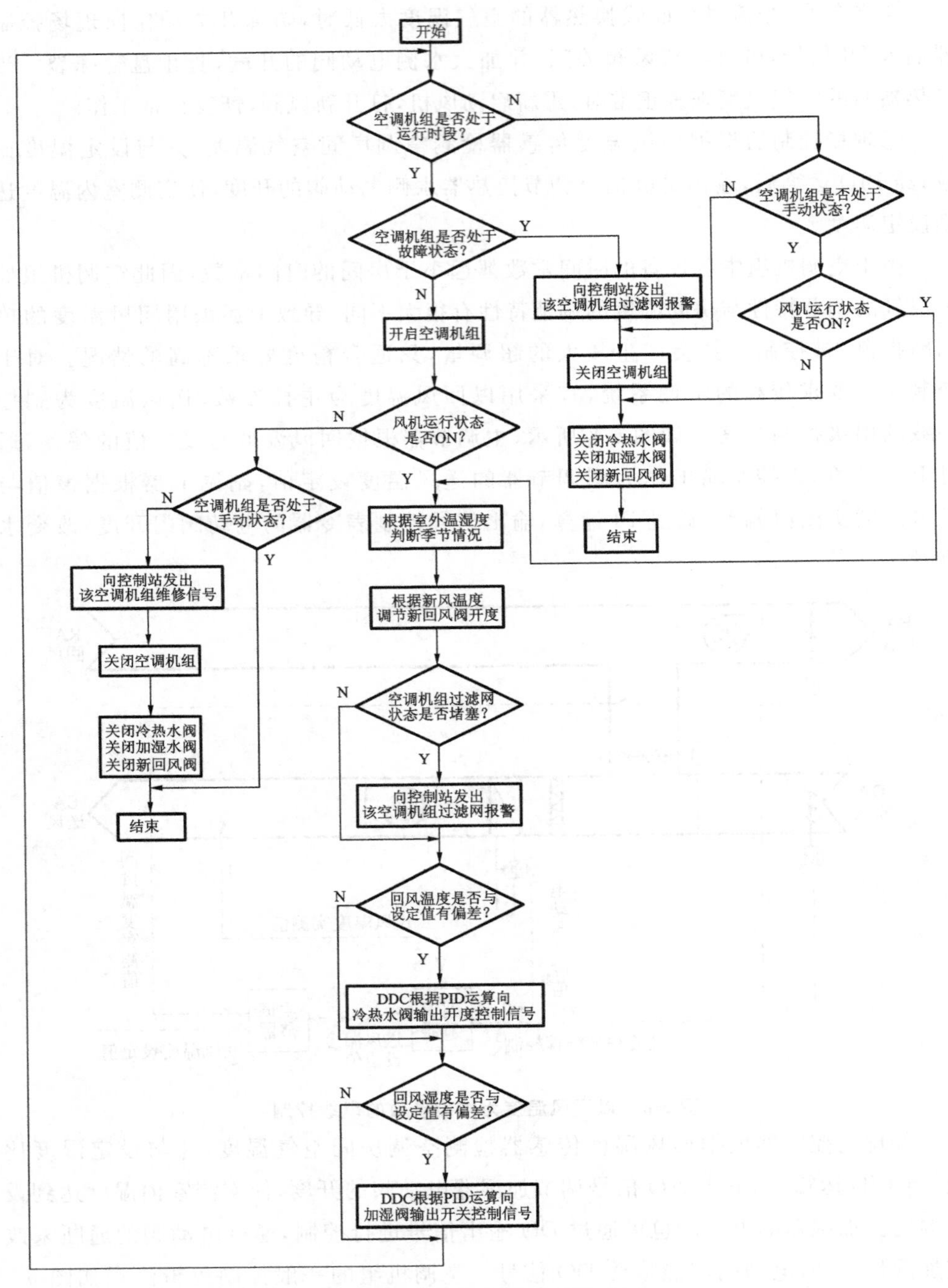

图 5-9 空调机组控制逻辑流程图

5.2.2　定风量空调机组全年运行调节

空调机组除了要有上述基本的控制功能外，还应考虑空调系统全年运行调节和节能的要求。图5-10表示了定风量空调系统全年运行调节工况分区。假定全年室内都有冷负荷，全年按变新风量运行，R_1为夏季室内设计状态点，R_3为冬季室内设计状态点，菱形区域$R_1R_2R_3R_4$为室内状态允许范围。空调机组采用表面式换热器和干蒸汽加湿器处理空气，露点送风。由于冷却去湿工况无法同时对温度和湿度进行严格控制，因此优先对温度进行控制，适当兼顾相对湿度的控制。

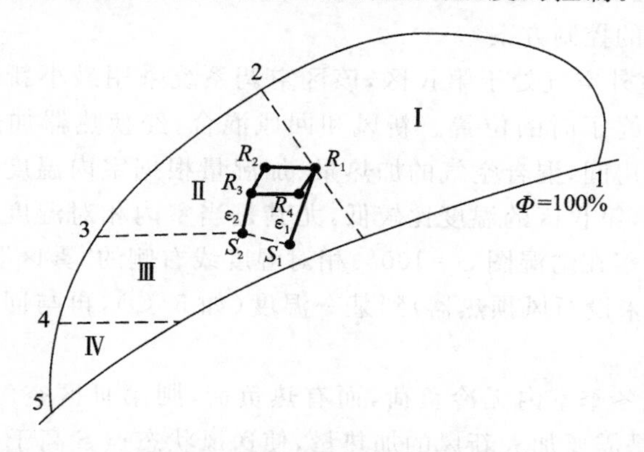

图5-10　露点送风定风量空调系统全年运行调节工况分区图

当室外空气处于第Ⅰ区域时，室外空气的焓h_O>室内空气的焓h_R。由于空气的焓值是空气干球温度、相对湿度和大气压力的函数，因此可以通过新风温湿度传感器检测室外空气的干球温度和相对湿度，通过计算得到室外空气的焓值，同理，可以通过回风温湿度传感器检测室内空气的干球温度和相对湿度，得到室内空气的焓值，判断室外空气是否处于第Ⅰ区域。

在这个区域内，空调系统按最小新风量运行，现场控制器通过1路AO输出将新风阀的开度调到最小新风量的位置，同时，通过另外两路AO输出相应地调节回风阀和排风阀的开度，使回风阀开度最大，排风阀开度最小。现场控制器根据回风温度传感器检测到的室内干球温度与夏季室内设定温度比较，通过1路AO输出去调节表面式换热器水侧电动调节阀的开度，实现室内温度调节。由温度调节决定室内湿度，由于系统是按最大湿负荷进行设计的，一般情况下室内相对湿度符合要求。

当室外空气处于第Ⅱ区域时，室外空气的焓h_O≤室内空气的焓h_R，且室外空气温度t_O>空调送风温度t_S。室内外空气的焓值仍然按第Ⅰ区域的方法得到，再根据新风温度传感器和空调送风温度传感器的检测值，可以判断室外空气是否处于第Ⅱ区域。另外，还需要通过新风、送风温湿度传感器的检测值分别计算出含湿量d_O和d_S。如果$d_O \geqslant d_S$，则空调系统可采用全新风运行，新风阀和排风阀处于全开位置，回风阀关闭，室外新风经冷却去湿或干冷却后送入空调房间。如果$d_O < d_S$，这时应采用部分回风与新风混合，根据回风湿度传感器检测值调节回风阀和新风阀的开度，

经干冷却后送入空调房间消除室内冷负荷。空调房间的温度按第Ⅰ区的方法进行调节。

当室外空气处于第Ⅲ区时,室外空气温度 $t_O \leqslant$ 空调送风温度 t_S,且 $t_O \geqslant$ 最小新风时的临界温度 t_4。在这个区不需向空调机组供冷、热水,只需根据室内冷负荷逐渐由全新风转到最小新风量,通过调节新风和回风的混合比来控制室内温度。一般情况下可以不对室内空气湿度进行调节,如果回风湿度传感器检测到室内相对湿度低于最小允许值时,这时可采用喷蒸汽来调节室内湿度。如果新风阀已处于最小新风量时的阀位,室内温度刚好达到室内设定温度值时,这时的室外空气温度就是 t_4,这时需要转入第Ⅳ区的控制方案。

当 $t_O < t_4$ 时,室外空气处于第Ⅳ区,该区空调系统采用最小新风运行,三只风阀的阀位保持第三区终了时的位置。新风和回风混合,经换热器加热升温,蒸汽加湿器加湿后送入空调房间,混合空气的加热量、加湿量根据室内温度、相对湿度进行调节。对于寒冷地区,第Ⅳ区的温度比较低,尤其是当室内相对湿度较大时,新风与室内空气混合后可能落在焓湿图 $\varphi=100\%$ 相对湿度线右侧的“雾区”,这时宜先将新风预热(注:图 5-7 中未设新风预热器)到某一温度(如 5 ℃),再与回风混合,然后进行加热、加湿处理。

有些空调系统冬季室内无冷负荷,而有热负荷,则第Ⅲ区空气处理也应按第Ⅳ区的方案进行,只是需要加大新风的加热量,使送风状态点 S 高于 R。上述Ⅰ～Ⅳ工况下的空气调节方案汇总见表 5-1。

表 5-1 不同工况下露点送风空调系统调节方案

工况区	范 围	空气处理过程	室内温度调节	室内湿度调节	新风量调节
Ⅰ	$h_O > h_R$	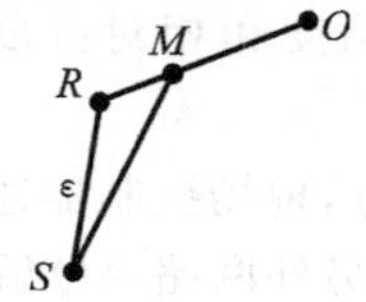	调节表冷器的水流量		最小新风量
Ⅱ	$h_O \leqslant h_R$ $t_O > t_S$	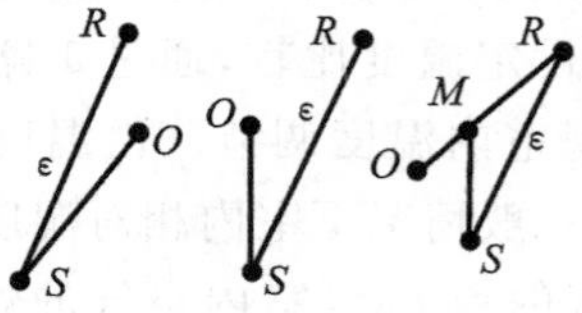	调节表冷器的水流量	调节新回风混合比($d_O < d_S$ 时)	全新风或≥最小新风量
Ⅲ	$t_O \leqslant t_S$ 且 $t_O \geqslant t_4$	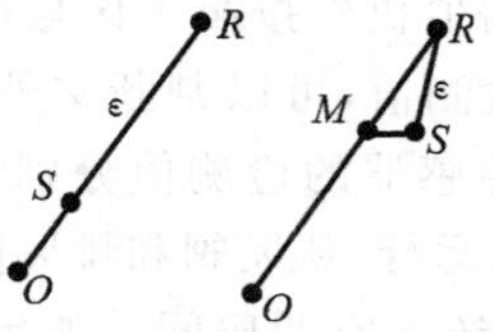	调节新回风混合比	调节喷蒸汽量	≥最小新风量

续表

工况区	范　围	空气处理过程	室内温度调节	室内湿度调节	新风量调节
Ⅳ	$t_O<t_4$	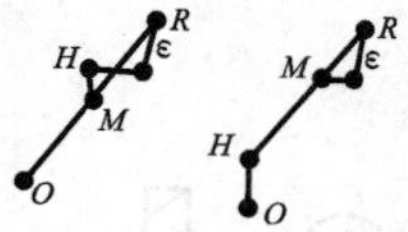	调节加热器的水流量	调节喷蒸汽量	最小新风量

5.3　恒温恒湿空调系统控制

生物、制药、医疗、化工、纺织、电子、精密加工、精密仪器仪表和科研试验等领域的工艺性空调系统对温度、湿度、洁净度、风压/风速等参数要求很高。例如：某一精密仪表车间，对温度控制精度要求达到±0.5 ℃，专用工作间的温度控制精度甚至达到±0.2 ℃，相对湿度控制精度达到±5%；某一涤纶车间送风压力控制精度为±10 Pa，否则生产无法正常进行。由于工艺性空调对控制参数有较高的精度要求，工艺性空调系统的控制无论是在空气处理过程，还是对传感器、控制器的精度要求等方面与舒适性空调相比有较大差异。用于舒适性空调系统中的传感器、控制器一般不能满足这类系统的控制精度要求，须选用高精度的工业用传感器、控制器、调节阀等检测与控制装置。

5.3.1　小型恒温恒湿空调系统的控制

小型恒温恒湿空调系统是指为高度在 3 m 左右，面积在 300 m^2 以下的空调房间提供恒温恒湿空气调节的系统，这类系统的制冷量一般低于 56 kW。

图 5-11 所示是一个比较完备的控制原理图，可根据实际情况进行简化。如果工艺上不需送风压力控制，可取消送风压力传感器 P、送风机变频器；新风风速传感器 AF 及相应的风阀控制用于变新风量运行控制；如果室内温度控制精度低于±1 ℃，可取消末端精调电加热器 SCR；如果不需严格的室内压力控制或系统全年按最小新风量运行，可取消回风机；如果没有洁净度等级控制要求，可以取消高效过滤器或中效过滤器。如果不需要根据室内 CO_2 浓度进行变新风量运行，可以取消回风管上的 CO_2 传感器。

1. 室内温湿度控制

假定系统总送风量不变，按最小新风量运行，全年室内发湿量基本不变，空调系统全年为冷负荷。恒温恒湿空调系统对温湿度的控制不同于采用露点送风的舒适性空调系统的控制，后者是以温度控制为主，适当兼顾湿度控制，而前者需要对温度和湿度同时进行严格控制，使室内温湿度均达到规定要求，如干球温度(23±0.5) ℃，相对湿度(60±5)%。这时室内温湿度控制范围菱形区域由 R_1($t_{DB.R1}$=23.5 ℃，φ_{R1}=65%)和 R_3($t_{DB.R3}$=22.5 ℃，φ_{R3}=55%)确定，如图 5-12 所示。

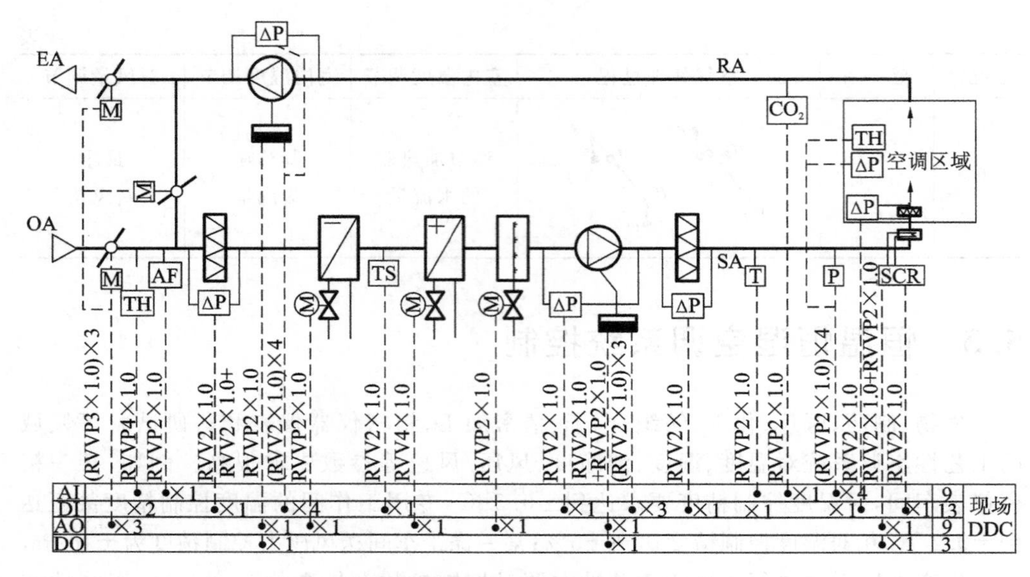

图 5-11 小型恒温恒湿空调系统监控系统图

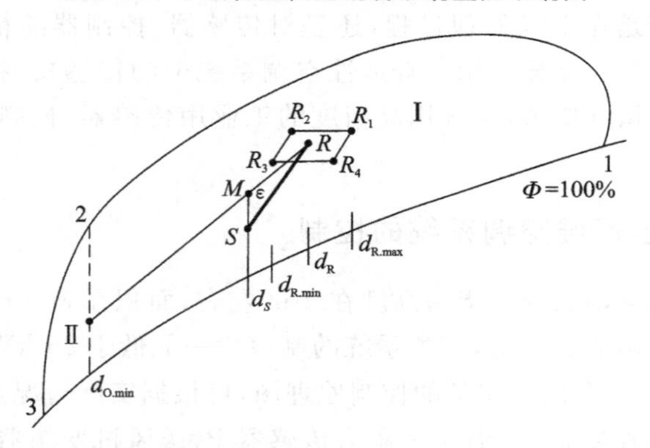

图 5-12 采用表冷器处理空气的恒温恒湿空调系统全年运行调节分区图

在夏季采用冷却去湿空气处理实现室内干球温度和相对湿度的控制，温湿度控制是相互关联的(或具有耦合性)，在控制干球温度时，会影响相对湿度，反之亦然。为了达到对相对湿度的严格控制，需要对经冷却去湿后的空气再热，这会造成冷热抵消。对于小型系统，由于制冷量较小，再热量也相应较小，因此常用再热式空调系统来调节室内温湿度。再热后的送风温差应达到表 5-2 中的要求。

表 5-2 工艺性空气调节的送风温差

室温允许波动范围/℃	送风温差/℃
>±1.0	≤15
±1.0	6～9
±0.5	3～6
±0.1～0.2	2～3

恒温恒湿空调一般按最小新风量运行，这可以减小室外新风温湿度波动以及新风与回风调节过程中的波动对空调控制精度的影响，而且可使系统控制较为简单。对于采用表面式换热器对空气冷却去湿、用蒸汽加湿处理的恒温恒湿空调系统，全年运行调节的室外空气状态可分为两个区，如图5-12所示。Ⅰ区和Ⅱ区的分界线是在冬季按最小新风量运行时，使室外空气与回风混合点落在送风状点等含湿量线上时的室外空气等含湿量线 $d_{\mathrm{O.min}}$，即：

$$d_{\mathrm{O.min}}=d_{\mathrm{R}}-\frac{d_{\mathrm{R}}-d_{S}}{m} \tag{5-1}$$

式中　m——最小新风比。

第Ⅰ区内的室外空气任一状态点与回风混合后的状态点 M 均处在送风等含湿量线的右侧，因此表冷器在冷却去湿工况运行，通过调节表冷器水侧调节阀控制室内相对湿度，调节再热器水侧调节阀控制室内干球温度，从而实现室内空气的恒温恒湿控制，如图5-13所示。在实际工程中，再热器有热水盘管和电加热器两种形式，其中电加热器有多级电加热器和可控硅调功器SCR两种类型，后者可以连续调节加热量，从而达到高精度温度调节。

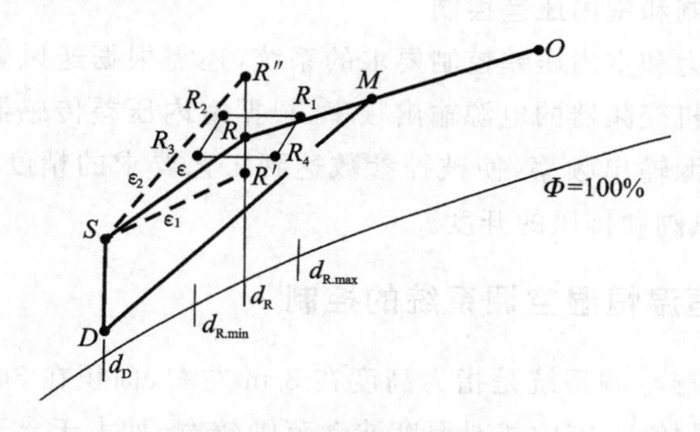

图5-13　小型恒温恒湿空调系统Ⅰ区工况焓湿图分析

由于全年室内发湿量基本稳定，只要将混合空气冷却去湿，使表冷器出风含湿量为设计送风含湿量 d_{D}，就能消除室内的余湿量，室内相对湿度达到设计要求。将 D 状态点的空气再热到 S 状态点，S 点的送风温度要满足表5-2中的要求。如果室内冷负荷低于设计冷负荷（$\varepsilon_1<\varepsilon$），将 S 状态点的空气送入室内后，室内空气状态可能为 R'，说明再热量不够，需要增大再热量（将加热盘管水侧电动调节阀的开度加大），直到使 R' 点进入菱形区域；如果室内冷负荷高于设计冷负荷（$\varepsilon_2>\varepsilon$），则将 S 状态点的空气送入室内后，室内空气状态可能为 R''，说明再热量过量，需要减小再热量，直到使 R'' 点进入菱形区域。

如果室内发湿量有较大变化，以含湿量为 d_{D} 的空气送入室内后，若 d_{R} 不在（$d_{\mathrm{R.min}}$，$d_{\mathrm{R.max}}$）之内，这时需要调整表冷器水侧电动调节阀的开度，以改变表冷器出风含湿量。若 $d_R < d_{R.min}$,则电动调节阀开度调小;若 $d_R > d_{R.max}$,则开度调大。使 d_R 回归到($d_{R.min}$,$d_{R.max}$)之内。

当表冷器水侧电动阀的开度处于最小位置,室内相对湿度低于 $d_{R.min}$ 时,表明室外空气已处于第Ⅱ区。这时停止向空调机组供冷水,只供热水,新风与回风混合、再热后送入空调房间,根据室内温度传感器的测量值调节再热量,根据室内湿度传感器的测量值调节蒸汽加湿量(见图 5-14)。

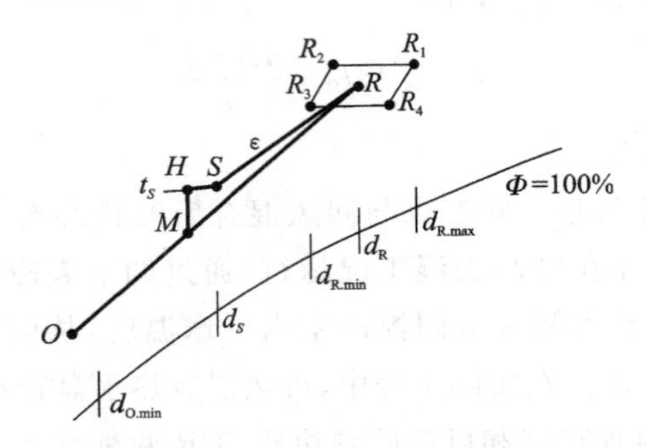

图 5-14　小型恒温恒湿空调系统Ⅱ区工况焓湿图分析

2. 送风压力控制和室内压差控制

如果有送风压力和室内压差控制要求的系统,还需根据送风管上压力传感器的测量数据调节送风机变频器的电源输出频率,根据室内压差传感器的测量数据调节回风机变频器的电源输出频率,使被控参数达到工艺要求的精度范围内,同时还需要调节新风阀、回风阀和排风的开度。

5.3.2　大中型恒温恒湿空调系统的控制

大中型恒温恒湿空调系统是指为高度在 3 m 左右、面积在 300 m^2 以上、新风比不很大、室内发湿量较小、室内相对湿度波动范围较宽(如大于±5%)的空调房间提供恒温恒湿空气调节的系统,这类系统的制冷量一般大于 56 kW。这类系统不宜采用再热式空调来调节室内温湿度,否则会造成很大的冷热抵消,是不经济的、不合理的。虽然二次回风系统在理论上能起到避免由于再热引起的冷热抵消,但经实践证明,其控制难以实现,很少有成功的实例。采用温湿度独立调节系统可以较好地解决以上问题。图 5-15 是这种空调系统的控制系统图,新风机组处理室内的全部潜热负荷和部分显热负荷,主空气处理机组处理剩余的显热负荷。

图 5-16 是空调系统热湿处理焓湿图,由于室内发湿量较小,可以将室内热湿比近似看成无穷大。新风处理机组将新风一直处理到室内状态点的等含湿量线(D 状态点,须使用低温水才能达到),然后送入主空气处理机组与回风混合(M 状态点),经干冷却降温到 C 状态点,由于风机温升,S 为送风状态点(夏季工况,各状态点如图 5-16(a)所示),根据室内湿度传感器的检测值调节新风机组换热器水侧电动阀的开

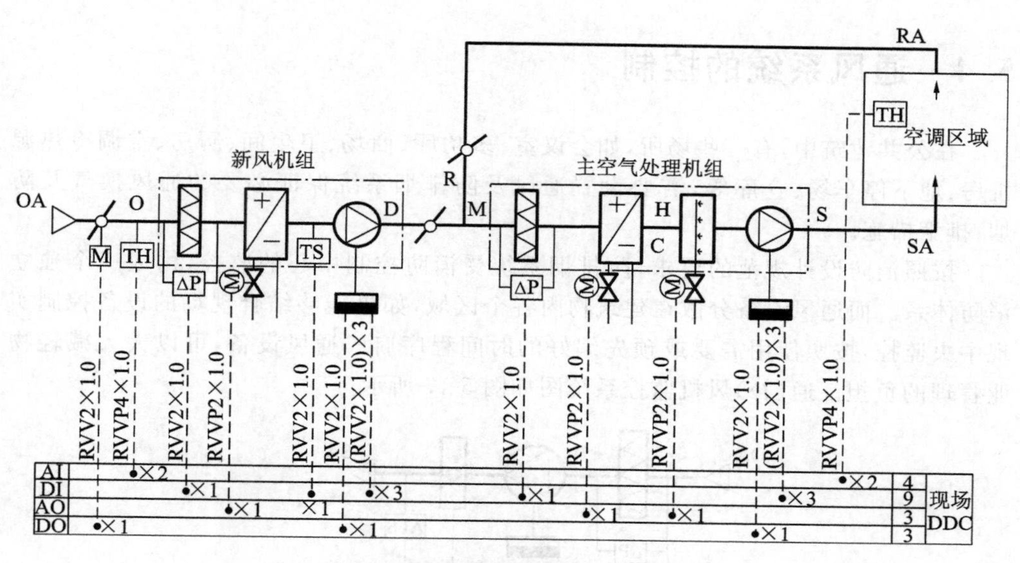

图 5-15　大中型恒温恒湿空调系统监控系统图

度，根据室内温度传感器的检测值调节主空气处理机组换热器水侧电动阀的开度。采取这种简易的解耦手段处理空气，把温度和相对湿度的控制分开进行，成功地取消了再热，而相对湿度的控制允许波动范围可达±5%，能够满足室内发湿量很小、对相对湿度允许波动范围要求不严的工艺性空调的使用需求。

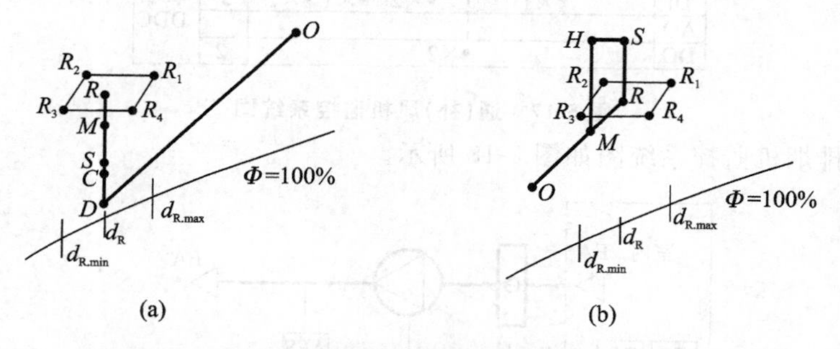

图 5-16　大中型恒温恒湿空调系统热湿处理焓湿图分析

(a)夏季工况；(b)冬季工况

当室外空气的含湿量小于或等于室内空气的含湿量 d_R时，新风机组可以停止对新风的处理，直接将新风送入主空气处理机与回风混合，如果这时室内仍然有冷负荷，则将混合空气干冷却、加湿后送入空调区域，反之，则将混合空气加热、加湿后送入空调区域(冬季工况，如图 5-16(b)所示)，根据室内温度传感器的检测值调节主空气处理机组换热器水侧电动阀的开度，根据室内湿度传感器的检测值调节主空气处理机组加湿器电动阀的开度。供冷季节、供热季节的转换时间可以根据以下情况判断，如果主空气处理机组换热器水侧电动阀已处于关闭状态，室温仍然一直不能达到设定温度，则表明要转换供水温度。

5.4 通风系统的控制

在公共建筑中,有一些场所,如会议室、多功厅、商场、卫生间、厨房、空调冷热源机房、地下停车场、仓库等,需要设置通风及防排烟系统保证必要的通风换气及防烟、排烟措施。

按照消防设计规范的要求,防排烟系统受消防控制中心的监控,构成一个独立消防体系。而通风设备分散在建筑物内各个区域,如果能够结合现场的设备控制实现中央监控,按照使用需要或预先编好的时间程序启停通风设备,可以大大减轻物业管理的负担。通(补)风机监控系统图如图 5-17 所示。

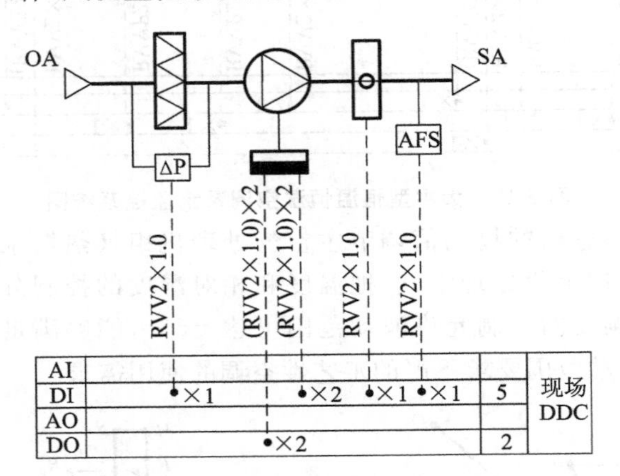

图 5-17 通(补)风机监控系统图

排风/排烟机监控系统图如图 5-18 所示。

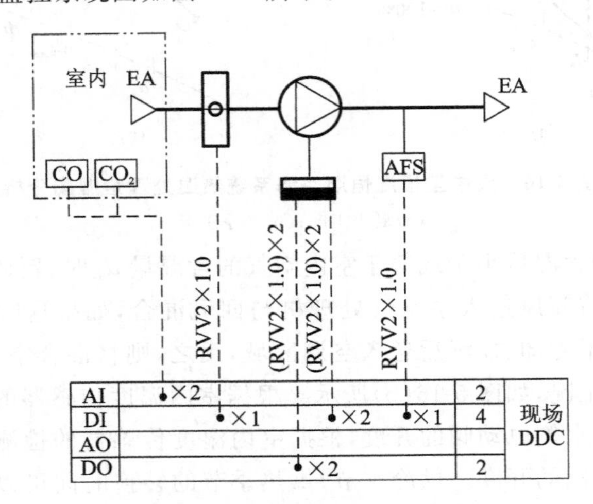

图 5-18 排风/排烟机监控系统图

对于设备用房,可根据设备的运行情况启停通风机;对于卫生间,排风设备可按时间定时启停排风机；对于地下停车场可通过检测 CO、CO_2浓度启停通风机；对于库房可以设置时间程序定期启停通风机。

当通风机或空调回风机兼作火灾时的补风机和排烟机时，常采用双速风机，平时由现场控制器 1 路 DO 控制低速运行，火灾时由消防控制器 1 路 DO 控制高速运行，另外还有故障报警和手动/自动状态（2 路 DI），在监控和电气联动设计方面要进行全面考虑（见图 5-17、图 5-18）。图 5-17 与图 5-18 中的 AFS 表示气流开关，作为反馈信号，用于判断风机是否接受启动指令正常启动。

【本章要点】

本章主要介绍了空气-水空调系统的风机盘管控制方法、新风机组的空气处理方案及其控制方法，定风量空调系统基本控制环节与方法以及全年运行控制策略，恒温恒湿空调系统控制方法。

【思考与练习题】

5-1　简述风机盘管、新风机组、空调机组的基本控制功能与环节。

5-2　在控制中，如何解决温湿相关性问题？

5-3　某房间的温度需要控制在（27±1）℃和某台新风机出口温度在（27±1）℃，两种情况要求的传感器精度一致吗？

5-4　在冬季什么情况下可能冻裂水盘管，从控制角度应采用什么保护措施？

5-5　新风机组和空调机组的控制中，可以采用哪些节能措施？

5-6　阐述基于焓湿图分区的新风机组控制方案。

【深度探索和背景资料】

舒适性指标 PMV 在暖通空调控制中的应用

1. PMV 指标概念

1984 年国际标准化组织（ISO）提出了室内热环境评价与测量的标准化方法（ISO7726），用 PMV 和 PPD（预测不满意百分数，Predicted Percentage of Dissatisfied）指标来描述和评价热环境。该指标综合考虑了与环境有关的 4 个因素：空气温度、空气速度、相对湿度及平均辐射温度。与人有关的 2 个因素：人体代谢率（活动量）和服装热阻。以采用 PMV 指标作为被控参数对空调系统加以控制，以满足既节省能源，又能够保证舒适性要求的目的。

2. 利用神经网络预测 PMV 指标

由于 PMV 指标与人体热舒适感的影响因素间存在着复杂的非线性关系，不能直接检测，需要根据检测到的室内空气温度、湿度、空气流动速度等参数通过繁琐的迭代运算求得，计算速度慢，且由于需要存放中间数据占用存储区多，不能适应中央空调控制系统在线实时控制的需要。因此，提出利用人工神经网络建立 PMV 指标的神经网络预测模型的方案。

PMV指标预测模型选用三层BP网络，输入层节点数为6个，分别对应人体热舒适感的六个影响因素；输出层节点数为1个，即PMV指标；隐层节点数通过试验最终确定为10个，激发函数用tanh( )函数；输出层的激发函数为线性函数。

要想建立神经网络PMV指标预测模型，可以先利用PMV计算公式计算出各种情况下的PMV指标，以此来建立训练神经网络的样本数据对。如果在训练神经网络时准备了足够多的样本数据，则该模型对于训练样本数据集内部，或处于样本数据数域内的输入，可以很快推算出结果，具有比用迭代法运算快得多的速度，占用的存储区更少。

3. PMV指标在空调优化控制中的仿真应用

将PMV指标和能耗指标之和作为优化性能指标，建立空调模型的优化控制系统。控制仿真的基本过程如下所述。

1)建立空调系统的数学模型

根据空调系统的组成和工作过程，建立简化的空调系统数学模型。在仿真过程中，对空调区域冷负荷和湿负荷也需要进行预测，可以通过Matlab软件的曲线拟合、多项式插值等功能，做出室内外各个环境参数的变化曲线，以此作为被控模型的环境参数输入，以保证整体模型运行的实时性。在实时仿真过程中，环境参数参考地区夏季室外空气计算参数和负荷设计参数，假定空调房间为办公用房，考虑地区典型办公用房的围护结构、人数、设备等，采用冷负荷系数法逐时推算出空调房间的负荷，参数的实时曲线，并在仿真过程中逐时调入各参数。

2)采用神经网络预测优化控制

神经网络控制器采用三层前向神经网络，网络的输入层有三个神经元，输入量分别为室内温度T3、室内湿度W3和送风温度T2，输出层有两个神经元，输出量分别为送风风速 f 和冷冻水流量gpm，隐层神经元个数为五个。隐层神经元的激发函数取tansig( )，输出层神经元激发函数取logsig( )。

优化性能指标分为两部分，即舒适性指标和能耗指标。PMV指标值在－0.5～＋0.5之间，符合大多数人的舒适性感觉。从节能的角度考虑，也可以取－1～＋1之间。考虑HVAC系统的机械特性，可以得出被控对象总的能量损耗主要有以下两部分：

①冷冻水循环水泵产生的能量损耗，它由冷冻水的流速决定，其数学表达式为：

Energypump＝gpm×ΔT/24，其中ΔT是冷冻水供、回水温差，一般情况下取12 ℃。

②由风机所产生的能量损耗，它由空气的流速决定，其数学表达式为：

Energyfan＝(f－cfm)×FTP/6356η，其中FTP是风机的总压力，这里取FTP＝4.6(Pound/Inch^2)；η 是风机的效率，这里取 η＝0.82。则被控对象的优化性能指标为J＝Cu·Energy＋Cpexp(PMV^2－1)，其中Energy为耗能量，Cu和Cp分别为

耗能量和舒适性在优化指标的权重，表示能耗指标和舒适性指标在整个性能指标中所占的比重，这两个参数需要根据仿真结果加以修改。这里舒适性指标取指数函数的目的是，在严重不舒适的情况下大大增加舒适性指标在整个优化性能指标中的权重。

在 Matlab 环境下进行控制系统仿真，对于该单区域房间，从早晨 8 时到傍晚 20 时对 HVAC 系统进行控制，在此过程中假设负荷随外在环境不断变化，房间的温度在人们日常的工作时段内基本维持在 24～27 ℃之间，相对湿度也保持在 45%～60%之间，可以做到随外部环境参数的变化实时调整，既满足了舒适性的要求，又达到节省能耗的目的，且能克服干扰和不确定性的影响，具有较好的鲁棒性。

第6章 变风量空调系统控制

6.1 变风量空调概述

6.1.1 变风量空调的概念

变风量空调系统(VAV,Variable Air Volume Air-Conditioning System),20世纪60年代诞生在美国,随着建筑物自动化技术的发展和节能的要求,20世纪90年代中后期开始在我国的智能型大中型公用建筑中大量应用。变风量技术的基本原理很简单,就是通过改变送入房间的风量,来满足室内变化的负荷。由于空调系统大部分时间在部分负荷下运行,所以风量的减少带来了风机能耗的降低,提高了设备和系统的效能。

$$Q=c\cdot\rho\cdot L\cdot(t_n-t_s) \tag{6-1}$$

式中 c——空气的比热容[kJ/(kg·℃)];

ρ——空气密度(kg/m³);

L——送风量(m³/s);

t_n——室内温度(℃);

t_s——送风温度(℃);

Q——吸收(或放入)室内的热流量(kw),亦即冷却(或加热)的效果。

式(6-1)表明,为了吸收数量相同的室内热流量Q,可以设送风量L为一常数,改变送风温度t_s,t_s值越低,Q值越大,因此,可以利用改变送风温度t_s,以适应室内负荷的变化,维持设定的室温,这种方法就是过去应用最多的定风量系统。如果把送风温度设为常数,改变送风量L,也可以得到不同的Q值来维持室温不变。这样,用改变送风量的方法,以适应不同的室内负荷,维持室温恒定的空调系统称为变风量系统。单风管变风量空调系统是最简单、应用最为广泛的一种。其基本组成如图6-1所示。

变风量空调系统由变风量调节箱(VAV-BOX)、变风量空调机组和控制系统三部分组成。其中VAV-BOX根据控制区域的负荷变化,通过调节末端风阀的开度或调节加压风机的转速来控制房间的送风量,同时向空调机组控制器反馈VAV-BOX的工作状态,是变风量空调系统的核心设备之一。变风量空调机组需具有风量调节功能,采用变频器(VSD,Vatlable Speed Device),根据各VAV-BOX的要求来调节送风机的总送风量。

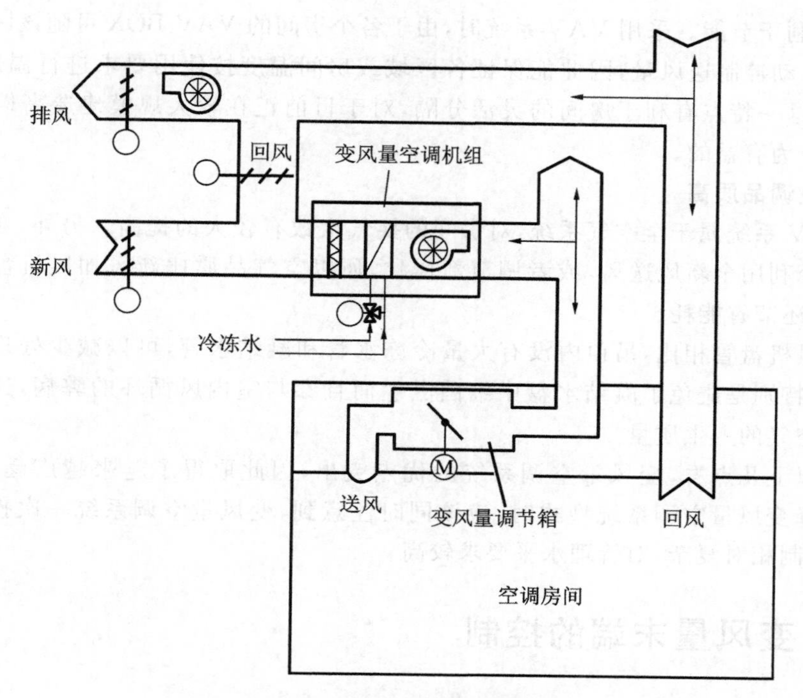

图 6-1　变风量空调系统组成

6.1.2　变风量空调的特点

从使用上来看,VAV系统实际上是综合了目前常用的全空气定风量系统和新风加风机盘管系统的使用特点,使其成为目前较为先进的空调方式。比较VAV系统的特点可以从两方面着手:一是与全空气定风量系统相比,二是与新风加风机盘管系统相比较。总结一下,有以下几个特点。

1. 节能效果明显

与定风量空调系统相比较,采用变风量的方法,可以节约再热量及与之相当的冷量。由于各房间内设置的VAV-BOX可以独立控制房间风量,计算空调系统总负荷时可以适当考虑各房间负荷发生的同时性,而不是像定风量系统那样,总负荷是各房间最大冷量或热量之和。这可以适当减少风机装机容量,降低能源耗量。当各房间的负荷减少时,各个末端的风量将自动减少,系统对总风量的需求也就必然会下降,通过适当的控制手段,可以降低风机的转速,使其能耗得以降低。

2. 控制灵活

通常,全空气定风量系统只能控制某一特定区域的温度。对于一个风系统带有多个房间,由于送风温度相同,送入房间的风量也相同,当各房间负荷发生变化时是不可能使所控制的每个房间温度都能进行控制,而只能控制某个主要房间的温度,或者在大多数情况下,控制一个综合的回风温度。这样势必造成部分房间过冷或过热,也不利于节能。采用 VAV 系统时,由于各个房间的 VAV-BOX 可随该区域温度的变化自动控制送风量,因此能保证各区域或房间温度按使用要求进行温度控制。基于此,这一特点有利于房间的灵活分隔,对于目前正在较大规模建造高档写字楼来说是极为有益的。

3. 空调品质高

VAV 系统属于全空气系统,对房间的换气次数有较大的提高。另外,在过渡季可以充分利用全新风送风,或者调节新风比,所以空气品质比新风加风机盘管系统好得多,还节省能耗。

与风机盘管相比,吊顶内没有大量冷冻水管和凝结水管,可以减少处理凝结水的困难,特别是避免了凝结水盘中细菌滋生而且参与室内风循环的弊病,这可以提高室内空气的卫生质量。

从以上几点看,变风量空调系统的优点突出,因此取得了越来越广泛的应用。但在选择变风量空调系统型式时,应该同时注意到,变风量空调系统一次投资有所增加,控制相对复杂,对管理水平要求较高。

6.2 变风量末端的控制

6.2.1 变风量末端的类型

VAV-BOX 目前有多种类型,不同类型在其控制原理和结构上存在明显的区别,其应用范围也是不一样的。

1. 节流型

图 6-2 为节流型变风量箱,是最基本的变风量箱,其他类型都是在节流型的基础上发展起来的,所有变风量箱的“心脏”就是一个节流阀,加上对阀的控制、调节元件以及必要的面板框架就构成了一个节流型变风量箱。其结构简单,工作可靠,控制也较为容易,因此是目前应用较多的一种。

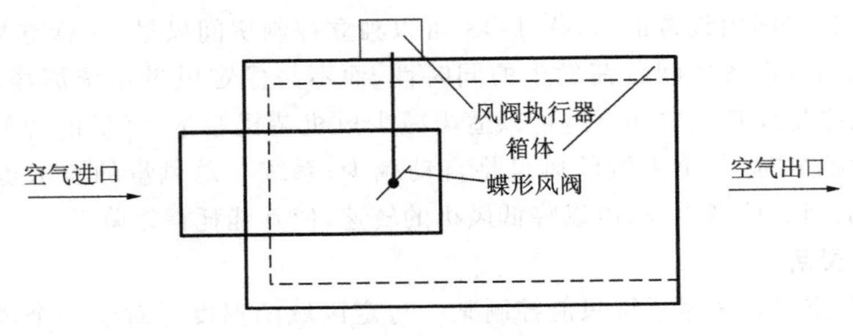

图 6-2 节流型 VAV-BOX

2. 风机动力型

如图 6-3 所示,风机动力型(FPB,Fan Powerd Box)根据室内负荷由温控器控制风阀以调节一次送风量，同时与室内回风混合后由风机加压送进室内。其特点是换气次数可基本保持不变。同时，由于增加风机，可使系统的送风机压头有所降低，可靠性得以提高。但其造价较高。

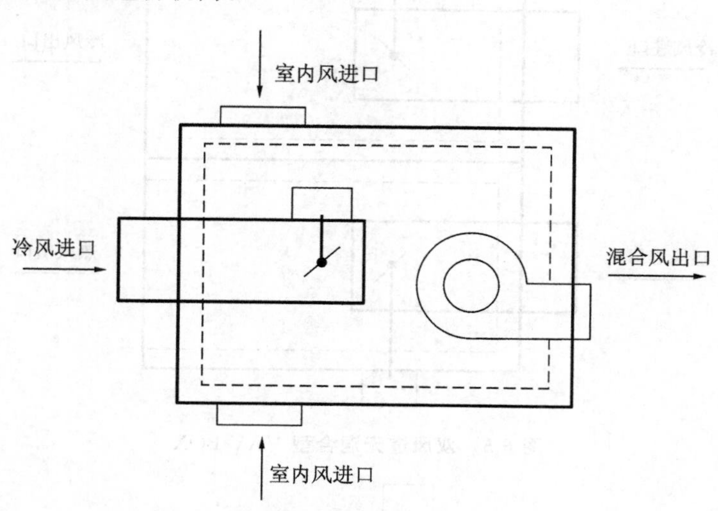

图 6-3　风机动力型 VAV-BOX

3. 再热型

如图 6-4 所示，与普通节流型相比，增加了一个空气加热器，此加热器可以是热水盘管，也可以是电加热器。对所服务的房间而言，它提供了一个独立的加热功能，可以使每个 VAV-BOX 就地独立地加热空气而不受整个风系统的影响，但增加了投资，经常作为建筑物的外区的末端设备使用。

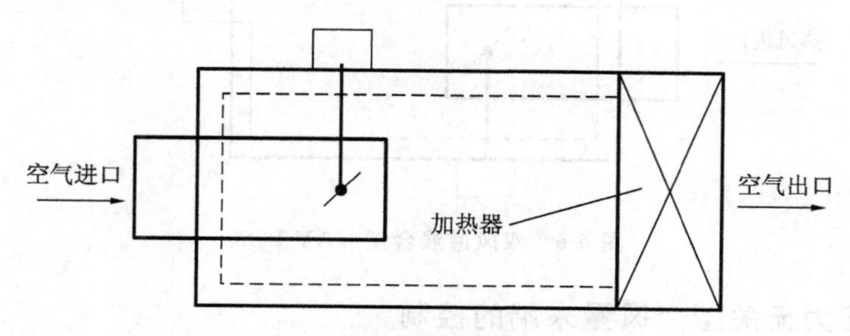

图 6-4　再热型 VAV-BOX

4. 双风道型

双风道有无混合型和混合型两种，如图 6-5 和图 6-6 所示。对于无混合型，它相当于两个风道并在一起，一个送冷风，而另一个送热风，且各自有独立的控制装置。此装置并不同时送冷热风。

对于混合型，通过温控器的综合作用，同时控制冷风阀和热风阀的开度，从而根据室温的要求实现对混风送风温度的控制。双风道型由于其初投资昂贵和控制复杂而较少得到使用。

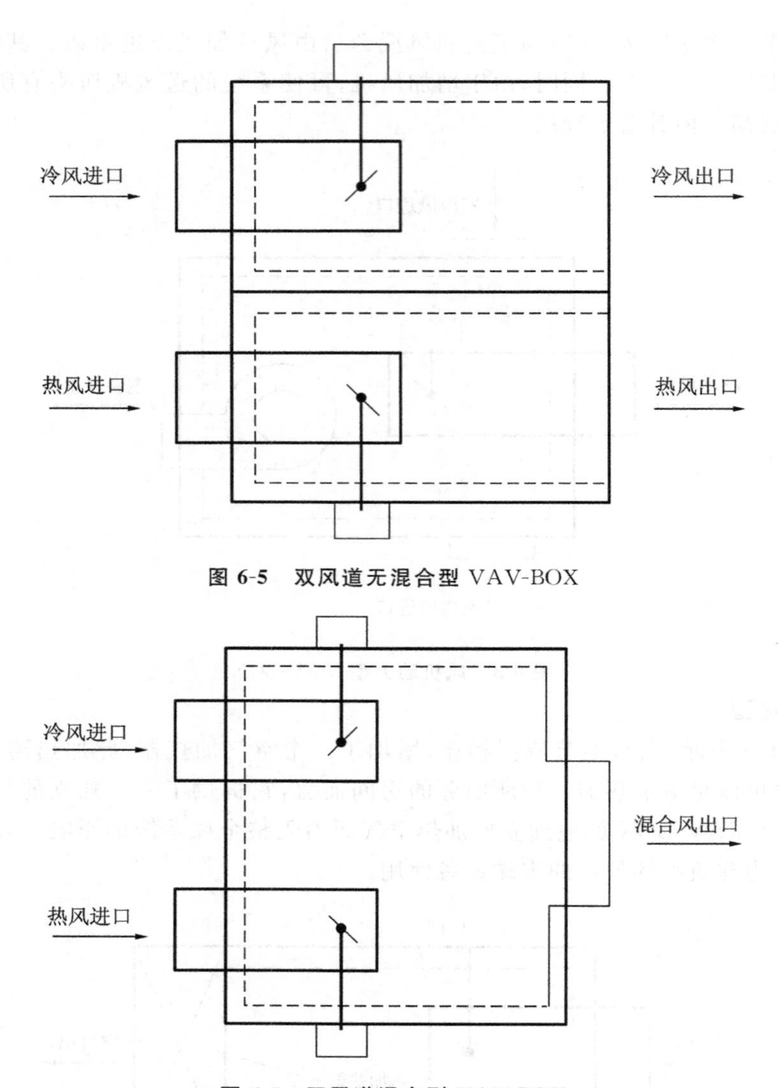

图 6-5　双风道无混合型 VAV-BOX

图 6-6　双风道混合型 VAV-BOX

6.2.2　压力无关型变风量末端的控制

变风量末端作为变风量空调系统中的关键装置，可以根据房间负荷的变化，自动调节送入房间的风量，从而保持房间温度的稳定。在我国实际工程中使用的变风量末端中，压力无关型变风量末端(Pressure-independent VAV-BOX)占主流地位。

1. 系统组成

该装置主要由智能室内温度传感器、电动风阀执行器、风阀、控制器、风速传感器和箱体等部件构成(见图 6-7、图 6-8)。

其箱体一般由 0.75 mm 以上的镀锌钢板经机械加工而成，内壁衬以保温性能良好的玻璃纤维层，电动风阀门通常采用蝶阀，阀中的节流板绕轴的开度有90°、60°、45°几种。风速传感器主要是用来测量空气流量，一般有超声波流量传感器、热线法和皮托管几种类型，其中皮托管应用最为普遍，安装在装置进口处采样。室内温度传感器和DDC控制器可以选择不同控制厂家的专用控制产品，但需要进行标定后使用。

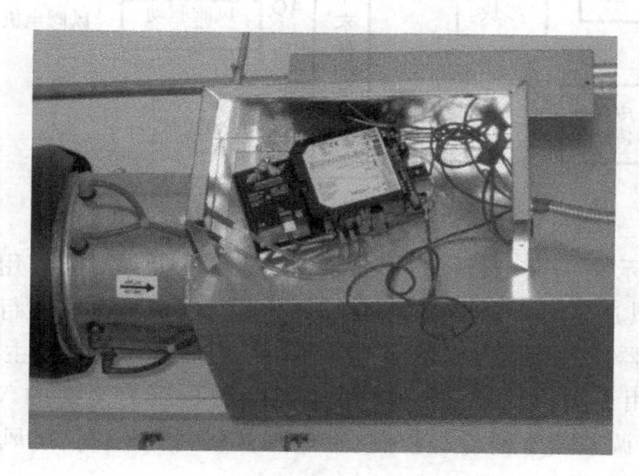

图6-7 压力无关型VAV-BOX外观

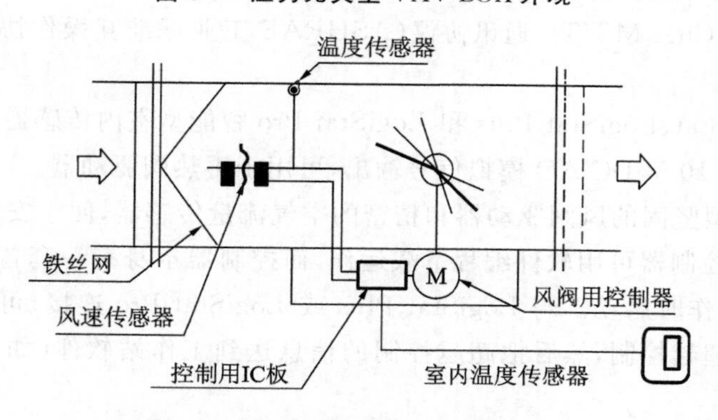

图6-8 压力无关型VAV-BOX组成

2. VAV-BOX专用控制器

VAV-BOX控制器一般内置流量传感器和风阀，是控制器、传感器和执行器一体化的装置。智能室内温度传感器连接10 K的热敏电阻，通过智能温度检测模块和A/D转换器转换成数字量对室内温度进行实时检测，还可以进行室内温度设定，通过串行通信协议与VAV末端控制器进行通信。空气流量传感器（皮托管）检测动压，通过风速检测模块转换成数字信号，经过程序运算计算出实时风量值。电源变换模块为测控系统提供24 V和5 V的交流和直流电源。2个模拟量输出模块（AO），通过D/A转换器和放大调理电路提供0～10 V的电信号，用于驱动风阀电机的正转、反转和停转，对应风阀门的开大、关小和维持三种状态。通信模块用来和其他控制器或上位计算机通信。VAV末端控制器中配置了CPU、FlashEPROM和

RAM,用来存储程序和数据和运行控制算法。VAV末端测控系统的硬件功能模块如图6-9所示。

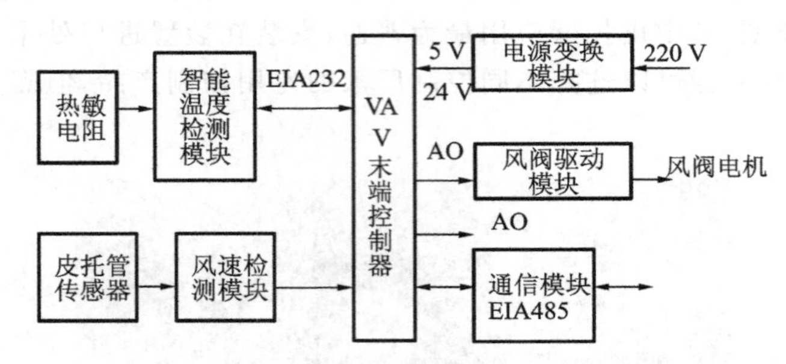

图6-9 VAV末端测控系统的硬件功能模块框图

如图6-10所示是美国ALC公司的U341V+控制器的外观,用于控制压力无关的VAV-BOX。其通信采用BACnet MS/TP协议,在双绞线上进行EIA-485串行通信;U341V+控制器通过路由器同网络上的其他控制器进行通信。主要特点如下所述。

①控制器采用了优化设计,适用于所有类型的与压力无关的VAV箱应用。为单一冷却控制、带调节热水的冷却控制、带电加热的冷却控制、定风量末端以及双风管VAV箱控制等提供优化设计。

②使用BACnet MS/TP通讯协议(ASHRAE工业标准互操作协议),光电隔离通信。

③与LogiStat、LogiStat Plus和LogiStat Pro智能型室内传感器相兼容。

④内置0~10 V DC AO模拟信号输出,可用于再热阀驱动器。

⑤内置小型坚固的风阀驱动器和精密的空气流量传感器,便于安装。

U341V+控制器可用软件编程下载运作,而控制器本身有一套备份内置参数演算,可在独立运作时启动。与LogiStat Plus或LogiStat Pro连接,可提供现场温度设定值调节和超越控制,然后把超越控制的信息送到工作站软件(如WebCTRL)用以计费。

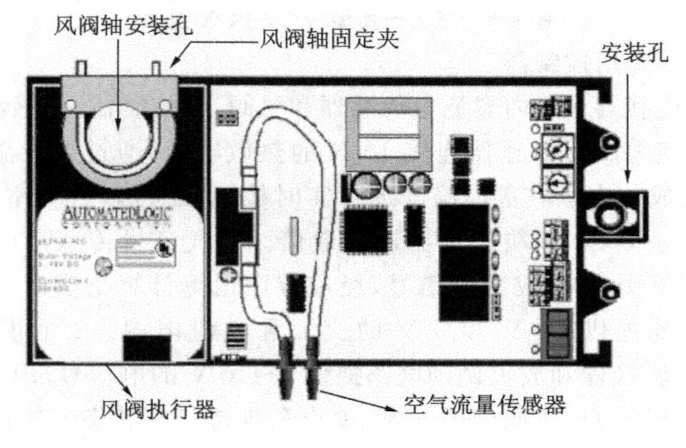

图6-10 U341V+控制器

3. 末端装置的控制原理与特性分析

1)控制原理

如图 6-11 所示，压力无关型变风量末端的控制原理本质上是个串级调节系统。根据室温测量值与设定值的偏差，经过 PID 主调节器的计算向风量控制回路给出设定风量，风量控制回路在根据风量设定值与风量传感器的测量值的偏差，经过 PI 副调节器的计算给出风阀阀位，从而驱动风阀动作，调节送风量，达到对室温的控制。

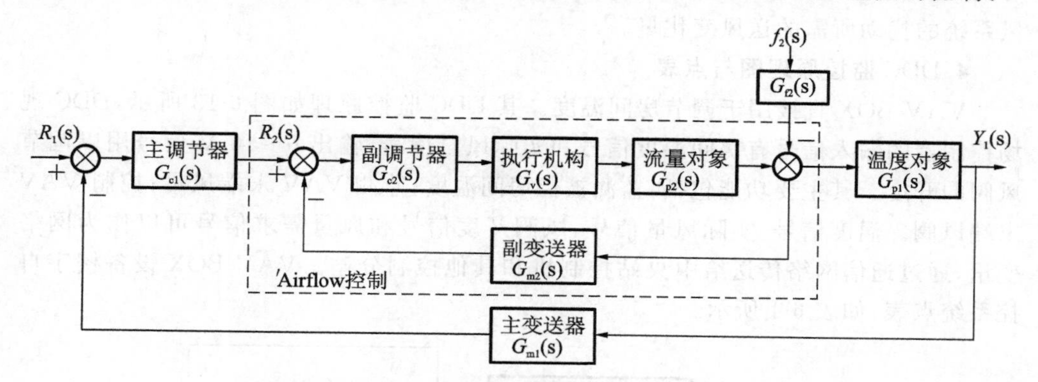

图 6-11　压力无关型末端装置控制原理框图

2)控制特性分析

如图 6-12 所示，变风量空调系统末端存在二次干扰，其主要来自于两个方面：一是变频送风机转速的动态变化，势必造成风机送风量和主风道静压(变静压系统)的不稳定性。但是，单个房间的冷负荷的变化幅度和速度与风机送风量的变化并不同步，也就是说当风机总送风量进行调整变化时，并不是所有空调房间的风量都需要同步调整，这就形成了二次干扰。二是变风量调节箱之间存在耦合关系，相互扰动引起了二次干扰。

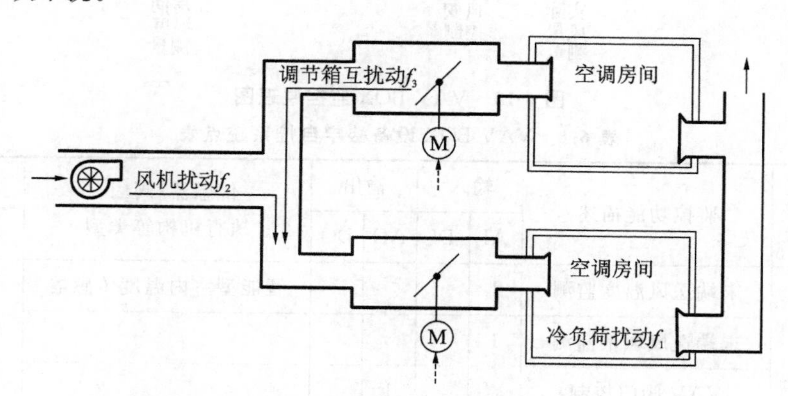

图 6-12　压力无关型末端装置扰动因素

压力无关型末端采用串级调节系统的突出特点，就是能够迅速克服二次干扰。主回路以房间温度为测控量，主要用于克服一次干扰即房间冷负荷的干扰。副回路以调节箱的风量为测控量,主要克服二次干扰。当二次干扰经过干扰通道后进入副环,首先影响副测控量,由于副回路测控具有通道短、滞后小、时间常数小的特性,对二次干扰可实现超前控制,于是副调节器抢先动作,力图削弱干扰对副测控量的影响。干扰经过副环的抑制后再进入主环,对主测控量的影响将有较大的削弱,剩下少量的干扰由主、副环共同控制,整个控制过程速度快,质量高。通过串级测控系统可使风阀开度的变化,既包含因克服冷负荷扰动所需的送风变化量,又包含克服通风系统的扰动所需的送风变化量。

4. DDC 监控原理图与点表

VAV-BOX 直接用于调节房间温度。其 DDC 监控原理如图 6-13 所示,DDC 现场控制器的输入信号有房间温度信号和实际风量信号,输出 0～10 V 信号用以调节风阀的开度。其主要功能包括:监测被控房间温度;监测 VAV 末端风量;控制 VAV 末端风阀。温度信号、实际风量信号、风阀开度信号和风量需求信号可以作为网络变量,通过通信网络传送给中央站控制机和其他控制分站。VAV-BOX 设备楼宇自控系统点表,如表 6-1 所示。

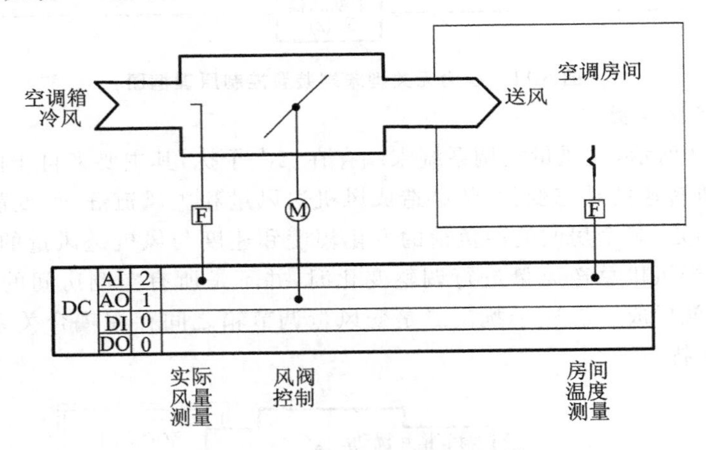

图 6-13　VAV-BOX 监控原理图

表 6-1　VAV-BOX 设备楼宇自控系统点表

受控设备	数量	监控功能描述	输入		输出		传感器/阀门/执行机构等类型	控制器
			AI	DI	AO	DO		选型
VAV箱	1	末端送风温度监测	1				智能型室内温度传感器	U341V+
		末端送风风量监测	1					
		VAV 阀门控制			1			
		点数小计	2	0	1	0		

6.3　变风量空调机组的控制

变风量空调机组与定风量空调机组相比，区别在于安装了变频送风机，通过一定的控制策略调节送风机转速，以改变送风量。由于风机电机的功耗与其转速的三次方成正比关系，故而当系统风量减少时，风机能耗降低很多。变风量空调机组的控制的难点在于变频送风机的控制和新风量控制。

6.3.1　变频送风机的控制

1. 定静压变温度控制法

定静压变温度控制法(CPT，Constant Pressure Variable Temperature)，又称之为定静压法。CPT 法的主要控制机理如图 6-14 所示：在保证系统风管上某一点(或几点平均)静压一定的前提下，室内要求风量由 VAV 所带风阀调节；系统送风量由风管上某一点(或几点平均)静压与该点所设定静压的偏差，通过反向 PID 运算，控制变频器的频率以调节风机转速来确定。同时还可以优化送风温度，优化送风温度的主要目的是减少送风机的能量消耗，当热负荷高的时候，供冷需求多，送风机转速提高，按一定规律适当降低送风温度可以减小对送风量的需求，降低转速，从而达到节能目的；当送风量降低到低限设定值的时候，为了保证卫生要求和送风机的特性，适当提高送风温度。

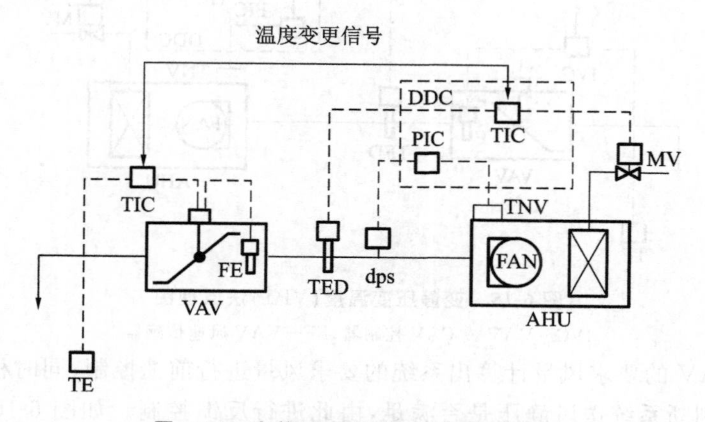

图 6-14　定静压变温度(CPT)法原理图

TE—室内温度传感器；TED—插入型送风温度传感器；dps—静压传感器；PIC—静压调节器；INV—变频器；TIC—温度调节器；MV—二通阀；FE—风速传感器；DDC—直接数字控制器

这种控制方式在欧美设计市场较为流行，是比较成熟的一种控制方法，是我国现阶段的常规应用技术。变风量空调系统中房间温度控制环节和空调机组温度及风量控制环节分开设置，控制比较简单。但是，由于系统送风量由某点静压值来控制，在实际工程中静压点的位置比较难确定，基本按照经验设定在主风道距送风机出口 2/3 处，如果送风干管不止一条，则需设置多个静压传感器，通过比较，用静压要求最低的传感器控制风机，这使得系统的初调节较困难。同时，压力测点的静压设定值设定在设计风量条件下所需要的资用压力，一般取 250～375 Pa 之间。而在实际的 VAV 系统的运行时间内，各个末端的实际风量均小于设计风量，这就使得静压设定值比实际的需要偏高，不可避免地会使得风机转速过高，而各 VAV 末端风阀为保证合适的风量又都处在一个较小的开启度位置上，从而增加了系统的阻力，达不到最佳节能效果。在一定的系统静压下室内的要求风量只能由 VAV 所带风阀调节，当阀门开度较小时气流通过噪声加大，影响室内环境。加上系统中必须设置的静压传感器，如采用高精度型则成本较高。

2. 变静压控制法

变静压变温度控制法(VPT，Variable Pressure Variable Temperature)，又称之为变静压法。它克服了定静压变温度法的上述缺点，于 20 世纪 90 年代后期在欧美开发并推广的。

其控制原理如图 6-15 所示。该控制方法弥补了 CPT 法能耗相对大、噪声高的缺点。它是在定静压控制运行的基础上，阶段性地改变风管中压力测点的静压设定值，在适应所需流量要求的同时，尽量使静压保持允许的最低值，以最大限度节省风机的能耗。

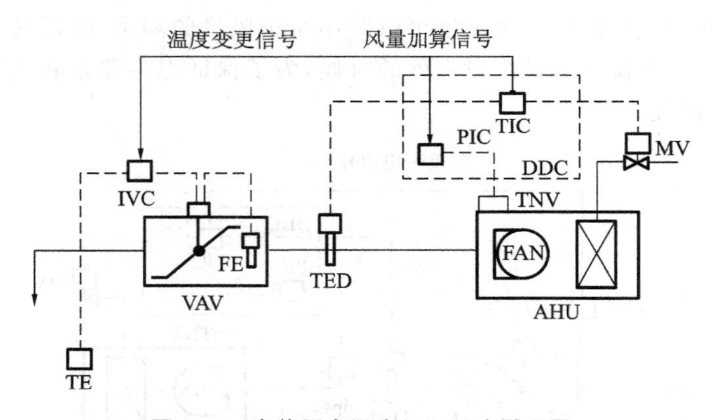

图 6-15　变静压变温度(VPT)法原理图

IVC—VAV 或 CAV 控制器；FE—VAV 风速传感器

由各 VAV 的要求风量计算出系统的要求风量进行前馈控制；同时根据各 VAV 的阀位开度判断系统送风静压是否满足，由此进行反馈控制。如图 6-16 所示，具体控制如下：首先，各末端风量的和得出系统的要求风量，由此风量值确定风机频率，即进行前馈控制；每个 VAV 末端均向静压设定控制器发出阀位信号，若有一个末端阀门全开，则认为系统静压不能满足此末端装置的风量要求，应提高系统静压的设定值，即提高风机转速；若全部末端阀门开度低于 85%，则表明此时的静压设定值偏高，系统提供的风量大于每个末端装置所需要的风量，此时应减少系统的静压设定值，即降低风机转速；若处于这两种情况之外，则表明静压满足末端装置的要求，锁定静压设定值，风机转速不变。这种方法具有很好的节能效果，但现在在我国应用较少，主要原因：一是主流的楼控产品没有开发便于组态的专用程序模块；二是系统调试难度大。

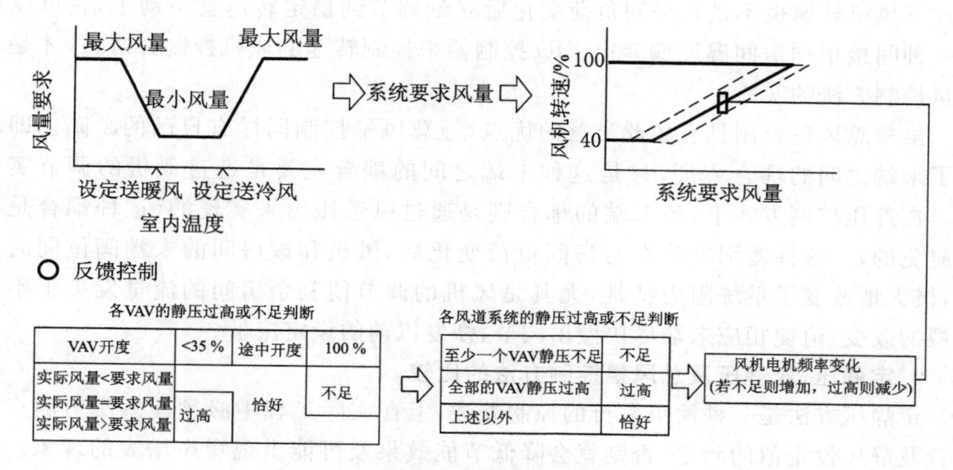

图 6-16 风机转速控制机理

3. 总风量控制法

根据风机的相似律，在空调系统阻力系数不发生变化时，总风量和风机转速是一个正比的关系，如式(6-2)

$$\frac{G_1}{G_2}=\lambda\frac{N_1}{N_2} \tag{6-2}$$

虽然设计工况和实际运行工况下系统阻力有所变化，但可将其近似表示为式(6-3)

$$\frac{G_{运行}}{N_{运行}}=\frac{G_{设计}}{N_{设计}} \tag{6-3}$$

根据这一正比关系，那么在运行过程中有一要求的运行风量，自然可以对应一要求的风机转速。如果说所有末端区域要求的风量都是按同一比例变化的，显然这一关系式就可以控制了。但事实上在运行时几乎是不可能出现这种情况的。考虑到各末端风量要求的不均衡性，适当地增加一个安全系数就可以实现风机的变频控制。

总风量控制方式在控制系统形式上具有比静压控制简单得多的结构。它可以避免使用压力测量装置，减少了一个风机的闭环控制环节，在控制性能上具有快速、稳定的特点，不像压力控制下系统压力总是有一些高频小幅振荡。此外，也不需要变静压控制时的末端阀位信号。这种控制系统形式上的简化，同时也带来了控制系统可靠性的提高。总风量控制在风机节能上介于变静压控制和定静压控制之间，并更接近于变静压控制。

总风量控制方式在控制特点上是直接根据设定风量计算出要求的风机转速，具有某种程度上的前馈控制含义,而不同于静压控制中典型的反馈控制。但设定风量并不是一个在房间负荷变化后立刻设定到未来能满足该负荷的风量(即稳定风量),而是一个由房间温度偏差积分出的逐渐稳定下来的中间控制量。因此总风量控制方式下风机转速也不是在房间负荷变化后立刻调节到稳定转速就不动了,它可以说是一种间接根据房间温度偏差由 PID 控制器来控制转速的风机控制方法,这才是总风量控制方法的实质。

虽然总风量控制具有如此显著的优点,但总风量控制同样有自己的缺陷。即增加了末端之间的耦合程度,只是这种末端之间的耦合主要是通过风机的调节实现的。在静压控制方式下,各末端的耦合则是通过风道压力来实现的(这种耦合是不可避免的)。这种差别反映在有房间负荷变化后,风机和该房间的末端阀位同时调节,极大地改变了系统阻力特性,尤其是风机的调节使其余房间的流量发生了不可忽视的改变,迫使相应末端尽快做出调节,恢复以前的设定流量。

4. 定静压、变静压及总风量控制方法的比较

定静压方法是一种简单易行的控制方法,但在实际工程中必须注意压力测点的布置及静压设定值的确定,否则就会降低节能效果及可能出现噪声增大的现象。变静压控制方法是节能效果最好的控制方法。但系统增加了阀位开度传感器,阀位信号须通过通信网反馈到静压控制器,控制方法较复杂。需要楼宇自动控制系统的高速网络的支持。总风量控制法的节能效果介于定静压和变静压方法之间。由于控制手段不采用压力控制,因此控制系统较稳定,是一种实用的风机风量控制方法。

图 6-17 是风机风量减少为设计风量的 60%时,在不同风机风量控制方法下风道的性能曲线的变化。风量减少时,定静压系统静压设定值与设计状态静压设定值保持不变,阀位减小的程度最大,管道系统阻力特性也随之发生变化,阻力系数增加最多;变静压的静压设定值为最小静压,VAV 末端的阀位开度较大,因此阻力系数增加较少;总风量控制方法下静压的设定值处于最大静压与最小静压之间,因此阀位也位于定静压和变静压方法之间,阻力系数也处于两者之间。从图 6-17 可以看到,设计风量为 Q 时,风机的转速为 N_1,定静压控制风机转速为 N_2,总风量控制风机转速为 N_3,变静压控制风机转速为 N_4。由此可看出为实现变风量系统节能的目标,变静压法转速、静压最小,总风量控制法介于变静压控制和定静压控制之间,节能效果最差的是定静压法。

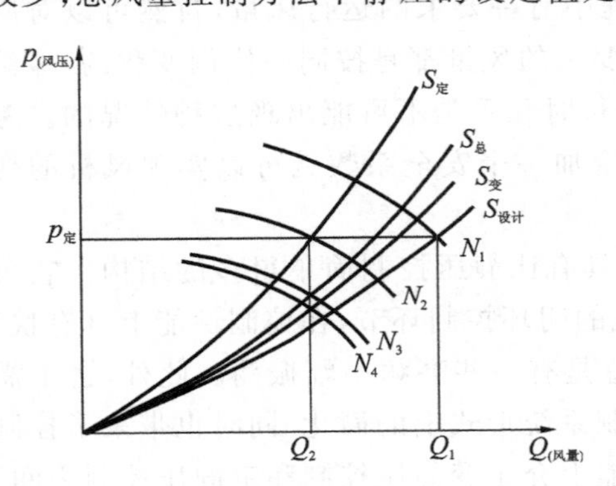

图 6-17 不同控制方法的工况分析

6.3.2　回风机控制

为了保证系统良好运行，除了对送风机进行变频控制外，还需对回风机进行相应的联锁控制，使回风风量与变化了的送风量相匹配，从而保证各房间不会出现过大的负压或正压。大多数情况下，回风量应小于送风量，但在空调区域有负压要求时则回风量应大于送风量，在实际工程中应根据系统的要求，确定送、回风量的差值。

由于直接测量每个房间室内外压差比较困难，因此常用的方法是根据送风机风量减去维持室内外压差所需风量的差值调节回风机的转速。这实际上就要得到送风机和回风机的流量，有三种方法可以得到流量数据：①在送风管和回风管安装风速传感器，由平均风速乘以风管截面积得到风量；②在空调机组的送、回风机进出口设压差传感器，再根据风机特性曲线得到风机风量；③将送风机的供电频率信号输入回风机变频器，再通过变频器器参数设定，可使回风机的供电频率比送风机的供电频率高或低一个设定差值。

采用前两种方法需将风速或压差传感器的信号输入现场控制器，经控制运算后，通过 1 路 AO 通道调节回风机的转速。采用第三种方法只需将现场控制器的对送风机的控制输出送入回风机变频器，再经相关参数的设定，就可以实现回风机跟随送风的送风量的变化而变化。

另外，控制器通过 1 路 DO 通道控制回风机的启停，将回风机主电路接触器的辅助常开触点信号作为回风机的运行状态（DI 信号）、主电路热继电器的辅助触点信号作为回风机过载停机报警（DI 信号）以及手动/自动状态（DI 信号）输入至现场控制器。

6.3.3　变风量空调中的新风控制

变风量系统送风量在运行过程中随着负荷的减小而不断减少，如果不进行控制，则新风量也将随送风量成比例减少，在负荷很低的情况下，就有可能造成变风量空调系统内某些分区新风量不足，室内空气品质恶化。反之，当送风量在运行过程中 随着负荷的增大而增加，如果不进行控制，新风量也将随送风量成比例增加，造成变风量空调系统能耗的增加。因此，变风量空调系统的新风是影响变风量空调系统运行性能的重要因素之一。下面介绍几种工程中采用的控制方法，以供参考。

1. 风机跟踪控制法

风机跟踪控制法的控制原理是，送风机的送风量减去回风机回风量等于新风量，并维持其不变，等于常量。这样，在 VAV 系统运行期间不论送风量如何变化，跟踪调节回风量，保持两者之差不变即维持新风量不变，如图 6-18 所示。因此，要求同时测量送风机和回风机的风量，控制送风量和回风量的差值，从而间接控制新风量。

这种方法在理论上是合理的,但关键问题在于测量精度问题,当新风比较小时,送风机和回风机风量的测量误差将明显影响到新风量的大小,当新风比为10%,送风机和回风机风量的测量误差为1%时,新风量的最大误差将达到19%。另一方面,由于在空调机房内的新风管不易满足风量精确测量要求的直管段长度,送风机和回风机风量的测量误差有可能达到20%~35%,因此风机跟踪法实际的效果与理论上的推断有一定的差距。

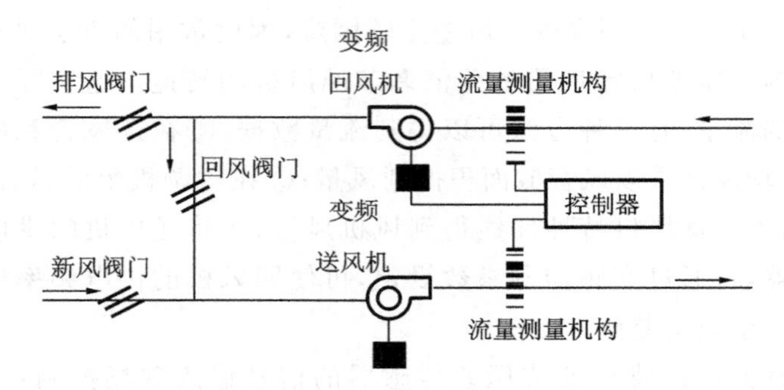

图 6-18　风机跟踪控制法示意图

2. 检测新风量法

这是目前使用的最简单的变风量系统新风量控制方法。该方法在室外新风的引入口设置了一个检测点,通过空气流量传感器直接对新风流量进行测量,来调节新风阀门的开度。这看起来比风机跟踪法直接了许多,理论上应该达到较好的控制效果。然而,由于新风流速较低,很难做到在新风量从最大一直变到最小的整个范围内都能精确地测量新风流量。另外,新风通过新风阀时因卷入、变向而形成湍流和管道内部速度剖面等因素的影响也都会降低流量测量的精确。所以,这种方法的测量误差较大,在实际应用中也难以精确地控制最小新风量,对节能也是不利的。

3. 旁通风机法

这种方法在原有的新风管道的旁边平行的引入一条旁通风道,其中的旁通风机在系统需要新风的任何时刻,都处于运行状态,确保在任何时刻提供所需的最小新风量,如图6-19所示。旁通管道的尺寸设计应使得旁通风量易于测量机构精确测量。这就克服了前面所说的固定截面积的测量机构难以在新风量的整个变化范围内精确测量流量,并且造成送风机上的能量损失的缺点,所以这种方法与前一种方法相比大大提高了控制精度。但是,这种方法也存在着不足。例如:需要铺设额外的管道,结构复杂,对已有的系统不易于改造等。

4. 压差检测法

压差检测法的原理是通过压差传感器DPI测量新风遮板和阀门前后的压力差来控制回风阀门。其新风阀门的最小位置是按照在最大送风量时所需要的最小新风量的标准来设置的,并在系统运行过程中始终保持不变。当送风量减小时,新风遮

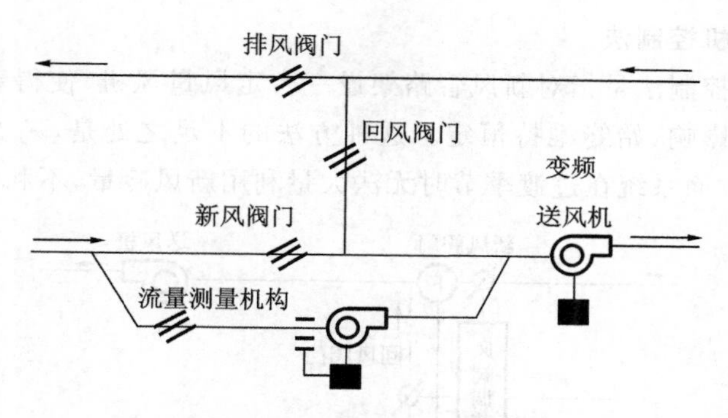

图 6-19　旁通风机法示意图

板和阀门前后的压力差将会降低，控制系统就调整回风阀门的开度，减小回风量，以维持所需的新风量不被减小，其结构如图 6-20 所示。这种方法在大量的实践工程中已经被证明可以达到很高的控制精度。这种控制方式的优点有两个方面。一是能量损耗小。在最大送风量工况下，并没有带来额外的系统压降，在送风量减少时，调整回风阀门也只有很小的能量影响，因为遮板增加的阻力只是维持压差设定值所需要的，其典型的取值通常在 45 Pa 左右。二是实用性强。在有或没有回风机的系统中都可以使用，而且无论是新系统的安装还是对已有系统的改造都很方便。基于上述的优点，这种压差检测法在国外已经逐渐被广大工程师们所接受，应用得越来越广。

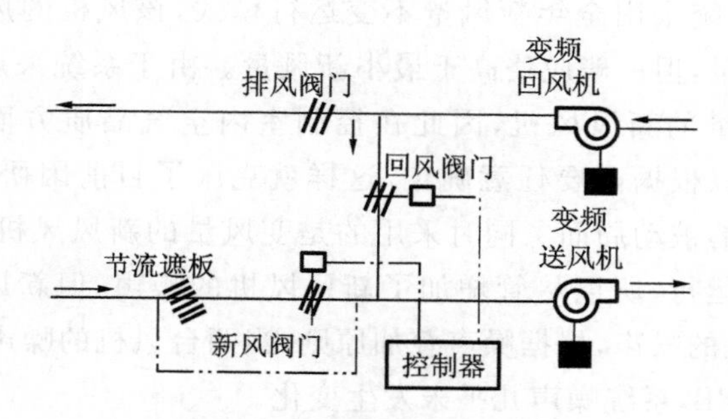

图 6-20　压差检测法示意图

5. CO_2 浓度监测控制法

CO_2 浓度监测控制法是在回风管道中设置 CO_2 浓度检测仪器检测 CO_2 浓度。通过 CO_2 变送器转换成电信号传送给控制器，调节新风阀开度，以保持系统所需的最小新风量，其结构如图 6-21 所示。这种控制方法虽然简单易行，但是不足之处在于不适合于人员密度较低的场合。因为当人员在室率很低时，不能控制非人为因素产生的其他有害物质所需的最小新风量。空气质量包含很多因素，如 VOC 浓度等，从而引起 IAQ 问题。所以，CO_2 浓度控制法在空调的发展中有一定的局限性。有待于进一步研究开发出空气综合质量传感器，通过此信号来调节新风量以满足要求。

6. 定风量风机控制法

定风量风机控制法是指对新风管路架设一台定风量风机,使得新风量在送风量变化时不会受到影响,始终维持恒定。这种方法的不足之处是,一方面会造成系统能耗增加,另一方面系统在过渡季节时无法大量利用新风冷量,不利于系统的节能。

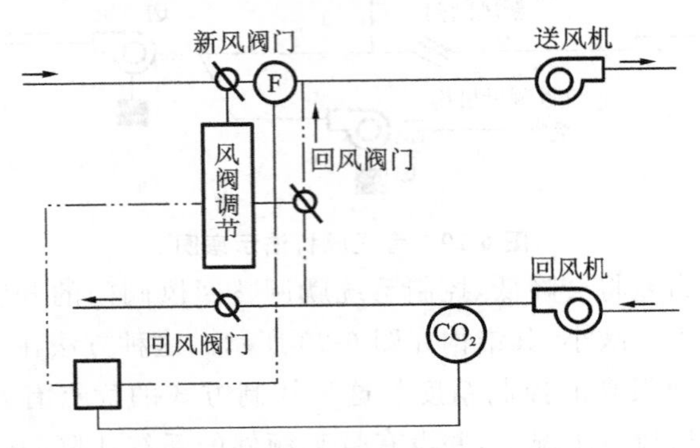

图 6-21　CO_2浓度监测控制法示意图

7. 多风机变风量系统(MVAVA)新风量控制法

多风机变风量系统(MVAVA)新风风量控制法的基本原理是,在新风风管内安装独立的变风量新风风机,如果空调系统过渡季节采用新风冷却运行模式,该风机的最大风量即为全新风冷却时所需要的新风量,最小风量即为满足卫生要求的最小新风量;如果空调系统采用全年新风量不变运行模式,该风机的风量就是为满足卫生要求的最小新风量,但一般应略高于最小新风量。由于系统采用的最小新风量控制方法采用了变风量的新风风机,因此在控制室内空气品质方面具有很大的灵活性。最小新风量可以根据需要任意确定,这样就克服了目前因研究不够,导致的最小新风量取值变化的被动局面。同时采用的是变风量的新风风机,风机绝大部分时间都是在低速度下运行,所以尽管增加了新风风机的噪声,但新风风机的噪声明显低于系统送、回风机的噪声,根据噪声叠加原则,当两台风机的噪声差值超过9 dB,噪声增加值小于 0.5 dB,系统噪声几乎未发生变化。

6.3.2　变风量空调机组监控原理图与点表

变风量空调机组中的各控制环节与一般的定风量空调机组基本一致,包括送回风温湿度监测、新风温湿度监测、过滤器报警、防冻保护、新/回/排风阀门控制、加湿器控制、送风温度控制和送风机控制等。其特殊点在于采用了变频送风机,针对变频风机的控制,变频器接受 0～10 V 的 AO 信号以控制风机转速,变频器发出频率监测 AI 信号和故障报警 DI 信号给 DDC,同时在主送风干管 2/3 位置安装了静压传感器。变风量空调机组监控原理图如图 6-22 所示,变风量空调机组楼宇自控系统点表如表 6-2 所示。

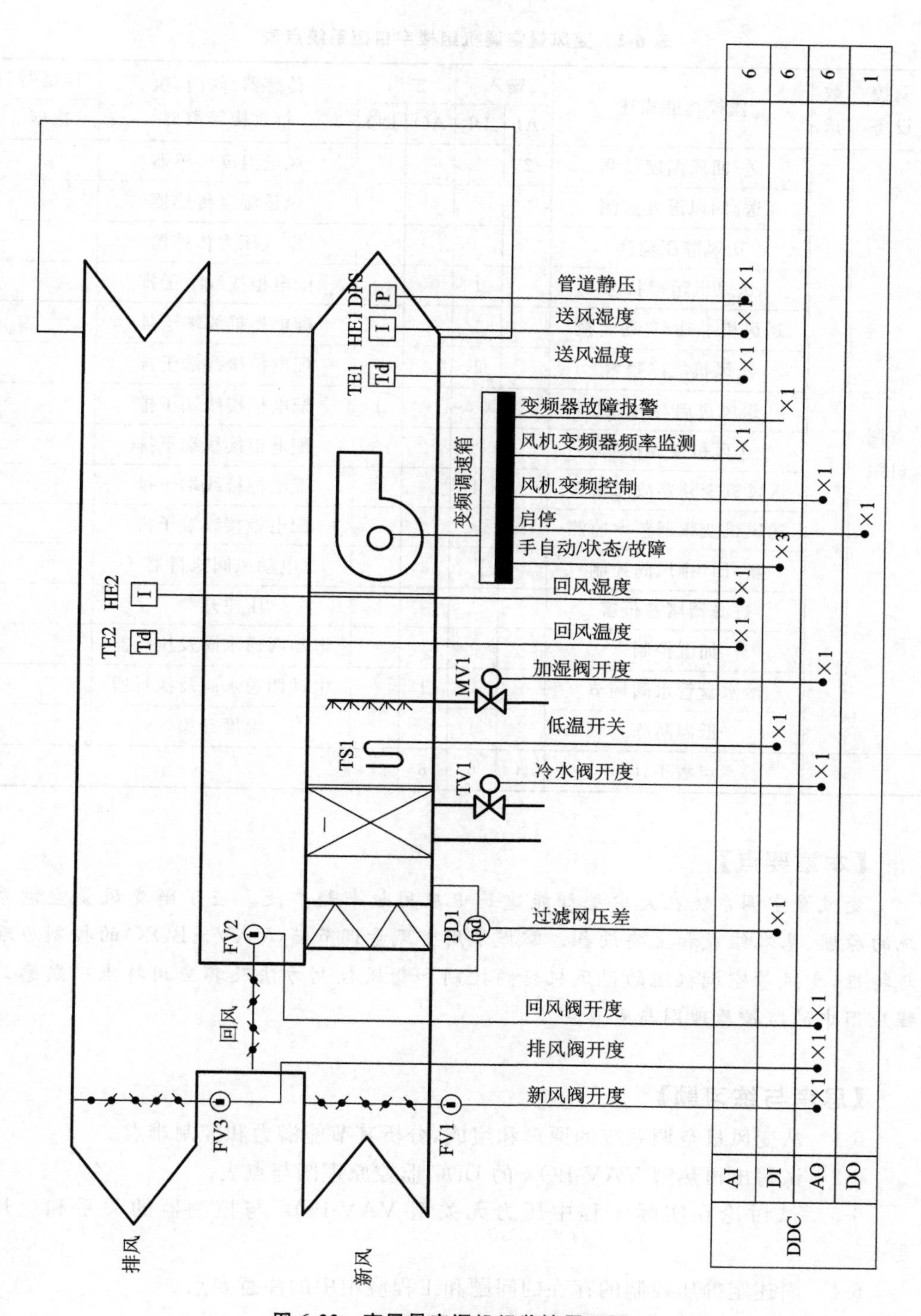

图 6-22　变风量空调机组监控原理图

表 6-2　变风量空调机组楼宇自控系统点表

受控设备	数量	监控功能描述	输入		输出		传感器/阀门/执行机构等类型	控制器
			AI	DI	AO	DO		选型
空调机组	1	送/回风温度监测	2				风道温度传感器	
		送/回风湿度监测	2				风道湿度传感器	
		送风静压监测	1				空气压力传感器	
		送风机运行状态		1			配电柜接线端子排	
		送风机手动/自动转换		1			配电柜接线端子排	
		送风机故障报警		1			配电柜接线端子排	
		送风机启/停控制				1	配电柜接线端子排	
		送风机变频控制			1		配电柜接线端子排	
		送风机变频器故障报警		1			配电柜接线端子排	
		送风机变频器频率监测	1				配电柜接线端子排	
		新/回/排风阀控制			3		电动风阀执行器	
		过滤器堵塞报警		1			压差开关	
		加湿控制			1		电动两通水阀及执行器	
		冷水盘管水阀调节			1		电动两通水阀及执行器	
		低温防冻		1			温度开关	
		点数小计	6	6	6	1		

【本章要点】

变风量空调系统在大中型智能建筑中应用越来越广泛。应了解变风量空调系统的原理、基本组成和主要设备。掌握常用变风量调节箱(VAV—BOX)的控制原理与特性,变风量空调机组的送风机变频控制和新风控制方法及其应用特点。熟悉工程应用中的监控原理图与点表。

【思考与练习题】

6-1　从变风量空调系统的原理和组成,分析其节能潜力和控制难点。

6-2　试写出再热型 VAV-BOX 的 DDC 监控原理图与点表。

6-3　试讨论在实际工程中压力无关型 VAV-BOX 与控制器的关系和应用要点。

6-4　简述定静压控制的存在的问题和工程应用中的注意要点。

6-5　写出变风量空调机组监控的基本内容。

【深度探索和背景资料】

基于按需供冷和末端调节的 VAV 控制策略

1. VAV 系统控制策略的发展和现状

供热通风与空调(HVAC, Heating Ventilation and Air－Conditioning)设备的控制算法是楼宇自动化系统的要害部位之一。

VAV 空调系统问世以来,其控制系统的发展经历了三个阶段:第一阶段,定静压定温度法,20 世纪 80 年代开发;第二阶段,定静压变温度法(也称定静压法),20 世纪 90 年代前期开发;第三阶段,变静压变温度法(也称变静压法,最小静压法),20 世纪 90 年代后期开发。1998 年提出了风机总风量控制方法。此外,国外一些建筑已将神经网络成功地应用于空调及能量管理系统,采用人工神经网络控制器对空调系统进行全局协调控制,我国人工神经网络控制在 VAV 系统中的应用尚处于理论仿真研究阶段。

在我国实际工程中应用的控制算法,以定静压变温度法为主,总风量法在少数国产品牌的控制系统中得到部分应用。主要原因是现在主流的 BA 系统都是国外品牌的产品,控制装置基本上都不提供变静压和总风量的控制算法,需要控制人员现场编程、调试,难度和工作量都很大。

美国作者 T. B. Hartman 在自己的著作中提出了 TRAV-Terminal Regulated Air Volume 的新概念,引起了专业人员的重视。TRAV 通过调节风量来创造舒适环境。TRAV 基于末端装置实时的风量需求,采用更先进的控制软件,实施对风机的控制。日本山武公司(YAMATAKE)提出根据每个 VAV 装置的要求风量及风阀开度状态控制空调机组风机的转速。

2. 按需供冷和末端调节的控制策略原理

按照需求供冷(Cooling On Demand)是指在满足用户对冷量需求的条件下,对供冷设备实行节能控制,控制系统利用网络控制技术,对末端设备、冷水用户和冷源进行监控,冷需求和用冷时间请求呈链状传递(见图 6-23)。

图 6-23　按需供冷控制框图

末端 VAV BOX 根据控制区域温度及风阀的开度状况,计算冷需求和用冷时间请求,传递给上级空调机组;空调机组根据下级冷需求设定送风温度,根据下级用冷时间请求来确定是否启动空调机组并对上级冷源提出用冷时间请求,根据实际送风温度及盘管水阀开度状况计算对上级冷源的冷需求;冷源统计来自所有冷水用户的冷需求和用冷时间请求,来确定是否启动制冷机,重新设定冷冻水的供水温度,或调整加压泵的转速。

末端调节控制(TRAV)是指根据空调房间的工作状况、末端装置实时的风量需求和风阀门开关状态，采用先进的控制软件，直接对送风机的控制。具体控制方式为根据 VAV 末端风量测定值总和与风量设定值总和之差，按 PID 算法，对风机变频器并进而对风机风量进行反向前馈控制。采集 VAV 末端的风阀全开和全关个数，如果所有风阀全关，则对风机频率进行反向反馈调节，即减小风机变频器频率；如果最少有一个风阀是全开，则对风机频率进行正向反馈调节。末端调节控制控制原理如图 6-24 所示。

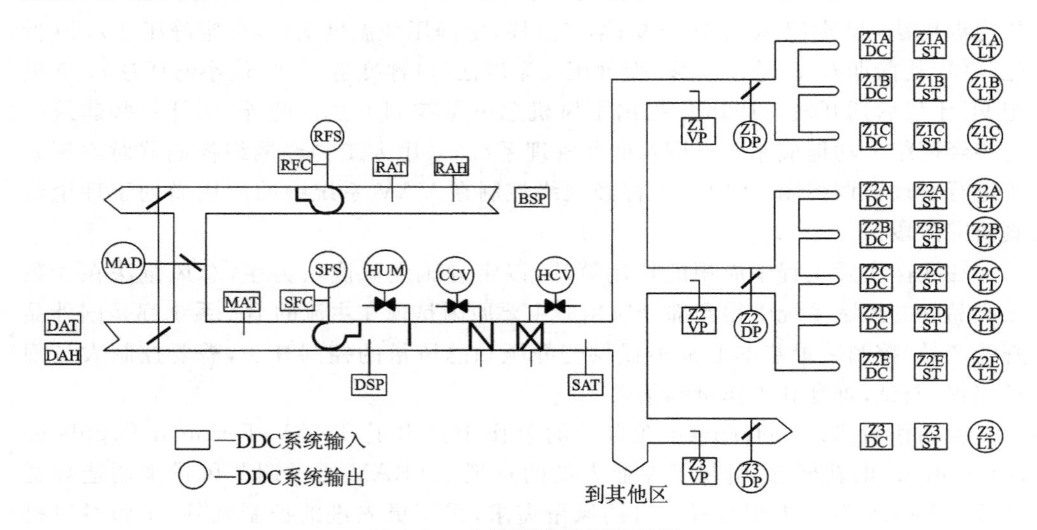

图 6-24　末端调节控制原理图

LT—使用按钮；ST—室内智能温度传感器；OC—占用传感器；DP—风阀；VP—流量传感器；
SAT—送风温度传感器；CCV—冷水阀；HCV—热水阀；HUM—加湿器阀；
OAT/OAH—新风温湿度传感器；RAT/RAH—回风温湿度传感器

第7章　冷热源与供热系统监控

采暖空调的冷热源系统一般以制冷机组、热泵机组、锅炉、汽-水/水-水换热器为主体，并配以水泵、冷却塔、膨胀水箱等设备，通过管道及阀门等管件将这些设备按工艺要求连接而成的。冷热源系统的主要功能是向采暖或空调末端提供符合水温要求和流量要求的冷/热水，并能根据末端的冷热需求量调节供冷/供热量，使供需达到平衡，节省运行能耗。

冷热源系统的运行控制可以分为三个层次：一是正常运行；二是节能运行；三是优化运行。第一层次是保证冷源系统安全正常运行，对冷源系统基本参数进行测量，实现对设备的启停控制和保护，这是控制系统的最重要的层次，必须可靠实现。第二层次和第三层次是充分发挥楼宇自控系统的优势，在保证"正常运行"的基础上，通过合理的控制调节，节省运行能耗，提高冷源效率，这是控制系统追求的目标，是实现建筑节能的重要途径。

由于建筑物的冷热源与供热系统设备较多，监控内容较复杂，本章按设备系统的组成将其划分为冷冻水系统监控、冷却水系统监控、冷机台数控制、冷冻站设备顺序启停控制、锅炉监控、换热站系统监控、供热系统监控等控制单元，介绍其基本控制原理与方法。

7.1　冷冻站设备顺序启停控制

中央空调的核心任务就是把空调房间的热量释放到室外大气中，热量传递过程是室内冷负荷→空调末端装置→冷冻水系统→制冷系统→冷却水系统→室外空气。由于冷冻水系统、制冷系统和冷却水系统的设备相对集中，这部分也叫冷冻站系统。如图7-1所示，冷冻站系统的主要设备包括冷水机组、冷冻水泵、冷却水泵、冷却塔及其他附属设备。为了保证冷冻站设备安全运行，每次系统启/停时都需要按照一定的逻辑顺序依次开启或关闭相应的设备。

系统的启动过程为依次逐渐打开冷水机组冷冻水和冷却水出水干管上的电动蝶阀（时间为2～3 min，以免对正在运行机组造成冲击）；然后启动冷却塔风机→冷却水泵→冷水泵→冷水机组；在每个设备启动时，需要判断冷却塔风机、冷水泵、冷却水泵是否正常启动，水流开关动作是否正常，如果出现异常，则发出报警信号，如果正常则发出开启冷水机组信号，机组自检，如果符合开机条件，机组投入运行。各个设备在顺序启动和停止的时候会有一定的延时。

系统的停机过程为发出停止冷水机组信号，机组执行内部关机程序，机组停止运行；延迟3～5 min后停止冷却塔、冷水泵、冷却水泵；关闭对应机组的冷水出水管、冷却水出水管以及对应冷却塔进出水管上的电动阀。控制流程如图7-2所示。

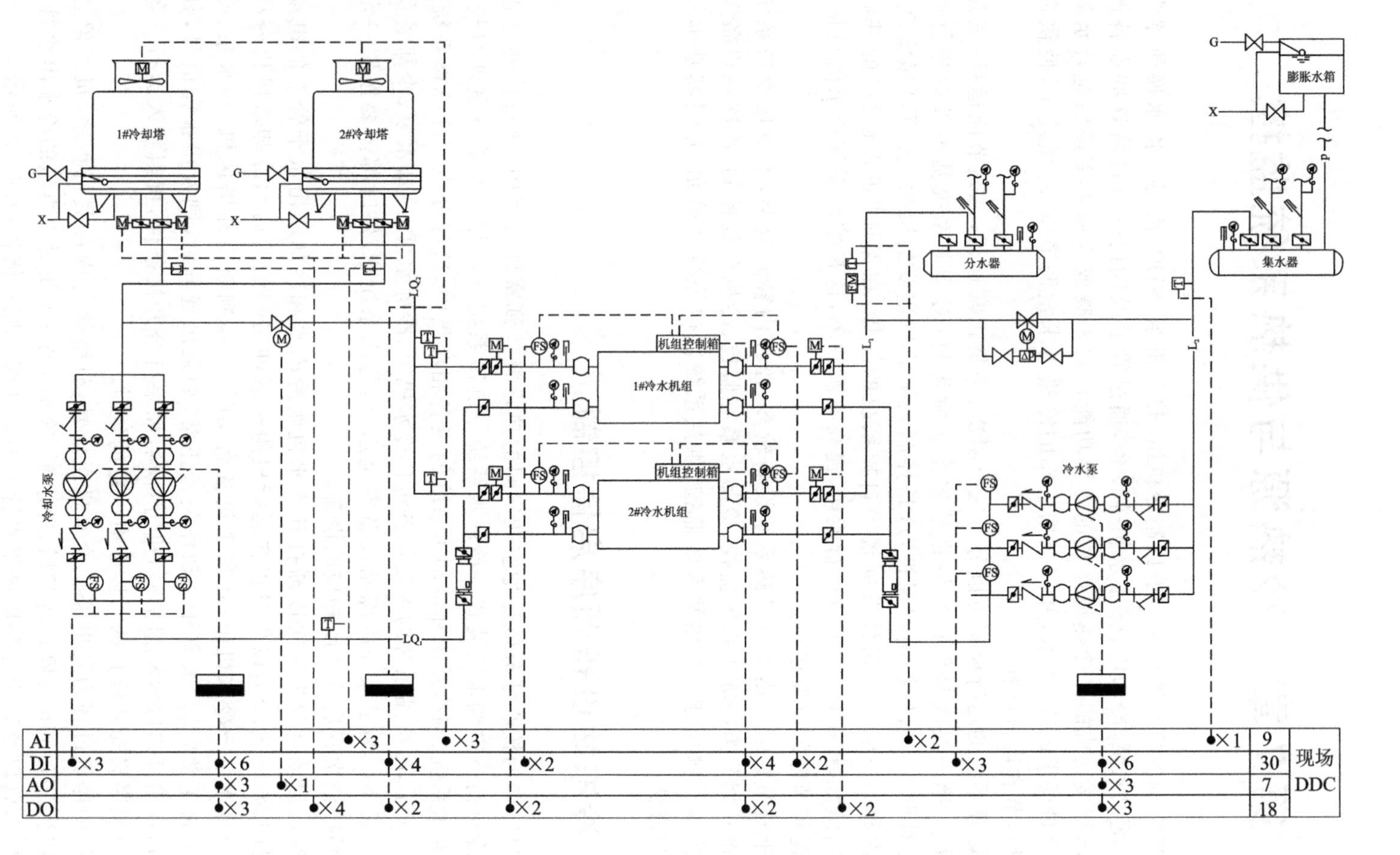

图 7-1 冷冻站系统流程图

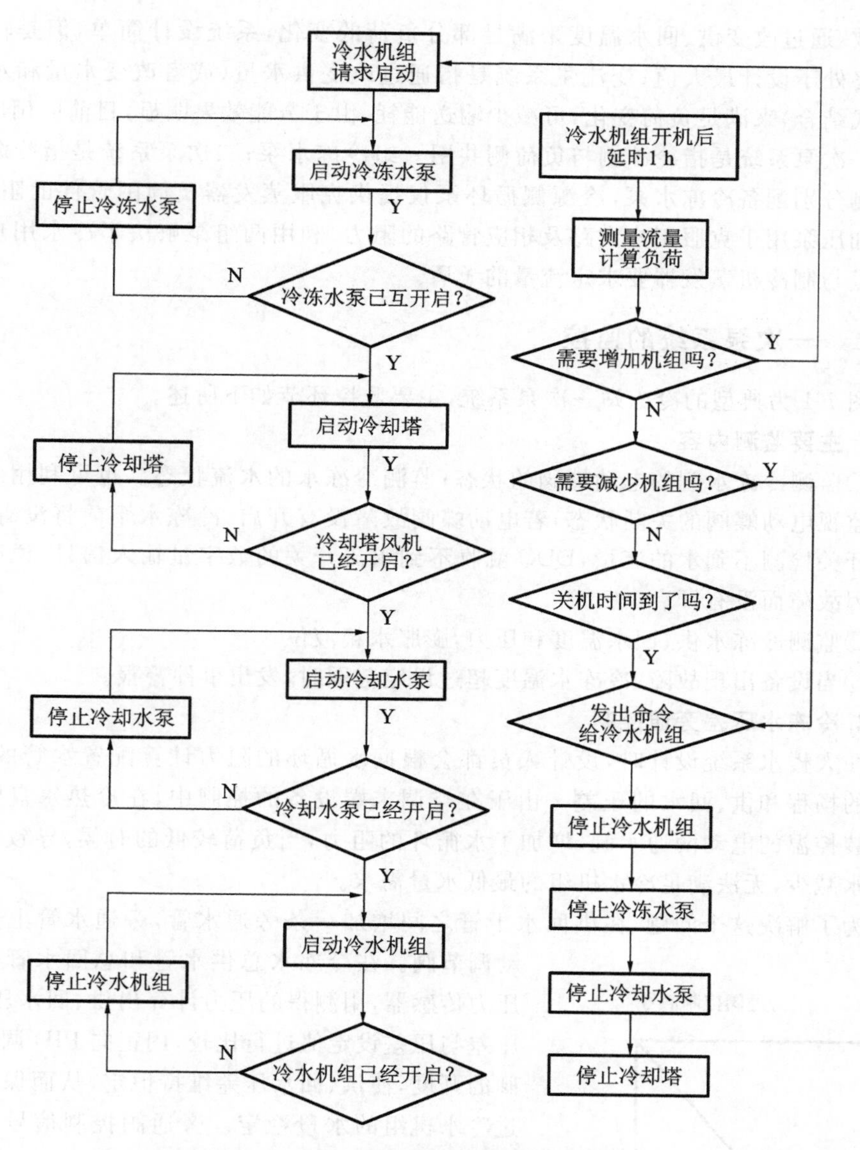

图 7-2 冷冻站设备顺序启停控制流程图

7.2 冷冻水系统的监控

冷冻水系统可以设计成不同的类型，按水系统输配管路中的水流量是否变化可分为定流量系统和变流量系统，按循环水泵的设置方式分为一次泵系统和二次泵系统。

定流量系统是指所有在线的制冷机组合后的流量不变，根据负荷调整冷机的工作台数,通过改变供、回水温度来满足部分负荷的变化,系统设计简单,但是输送能耗始终处于设计最大值;变流量系统是指通过改变供水量(或者改变水量和水温两种方式结合)来满足负荷变化,可减少输送能耗,由于节能效果明显,目前应用广泛。

一次泵系统是指冷源侧与负荷侧共用一组冷冻水泵;二次泵系统是指冷源侧与负荷侧分别配备冷冻水泵,冷源侧循环泵仅提供克服蒸发器及周围管件的阻力,负荷侧加压泵用于克服用户支路及相应管路的阻力,利用两组泵解决了冷水用户要求变流量与制冷机蒸发器要求定流量的矛盾。

7.2.1 一次泵系统的监控

图 7-1 为典型的冷冻站一次泵系统,主要监控环节如下所述。

1. 主要监测内容

①监测冷冻水侧的电动蝶阀的状态;监测冷冻水的水流状态。也可利用水流开关来监视电动蝶阀的关断状态,若电动蝶阀故障没有开启,冷冻水泵前将没有水流,水流开关检测不到水的流量,DDC 就收不到水流开关的数字量输入信号,说明电动蝶阀因故障而没有开启。

②监测冷冻水供、回水温度和压力,膨胀水箱液位。

③当设备出现故障,冷冻水温度超过设定范围时,发出事件警报。

2. 冷冻水压差旁通控制

在大楼水系统设计时,设计人员都会根据水循环的阻力计算配置水管的口径,水泵的扬程和供、回水的压差。由于在空调末端设备的控制中,在冷热水盘管上经常加装控温的电动两通水阀,增加了水循环的阻力,当负荷较低的时候,导致压差加大回水减少,无法满足冷水机组的最低水量需求。

为了解决这个问题,在供回水干管之间增加一条旁通水管,旁通水管上安装电动调节阀。在冷冻水总供水管和总回水管上设有压力传感器,用测得的压力计算出供、回水压差,将压差与压差设定值进行比较,用正向 PID 调节旁通阀的开度,使供、回水压差维持恒定,从而保证了流过冷水机组的水量稳定。旁通阀控制信号曲线如图 7-3 所示,压力传感器的接管应尽可能靠近旁通阀两端并应设于水系统中压力较稳定的地点,以减少水流量的波动,提高控制效果。压力传感器精度应以不低于控制压差的 5%～10%为宜。压差 ΔP 的设定值应为系统最大负荷时的供、回水压差,但这个设定值需要经过反复调试后才能确定,而且还需要根据季节的变化进行适当调整,因此给系统运行管理带来较大的困难。

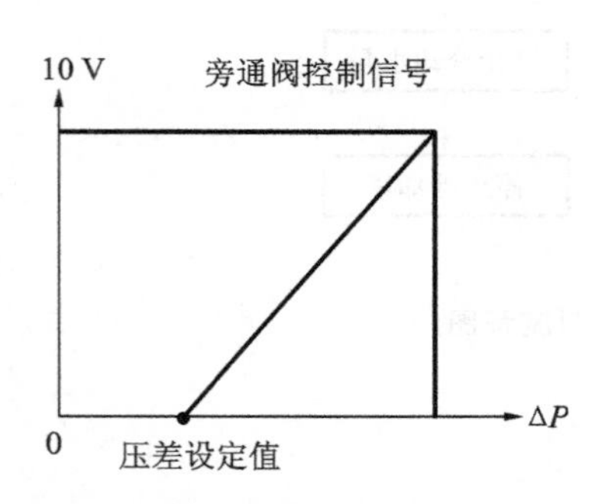

图 7-3 旁通阀控制信号曲线图

3. 冷冻水泵组的控制

在中央空调系统中，循环水泵一般都有备用泵，常见的有一用一备、二用一备等。系统监测冷冻水泵的运行状态、故障状态、手/自动状态，并进行启停控制；在自动控制模式下，系统将按程序来操作设备；在手动模式下，系统控制功能失效，但监控功能仍然保持。

备用水泵应能自动切入运行（无忧切换），切换的条件有两个：一是当运行泵出现故障的时候；二是累计两台水泵的运行时间，24 小时或 48 小时轮换一次，这样可以保证水泵组的每台泵的寿命和维护基本一致。当达到维修时间的时候，应能发出报警提醒维护人员操作。水泵的操作流程如图 7-4 所示。表 7-1 为某 3 台冷水机组和冷冻水泵一对一的冷冻站一次泵系统监控点表。

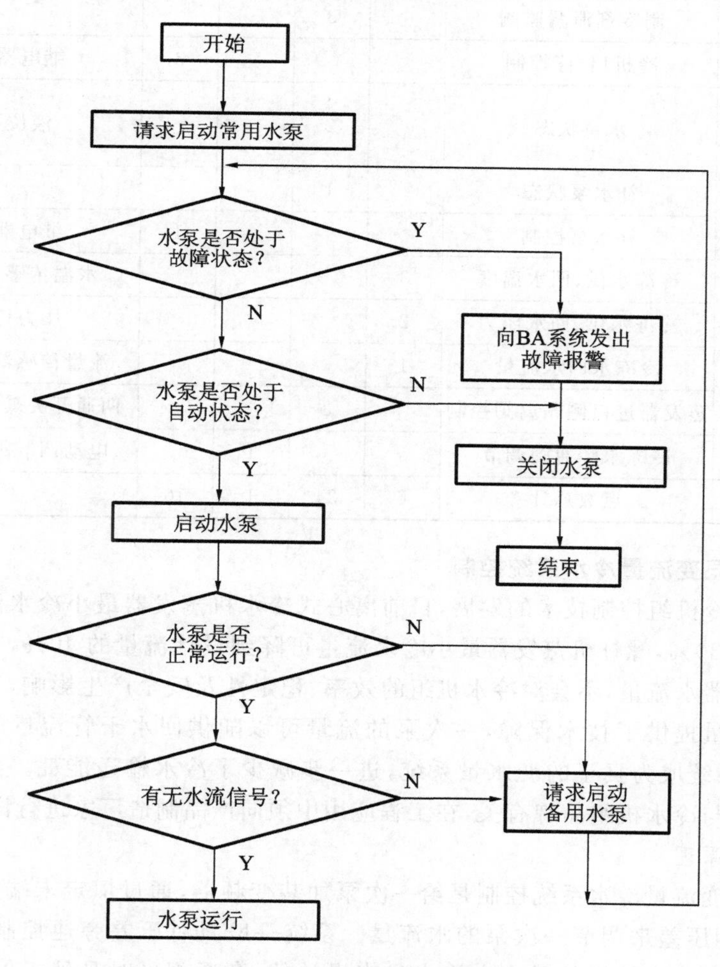

图 7-4　水泵运行控制流程图

表 7-1　一级泵冷冻水系统监控点表

受控设备	数量	监控功能描述	输入		输出		传感器、阀门及执行机构等
			AI	DI	AO	DO	
冷冻水泵	3台	冷冻水泵水流状态		3			水流开关
		冷冻水泵过载报警		3			
		冷冻水泵手/自动转换		3			
		冷冻水泵启/停控制				3	继电器线圈
制冷机	3台	冷机运行状态		3			
		冷机紧急停机按钮状态		3			
		制冷剂泄漏监测		3			
		冷机启/停控制				3	继电器线圈
膨胀水箱	1台	水位状态		2			液位开关
补水泵	1台	补水泵状态		1			
		补水泵控制				1	继电器线圈
冷冻水路		冷冻水供、回水温度	3				水温传感器及套管
		冷冻水供、回水压力	2				压力传感器
		冷冻水回水流量	1				流量传感器及变送器
		蒸发器进口侧隔离阀控制		3		3	两通开关蝶阀及执行器
		冷冻水旁通阀调节			1		电动调节阀及执行器
		点数总计	6	24	1	10	

4. 一次泵变流量冷水系统控制

随着制冷机组控制技术的发展，目前离心式冷水机蒸发器最小冷水流量可降到设计流量的30%，螺杆机蒸发器最小冷水流量可降到设计流量的40%，在一定范围内改变蒸发器水流量，不会对冷水机组的效率、稳定性及安全产生影响，这为真正的一次泵变流量提供了技术保障，一次泵的流量可以随供回水干管流量的变化而变化，使冷水系统成为真正的变水量系统，进一步减少了冷水输送能耗。蒸发器最小允许水流量与冷水机组品牌有关，在工程应用中须向产品制造厂家进行详细咨询。

1)控制原理

一次泵变流量冷水系统控制是给一次泵加装变频器，通过恒定末端用户压差或集、分水器间压差来调节一次泵的水流量。系统一般具有压差旁通控制，其旁通管是按通过最大冷水机组的最小允许水量来设计的，旁通阀平时是处于关闭状态的，通过安装在总回水管上的流量传感器检测冷水机组蒸发器冷水流量，当达到最小允许流量时，控制器逐渐开启旁通阀以保证蒸发器的水流量不低于最小允许流量。

由于一次变流量水系统的总水流量是由末端盘管的用水量决定的，当加载的冷水机组隔离阀打开时，系统流量不会马上增加，要从正在运行的机组中分流出一部分流量，如果正在运行的机组蒸发器水流量由于分流作用而降到允许的水流量以下，就会造成机组保护性停机。表 7-2 是可能产生的最大水流波动情况。因此，系统中的每台冷水机组出水管上需安装隔离阀。一方面加载机组时缓慢(2～3 min)开启隔离阀减小水流波动对正在运行机组的影响。为了实现这个目的，要选用开启时间长的电动隔离阀。另一方面当冷水机组停机时，对应的隔离阀也随之关闭，可以起到切断水流通路的作用。

表 7-2　加载机组时运行机组的蒸发器水流变化情况

加载机组	1→2	2→3	3→4	4→5
流量变化	50%	33%	25%	20%

当多台水泵并联运行时，可以对一台或多台水泵进行变频调速，其余水泵定速运行，也可以一台水泵配一台变频器(即全变频)。前者比后者节省一次投资，但运行控制较复杂，后者运行效率高且控制简单。

2)变流量工况分析

图 7-5 是一台定速水泵和一台变频水泵混合运行时的工况分析，假设系统初始工况点位于 A 点，当系统流量增大到使变速水泵全速运行的工况点 B 后，如果系统流量进一步增大，系统控制器就启动一台定速水泵，由于定速水泵额定转速工况点 D_2 的流量占了系统总流量的绝大部分，迫使变速水泵工作在小流量工况点 D_1，这时变速水泵的效率很低。如果两台水泵都采用变频调速，如图 7-6 所示，两台水泵都工作在高效区(工况点 D_3)，因此两台变速水泵的运行效率要比一定一变混合运行的效率高。

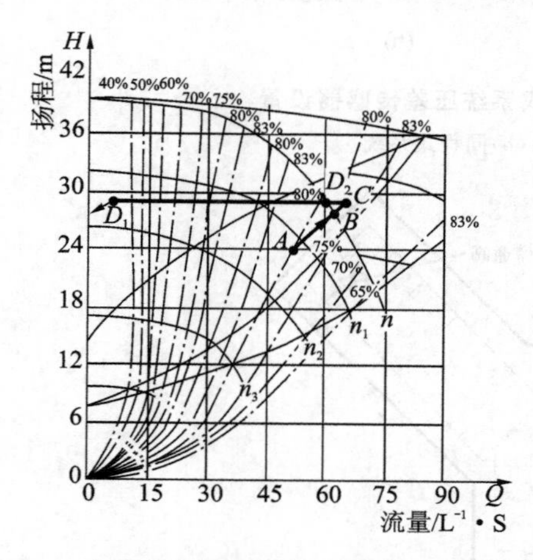

图 7-5　定速水泵与变频水泵混合运行工况分析

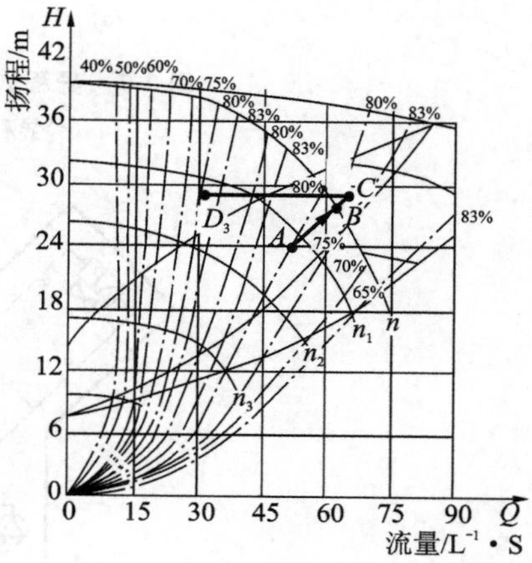

图 7-6　两台变速水泵运行工况分析

水泵流量调节速度不宜过快，否则会影响冷水机组的出水温度的稳定及末端调节阀的稳定性。最佳的流量调节速率需在现场调试中确定，可以按每分钟 10% 的调节速率作为初始值进行系统调试。

3)压差传感器安装位置

为保证系统在最小和最大负荷范围内水泵尽可能地以最低的转速运行,压差传感器的设置位置是十分重要的。如果将压差传感器设在最不利环路的末端,并将压差设定为满负荷时盘管阻力与调节阀阻力之和,当末端冷负荷减小时,压差传感器处的压差就会上升,通过变频调节一次泵,水泵扬程就会随负荷的减小而减小。如果将压差传感器设在机房内集、分水器之间,压差设定应为满负荷时集分水器之间的压差,水泵的调节范围十分有限,因此这种设置是不合理的。对于将压差传感器设在最不利环路的末端,在工程实施中也存在一些困难,比如有多个环路的水系统,很难确定哪一个是最不利环路,而且最不利环路会随末端使用情况的变化而变化。

对于异程式冷水系统应将压差传感器设在最远处盘管、调节阀两端,如图7-7(a)所示。对于同程式系统压差传感器应在系统的两端同时设置,如图 7-7(b)所示。具有两翼的建筑物,在每一翼的最远端均设压差传感器,如图 7-8 所示。当冷水机组和水泵位于高层建筑的顶部时,压差传感器应设在建筑物的底部,如图 7-9 所示。

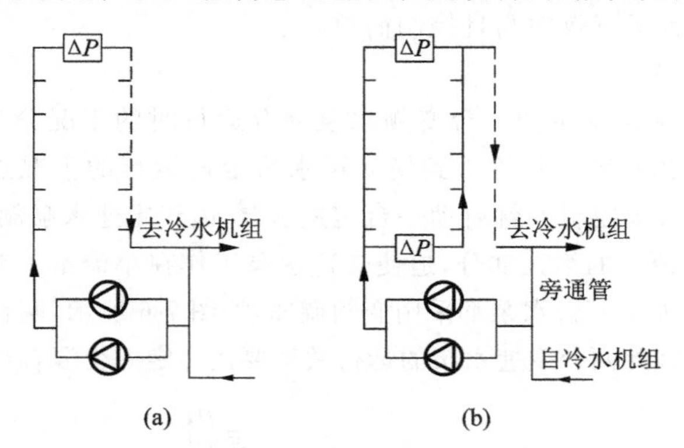

图 7-7 异程式、同程式系统压差传感器设置

(a)异程式系统;(b)同程式系统

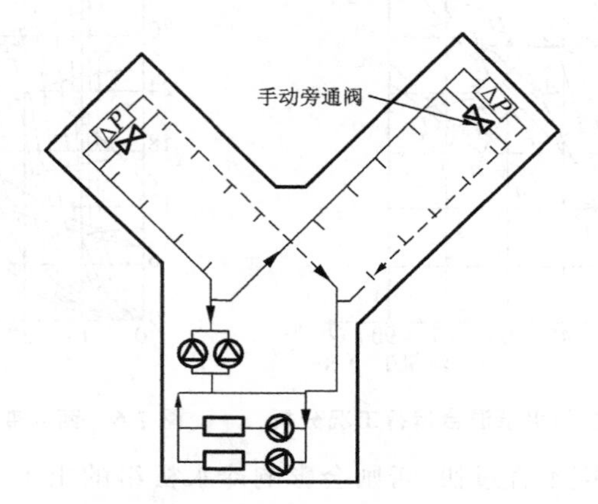

图 7-8 两翼建筑压差传感器设置

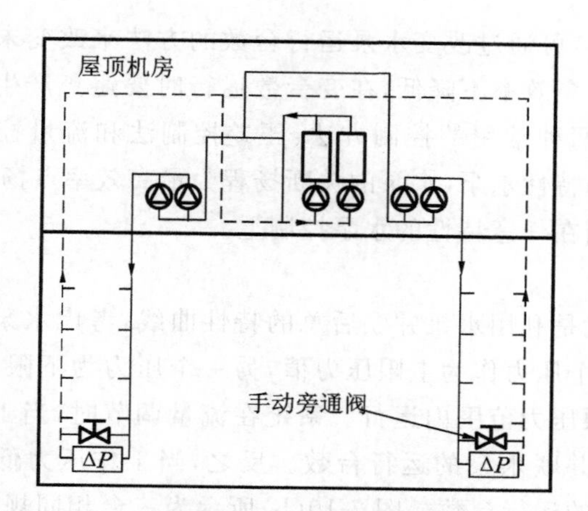

图 7-9　高层建筑下供式水系统压差传感器设置

7.2.2　二次泵系统的监控

二次泵系统的目的如下：①保持一次泵定流量运行，二次泵适应末端负荷变化而变流量运行，从而降低冷水输送能量；②在多环路水系统中，当阻力损失相差太大，或因使用功能、运行时间不同，要求分别管理的情况；③在超高层建筑中采用二级泵结合板式换热器，实现水系统竖向分区，解决系统底部承压的问题。图 7-10 为典型的二级泵冷水系统监控图，其中，(a)图根据供水分区设置加压泵，以满足各供水分区不同的压降，加压泵采用变速调节方式，根据末端压降控制加压泵转速；(b)图为多台加压泵并联运行，采用台数控制方式。

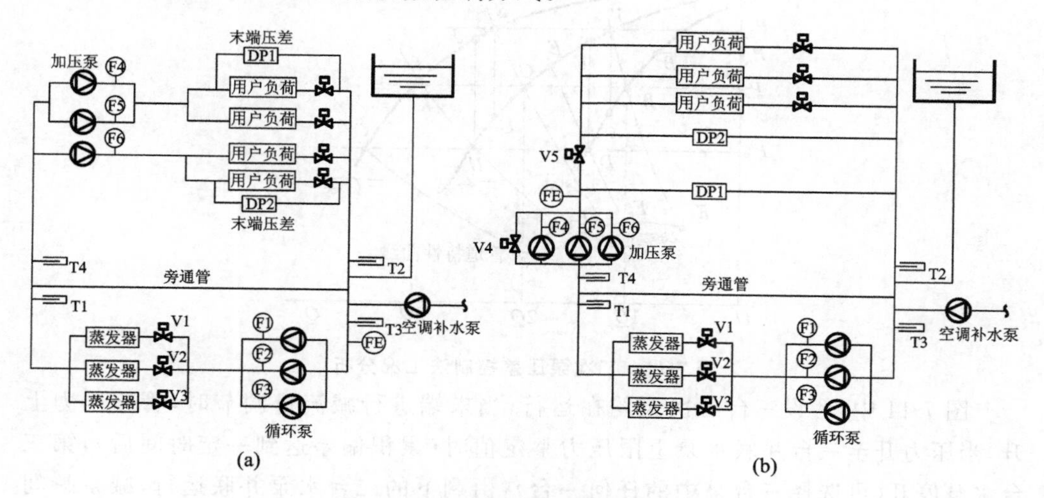

图 7-10　二级泵冷冻水系统监控图

(a)分区设置加压泵；(b)加压泵并联运行

T1～T4—水温测点；F1～F6—水泵出口水流状态；FE—用户侧冷冻水流量；

V1～V3—蒸发器进口电动隔离阀；V4—加压泵旁通阀；DP，DP1，DP2—压差传感器

多台水泵并联时,可通过改变水泵运行台数的方法来改变末端的供水量。水泵并联运行时要保证水泵效率不降低,在变台数运行时要避免产生振荡。根据选用水泵特性曲线不同,有两种常用的控制方法:压差控制法和流量控制法。其中压差控制法只用于具有陡降特性水泵(水泵的关断扬程为最高效率点扬程的1.1~1.2倍),而流量控制法则可用在任意特性的水泵控制上。

1. 压差控制法

所谓压差控制就是利用水泵并联后总的特性曲线,考虑水泵的工作效率和调节阀的阀权度,设定某个压力作为上限压力值,另一个压力为下限压力值,并联的各台水泵在设定的上下限压力范围内运行。系统在流量调节时,当工作压力超过设定的上限压力值时,减少并联水泵的运行台数。反之,当工作压力低于设定的下限压力值时,增加并联水泵的运行台数。图7-10(b)所示为三台相同规格、陡降特性曲线水泵并联工作时通过检测水泵进出口压差来确定水泵的运行台数。

采用水泵特性曲线压力上下限整定值进行台数控制时,应妥善地确定减泵和加泵时的上下限压力整定值,使其既可满足加泵或减泵时的流量变化,又要使其在泵的高效区工作。并联运行的水泵应尽可能规格相同,当并联的水泵规格不同时,应注意校核水泵是否会在不稳定区运行。图7-11中,P_0为设计压力,并联工作时,对应的效率点为E_0,$P_上$、$P_下$分别为泵进出口处的上下限压力整定值,$E_上$、$E_下$分为在压力$P_上$、$P_下$时泵的工作效率点。

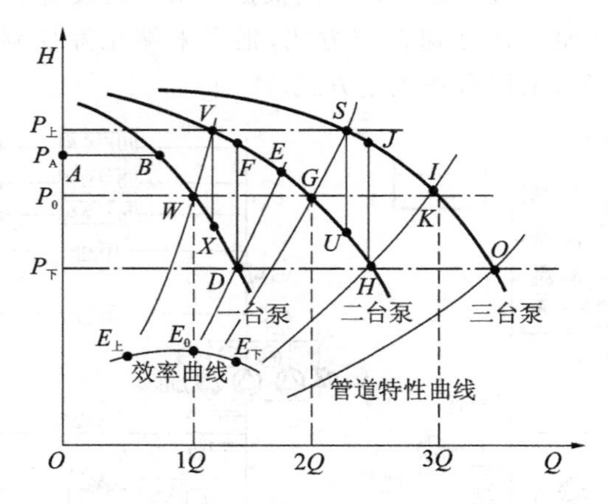

图7-11　二次泵压差控制法工况分析

图7-11中,假设三台二次泵均在运行,当末端进行减流量调节时,管路压力上升,当压力升至三台并联水泵上限压力整定值时(累积偏差达到一定时间后),第三台水泵停开(可选择三台泵中的任何一台),由剩下的二台水泵并联运行,减泵瞬间的过程线为S-U,之后水泵的工作状态点要由U点过渡到G点,减泵过程依此类推,减泵实际过程为$I—S—G—V—W—B$。当末端调节阀增流量调节时,管路压力下降,当压力降至下限压力整定值时(累积偏差达到一定时间后),则加开一台水泵,加

泵过程为 $B—D—E—H—I$。由图可知减泵后的流量(如 Q_G)小于调整时环路需要的流量(如 Q_S),这就造成末端流量失调,末端调节阀开度加大,管道特性曲线向右下方偏移,如果加减泵上下限压力值设置过窄,有可能在末端自调整过程中,压力达到加泵时的下限压力,导致水泵停启振荡。加泵时也有类似问题,加泵后的流量(如 Q_E)大于调整时环路需要的流量(如 Q_D),末端调节阀自调整时可能达到减泵时的上限压力值,导致水泵启停振荡。因此二次泵采用压差法进行变台数自动控制时除了压力上下限整定值要合理,有时也可在二次泵的供水总管上设置一个压力调节阀,加泵时开度开大,减泵时开度减小,使转换过程压力不致达到加减泵的上下限,以避免振荡。

当只有一台二次水泵单独运行时,有时为了能使向末端供水量继续减小,可在二次泵进出水管上设置一只旁通阀,通过调节旁通阀,使水泵仍能在高效区工作。旁通阀开启的整定压力值为图中的 P_A,当压力达到 P_A 时,旁通阀逐渐开启,水泵的流量一直保持为 Q_B,但向末端的供水量随旁通阀开度的增大而减小,当旁通阀全开时,水泵应停止运行。若两台或两台以上水泵运行时,应自动切断旁通阀的调节回路。

2. 流量控制法

对于并联运行的平坦特性曲线的水泵,由于水泵的压头基本恒定,不能利用水泵压力变化来对水泵进行控制。这时应采用流量控制法,其控制原理是二次泵供水总管上的流量传感器测得的实际流量送到系统控制器,控制器将运行水泵在运行压力时的流量累加值与实测流量比较,如果前者与后者差值大于一台水泵的容量时,则停止一台水泵,停泵过程 $E—F—G—J—K—A$;如果后者与前者差值大于一台水泵的容量时,则增加一台水泵,加泵过程 $A—B—C—D—E$,如图 7-12 所示。

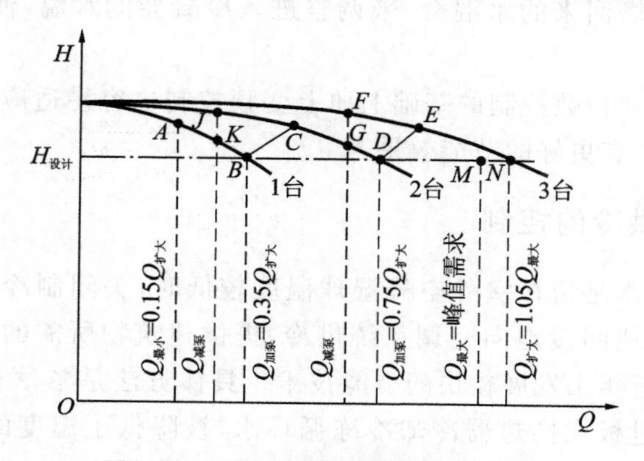

图 7-12　二次泵流量控制法工况分析

3. 水泵变速控制法

二次泵的变速控制与一次泵系统水泵变速调节方法是相同的(参见 7.2.1 节),采用恒定最远端末端压差控制法或多点压差控制法对二次泵进行变频调速。

7.3 冷却水系统的监控

7.3.1 夏季工况冷却水系统的监控

如图 7-1 所示,冷却水系统的主要设备包括冷水机组冷凝器、冷却塔、冷却水泵、旁通阀等。其主要作用是把冷凝器的热量传递到室外大气,并保证冷水机组的冷凝温度在一个合理的范围。冷凝温度过高会造成制冷机效率下降,冷凝温度过低会导致直接膨胀供液的制冷机供液动力不足,冷却能耗增加。

冷却水系统需要监测冷却水供/回水温度、冷却塔风机的运行状态、故障报警、手自动状态,并控制启停。各冷却塔进水管上的电动阀用于当冷却塔停止运行时切断水路,以防短路,同时可适当调整进入各冷却塔的水量,使其分配均匀,以保证各冷却塔都能达到最大的排热能力。各制冷机冷凝器入口处的电动阀仅进行通断控制,在制冷机停机时关闭,以防止冷却水短路,减少正在运行的冷凝器的冷却水量。冷却水泵的控制方法与冷冻水系统的循环泵基本相同,这里不再复述。

冷却水系统控制的关键是在夏季保证冷凝器的出水温度在一定范围,并达到节能目的。因为当某台冷凝器由于内部堵塞或管道系统误操作造成冷却水流量过小时,就会使相应的冷凝器出口水温升高,从而及时发现故障。其基本控制方法包括冷却塔台数控制、旁通控制和变频控制。

冷却水温度经常控制在 28～32 ℃之间,根据实际检测的供水温度与供水温度设定点进行比较,控制冷却塔开启台数;当冷却塔只剩下一台在运行,并冷却水温低于 24 ℃时,经过 PID 计算,调节冷却水供回水干管之间旁通阀开度,使一部分从冷凝器出来的水与从冷却塔回来的水混合,来调整进入冷凝器的水温,使冷却水温度不低于设定值。

对冷却塔风机在台数控制的基础上加上变频控制更容易适应冷凝负荷的变化,稳定冷却水温度,具有更好的节能效果。

7.3.2 冷却塔供冷的控制

冷却塔供冷技术是指在室外空气湿球温度较低时,关闭制冷机组,利用流经冷却塔的循环水直接或间接地向空调系统供冷,提供建筑物所需的冷量,从而节约冷水机组的能耗,是近年来发展较快的节能技术。具体方法是冬季利用冷却塔将冷却水温度降低,再通过板式换热器冷却冷冻循环水,被降低了温度的冷冻水送到末端的散冷设备,如风机盘管、空调箱,将冷量送到各个需要供冷的房间。图 7-13 为冷却塔供冷控制示意图。主要监控内容:一次侧温度、二次侧温度;一次泵控制、二次泵控制;压差旁通控制;冷却水供水温度控制(11 ℃左右);冷却塔防冻加热控制;冷却塔台数控制;二次侧供水温度控制;工况阀门切换。

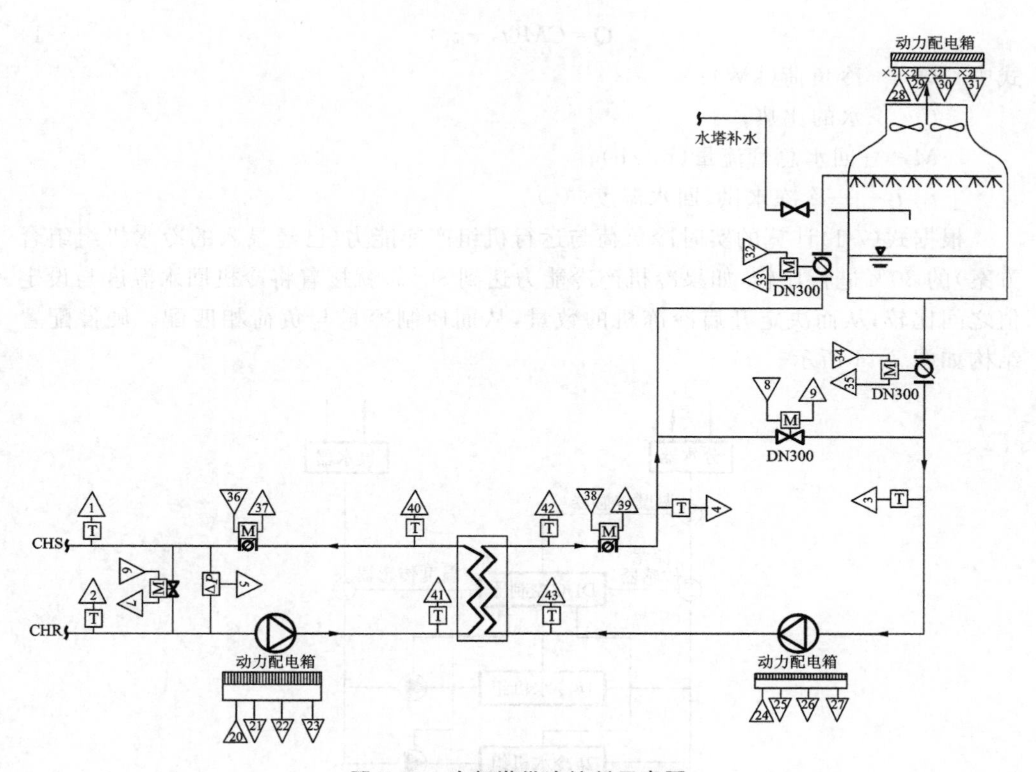

图 7-13　冷却塔供冷控制示意图

7.4　冷水机组台数控制

为保证建筑的舒适性要求，冷冻站系统从设计到运行均考虑较大的冷负荷余量，造成冷源冷量的供给与末端冷负荷需求之间能量匹配的矛盾越来越明显，导致冷源系统长期在低效率下运行，运行成本居高不下。因此，冷水机组台数控制是冷冻站最重要的节能措施之一。从理论上说有回水温度控制法、旁通阀开度控制法、旁通流量控制法和冷负荷控制法等几种可行的控制方式。其中旁通阀开度控制法、旁通流量控制法由于不能准确判断加减机组的时间，效果很不理想。由于回水温度是由各末端回水混合后的平均温度，不能完全反映末端冷量的需求量。为了防止冷水机组启停过于频繁，回水温度控制法一般不能用于自动启停机组，而通过运行管理人员根据冷水机组的制冷量输出百分比及冷水回水温度判断是否需要加减机组及相应的设备。因此，本节介绍在实际工程中主流应用的冷负荷控制法。

冷负荷控制法是根据冷冻水的供、回水温度及回水总管流量，自动计算空调系统实际冷负荷，与机组制冷能力进行比较，再由 DDC 控制器通过 DO 数字信号输出，决定开启冷冻机的数量，从而使制冷量与冷负荷相匹配，达到节能的目的。冷负荷计算公式如下

$$Q=CM(t_2-t_1) \tag{7-1}$$

式中 Q——冷负荷(kW);

C——水的比热;

M——回水总管流量(m^3/h);

t_1、t_2——冷冻水供、回水温度(℃)。

根据式(7-1)计算的实时冷负荷与运行机组产冷能力(已经录入的冷水机组组合方案)的80%进行比较,如果冷机产冷能力达到80%,就接着将冷机回水温度与设定值之间比较,从而决定开启冷冻机的数量,从而使制冷量与负荷相匹配。硬件配置结构如图7-14所示。

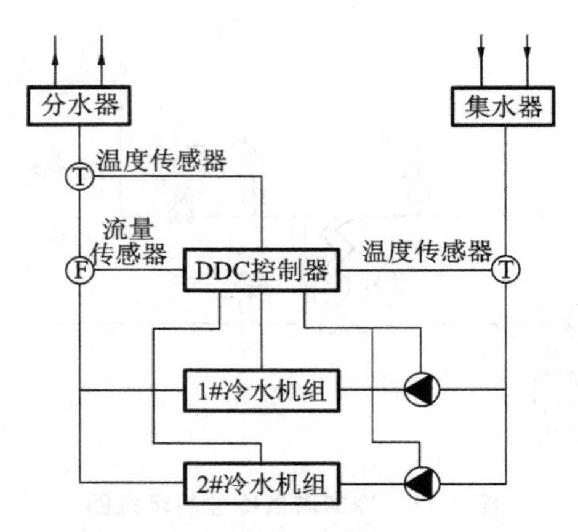

图7-14　冷负荷控制结构原理图

这种控制方式的各传感器设置位置非常重要,在工程设计或施工中常会出现错误,流量传感器设置位置应保证测得的流量是用户侧的总供水流量(或总回水量),不包括旁通流量,回水温度传感器测量的是用户侧的总回水温度,不应是回水与旁通水的混合温度,这样计算出的冷量才是末端的需冷量。图7-15(a)、(b)所示的测量位置是正确的,图7-15(c)、(d)所示的测量位置是错误的。

冷负荷控制法的基本控制流程如图7-16所示,其增机条件为:

①冷机的出水温度是否已远离冷机工作设定的出水温度控制目标值。

②已运行的冷机的平均负荷是否已接近100%(可修改)。

③冷机出水水温的拉低速率是否小于0.3 ℃/min(可修改)。

④一定的平稳运行延时是否已到。

同样,冷机的卸载台数控制主要条件应为:

①冷机的出水温度是否已接近冷机工作设定的出水温度控制目标值。

②已运行的冷机的平均负荷是否已小于计算出的卸载负荷值。

③以上两个条件一直满足的延时是否已到。如只剩下一台冷机在运行是不应卸载的,而是应由冷机本身的控制使进入再循环模式。

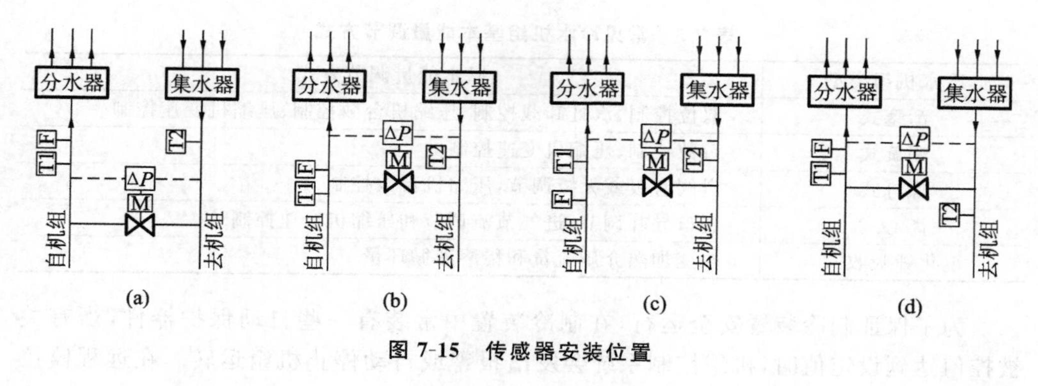

图 7-15　传感器安装位置

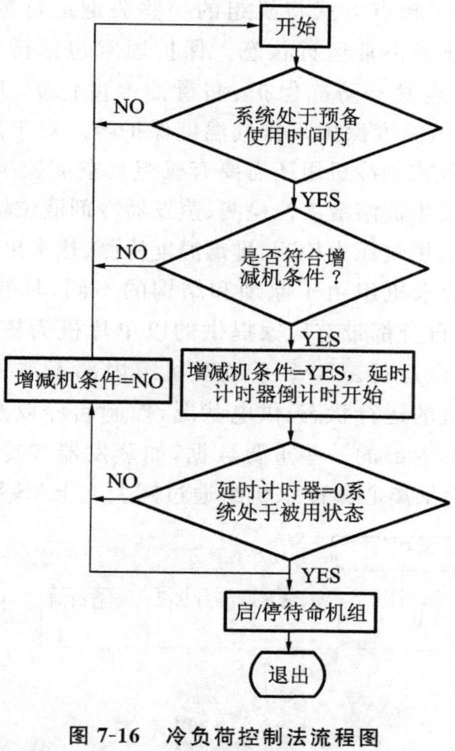

开始
系统处于预备使用时间内
NO
YES
是否符合增减机条件？
NO
YES
增减机条件=NO
增减机条件=YES，延时计时器倒计时开始
延时计时器=0系统处于被用状态
NO
YES
启/停待命机组
退出

图 7-16　冷负荷控制法流程图

7.5　冷水机组内部参数监测与控制

冷水机组类型多样，按制冷机的结构和原理不同，一般可分为活塞式、螺杆式、蜗旋式、离心式、溴化锂吸收式机组等。不同的机组有不同的能量调节方式，但是它们的能量调节目标是一致的，就是根据机组回水温度调节机组的制冷量或制热量，在保证机组出水温度恒定的同时，使机组的供冷/供热量适应末端需求量的变化。基本调节方式见表 7-3。

表 7-3　常见冷水机组基本能量调节方式

冷水机组类型	基本能量调节方式
活塞式	双位控制、汽缸卸载控制、压缩机台数控制、压缩机变速控制
蜗旋式	台数控制、压缩机变速控制
螺杆式	滑阀有级或无级调节,压缩机台数控制
离心式	进口导叶调节、进气节流调节和压缩机变速控制
溴化锂吸收式	改变加热介质流量和稀溶液循环量

为了保证制冷装置安全运行,在制冷装置中常装有一些自动保护器件,当有关被控值达到设定值时,机组控制系统会发出报警或自动停止机组运转。在远程监控时可以通过通信方式或干触点方式将机组的一些关键运行数据取出送入中心监控室,用于判断机组是否处于正常运行状态。保护通常包括排气与吸气压力保护、润滑油压保护、断水保护、蒸发器防冻保护、润滑油温度保护、压缩机电机保护(过电流、过电压保护、电机绕组温度保护)、排气温度保护等。对于离心式压缩机还需设防喘振保护。对于直燃吸收式制冷机组还需要有机组真空度控制、发生器出口溶液温度检测、发生器压力检测、发生器溶液液位检测、蒸发器冷剂液位检测、泵和鼓风机电动机过载保护、燃气泄漏检测、燃气压力检测、排烟温度检测、热水出口温度检测等。

可见,不同类型的冷水机组由于原理和结构的不同,具有不同的监测内容与控制方式。一般冷水机组自身都带有厂家提供的以单片机为核心的专用控制器,负责其设备的能量调节和安全运行。BAS 系统对机组内部不需要也不允许做更多的控制,通常只直接监视冷机的运行状态、供电状况,控制启停以及设定冷冻水的出口温度,可以通过网关监测其内部的一些重要数据,如蒸发器和冷凝器的进出口温度、进出口压力等。图 7-17 为某离心式冷水机组通过网关在 BAS 平台上的监测界面。

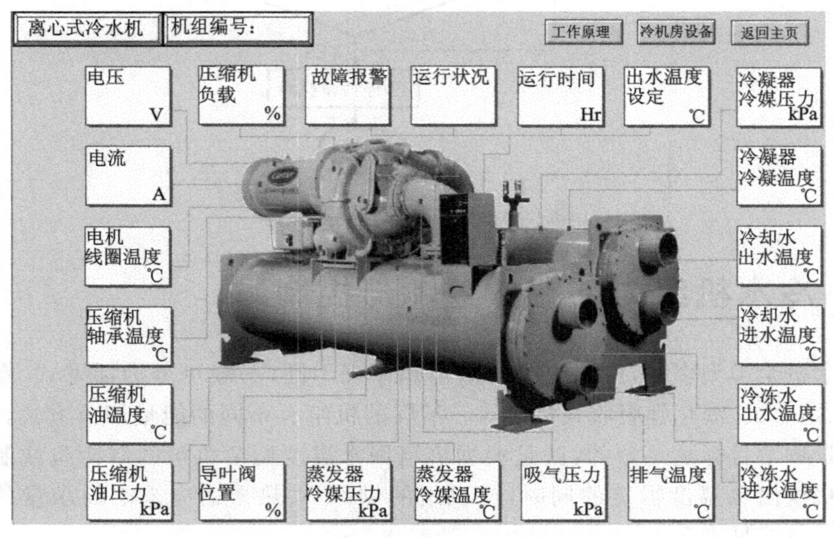

图 7-17　离心式冷水机组内部参数监测界面

7.6　蓄冷空调的监控

蓄冷空调包括水蓄冷和冰蓄冷，主要特点是利用电力移峰填谷的不同电价节省运行费用。由于在实际运行中部分冷负荷运行占大部分时间，因此必须设置自控系统对负荷进行预测，有效地利用蓄能量。若当日不能把所蓄能量用尽，意味着晚间充冷量减少，蓄能系统的优势不能充分发挥。同时自动控制系统还需要根据运行方式（即充能、直供、释能、联供、充能并供能）及运行控制策略（主机优先、释能优先）启停相应设备，保证设备及管路的安全，调节相应设备以保证供冷温度和流量。

由于蓄冷系统的型式和控制策略具有多样性，这里只对典型的主机上游串联式双循环回路冰蓄冷系统的控制做简要说明（见图 7-18）。

1. 蓄冰工况

在蓄冰工况三通调节阀 V1 的 A-B 全开、A-C 全关，三通调节阀 V2 的 A-B 全关、A-C 全开，P1、P4 启动，开启所有制冷机组，不控制容量，机组乙二醇出口温度设定值为－4～－6 ℃；当蓄冰槽出口温度下降到规定的停机温度时，或制冷机组乙二醇进出口温差降至一定值时，或蓄冷量达到规定值时，或蓄冷时间已到，这些都可作为机组停机的标志。

在过渡季节夜间室外温度较低，如果在关闭冷却塔风机后冷却塔的出水温度仍然低于设定值时，这时需调节冷却水供回水总管之间的旁通阀 V4，以提高冷却水温。

2. 制冷机组直接供冷工况

三通调节阀 V1 的 A-B 全关、A-C 全开，三通调节阀 V2 的 A-B 全开、A-C 全关，P1、P2、P3 和 P4 启动，开启制冷机组，由机组配带的控制器对机组进行容量调节，使机组乙二醇出口温度设定值比用户的要求温度 T4 低 1～2 ℃；机组及 P1、P4 运行台数由机组流量传感器 FM 的检测值与进出口（总管）温度传感器 T1 和 T2 的温差之乘积确定。热交换器及 P3 运行台数由回水总管流量传感器 FM 的检测值与供回水总管温度传感器 T3 和 T4 的温差之乘积确定。在设计时热交换器一次侧和二次侧采用相同的温差，则 P2 的运行台数与 P3 的相同。

3. 制冷机组与蓄冰槽联合供冷工况

三通调节阀 V1 调节，三通调节阀 V2 的 A-B 全开、A-C 全关，P1、P2、P3 和 P4 启动，开启制冷机组，由机组配带的控制器对机组进行容量调节，采用释冷优先的控制策略，使机组乙二醇出口温度为某一固定设定值；根据供水总管上的温度传感器 T4 的检测值调节三通调节阀 V1，使热交换器二次侧出水温度恒定；机组及 P1、P4 运行台数同 2；热交换器及 P2、P3 运行台数同 2。

4. 蓄冰槽供冷工况

三通调节阀 V1 调节，三通调节阀 V2 的 A-B 全开、A-C 全关，P2、P3 启动，制冷机组及 P1、P4 停机，旁通阀 V3 全开；根据供水总管上的温度传感器 T4 的检测值调节三通调节阀 V1，使热交换器二次侧出水温度恒定；热交换器及 P2、P3 运行台数同 2。

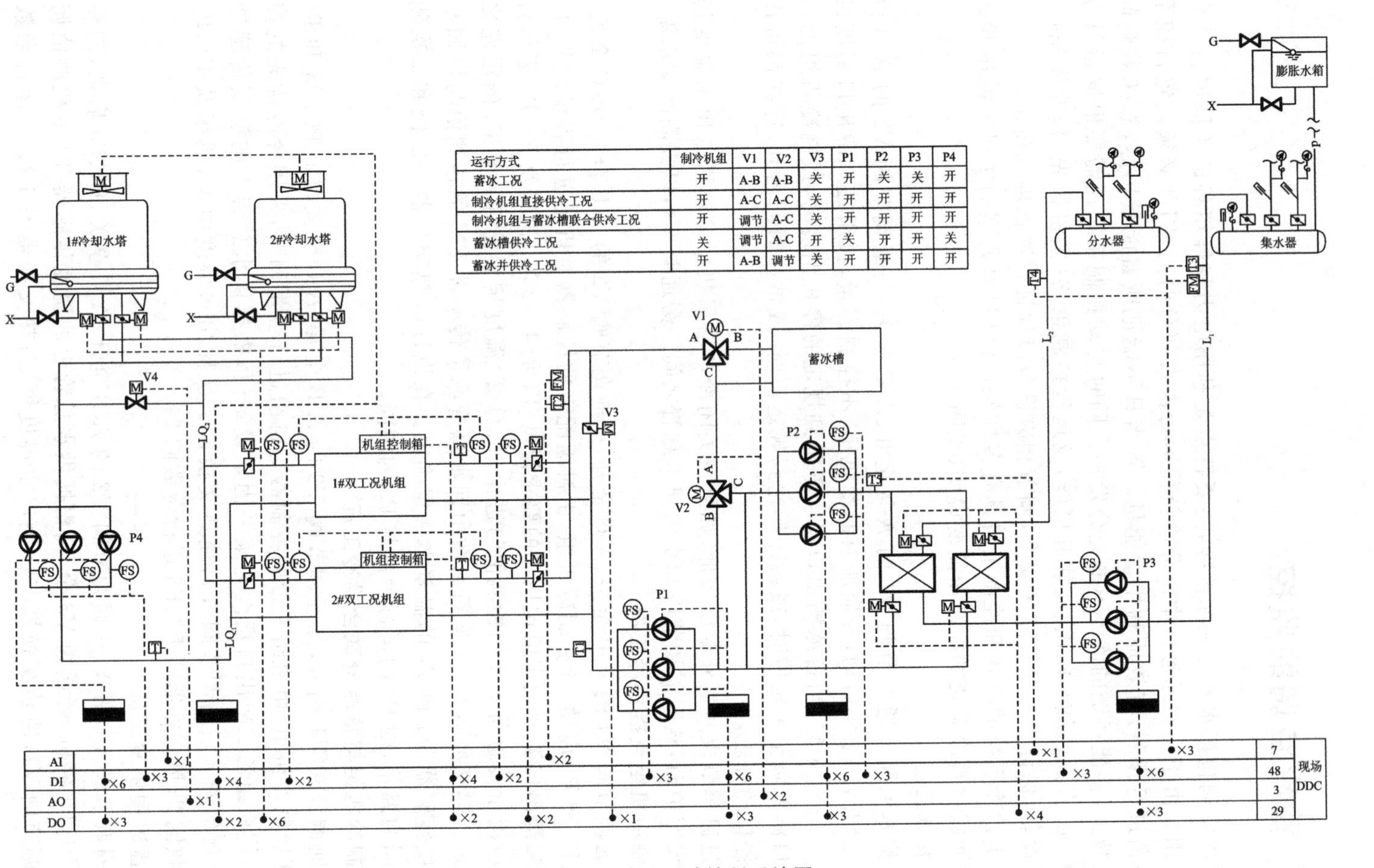

运行方式	制冷机组	V1	V2	V3	P1	P2	P3	P4
蓄冰工况	开	A-B	A-B	关	开	关	关	开
制冷机组直接供冷工况	开	A-C	A-C	关	开	开	开	开
制冷机组与蓄冰槽联合供冷工况	开	调节	A-C	关	开	开	开	开
蓄冰槽供冷工况	关	调节	A-C	开	关	开	开	关
蓄冰并供冷工况	开	A-B	调节	关	开	开	开	开

图 7-18　蓄冰系统控制系统图

5. 蓄冰并供冷工况

在蓄冰工况三通调节阀 V1 的 A-B 全开、A-C 全关，三通调节阀 V2 调节，P1、P4 启动，开启所有制冷机组，不控制容量，机组乙二醇出口温度设定值为 −4～−6 ℃。根据供水总管上的温度传感器 T4 的检测值调节三通调节阀 V2，使热交换器二次侧出水温度恒定。由于在蓄冰时蓄冰槽的出口温度低于 0 ℃，夜间供冷负荷较低时，V2 的 A-C 只需要微开，少量低于 0 ℃的乙二醇溶液与从旁通管过来的溶液混合，使溶液温度高于 0 ℃，当热交换器入口温度 T5 低于 0 ℃时，V2 的 A-C 应全关。如果系统无夜间供冷需求，则可取消旁通管及温度传感器 T5；热交换器及 P2、P3 运行台数同 2。

7.7 热源系统监控

空调热源的形式主要有热泵机组、锅炉和换热站三种。由热泵机组构成的热源系统的控制可参照冷水机组构成的冷源系统的控制。锅炉机组同冷水机组一样，其内部设备的运行控制一般由自带的控制器完成，不需外部控制系统干预。BAS 可以通过通信接口监视一些重要的运行参数。这取决于锅炉机组生产厂商开放了的机组运行参数，需要建筑设备自动控制系统承包商与厂商进行协调。在多数工程中，往往不将锅炉系统的监控纳入建筑设备自动控制系统，而仅对热交换器及热水循环部分进行监控。

7.7.1 锅炉监控

锅炉是实现将“一次能源”经过燃烧转化成“二次能源”，并把工质加热到一定参数的工业设备。由于国家对燃煤锅炉进行了限制使用，因此建筑物中主要使用燃气锅炉、燃油锅炉和电锅炉。

1. 燃油与燃气锅炉燃烧系统的监控

为了保证燃油与燃气锅炉的安全运行，必须设置燃油/燃气压力上下限控制及越限声光报警装置、熄火自动保护和灭火自动保护装置。另外，为了保证燃油与燃气锅炉的经济运行，还需设置空气/燃料比的自动控制系统，并定时检测炉温、炉压、排烟温度和热媒等参数。图 7-19 为燃气加热锅炉炉温控制原理。图 7-20 为燃油与燃气锅炉的 DDC 控制原理。

2. 电锅炉监控

电锅炉是通过电加热元件，消耗电能，将工质水加热，输出品质合格的热媒。分为电热水锅炉和电热蒸汽锅炉。电锅炉监控系统实时检测热煤的温度、压力、流量，计算实际供热量。按照实际热负荷大小，调控电热锅炉的运行功率或运行台数，实现节能控制，图 7-21 为电热水锅炉监控原理。

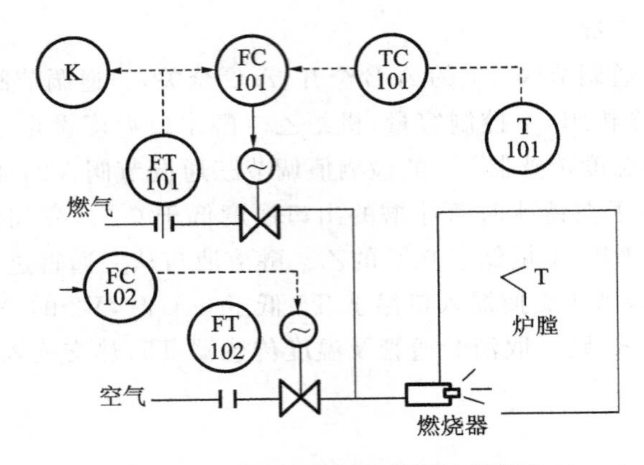

图 7-19 燃气加热锅炉炉温控制原理

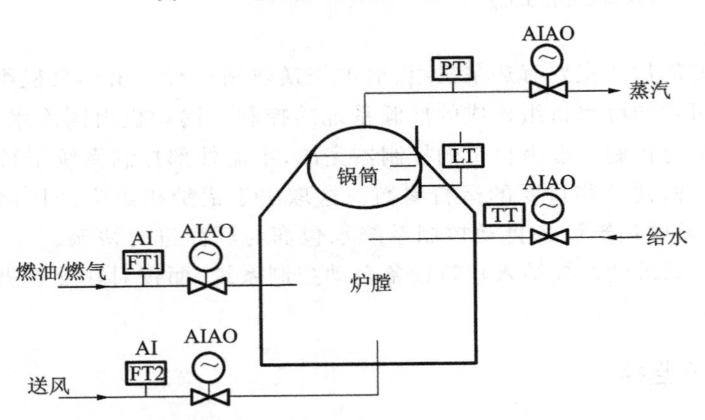

图 7-20 燃油与燃气锅炉的 DDC 控制原理

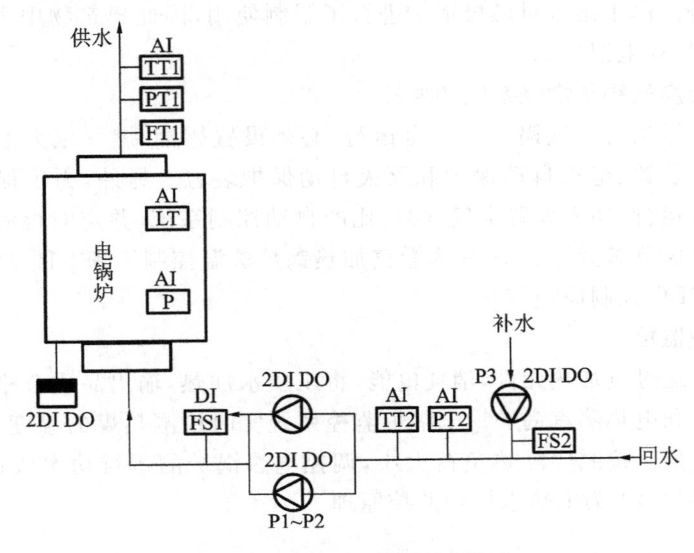

图 7-21 电热水锅炉监控原理

3. 锅炉水位的自动控制

锅炉水位是保证锅炉安全运行和提供合格热源的重要参数。水位过高，影响汽水分离装置的正常工作，导致蒸汽带水，使得过热器结垢，甚至造成用热设备的水冲击；水位过低，则会破坏锅炉的水循环，造成“干烧”，甚至导致爆炸事故。所以，需设置锅炉给水控制系统，使得给水流量适应汽包的蒸发量，维持汽包中水位在正常波动范围，保证给水流量稳定。图 7-22 为锅炉水位控制系统（给水）监控原理。

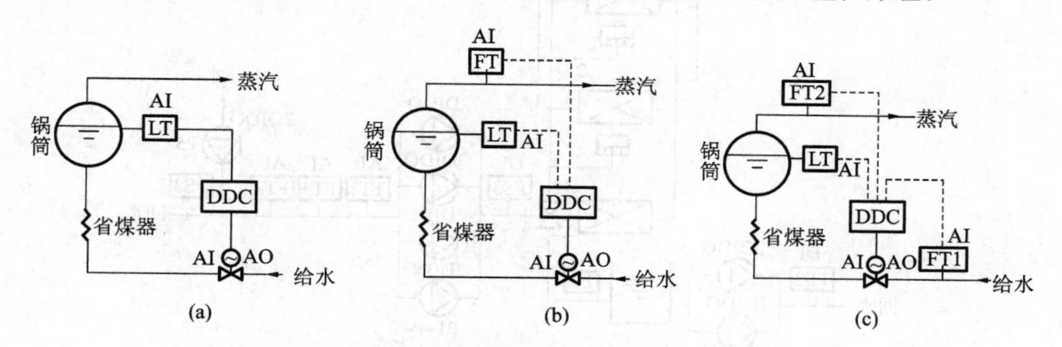

图 7-22 锅炉水位控制系统（给水）监控原理

(a)单参数监控；(b)双参数监控；(c)三参数监控

7.7.2 换热站的监控

换热器的监控是将一次蒸汽或高温水的热量，交换给二次网的低温水，供采暖空调、生活用。热水通过水泵送到分水器，由分水器分配给采暖空调与生活系统，采暖空调的回水通过集水器集中后，进入换热器加热后循环使用。

1. 蒸汽-水换热器的监控

对于利用大型集中锅炉房或热电厂作为热源，通过换热站向小区供热的系统来说，换热站的作用就同供暖锅炉房一样，只是用换热器代替了锅炉。控制内容主要包括供水温度的自动控制、换热器与循环水泵的台数控制、补水泵的控制、水泵运行状态及故障报警。蒸汽-水换热器的监控原理如图 7-23 所示。在换热器通过控制传热量以调节二次侧供水温度时，当一次侧蒸汽压力较平稳的条件下，可采用如图7-24所示的蒸汽-水换热器的单回路控制方法，当一次侧蒸汽压力波动较大时，可采用图 7-25 所示的蒸汽-水换热器的串级控制方法。

2. 水-水换热器的监控

水-水换热站构成如图 7-26 所示。热交换器启动时一般须先启动热水循环水泵、打开二次侧电动蝶阀，再开始调节一次侧电动调节阀，热交换器停止工作时，应按相反的秩序关闭相应设备，否则容易造成热交换器过热、结垢。

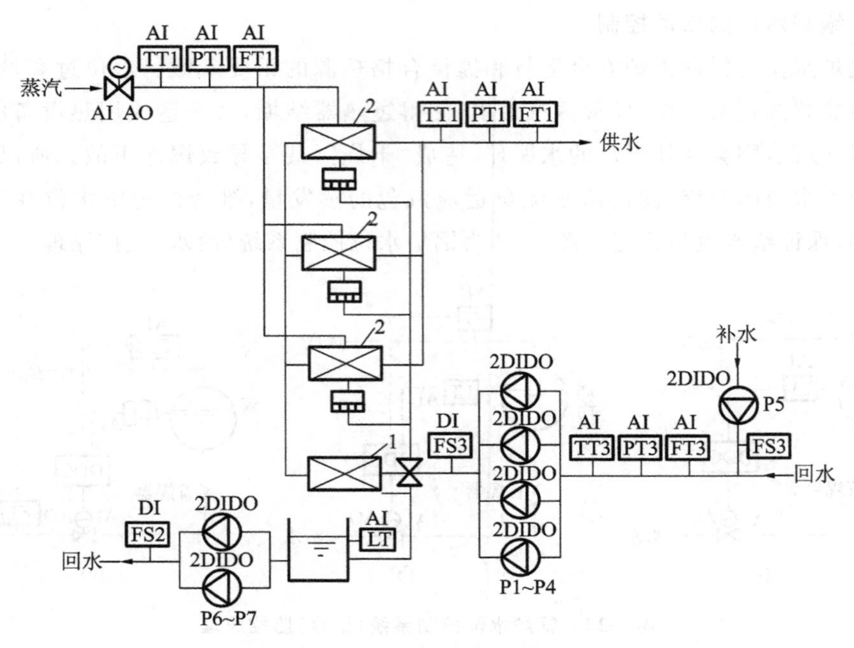

图 7-23 蒸汽-水换热器监控原理图

1—热水换热器;2—蒸汽-热水换热器

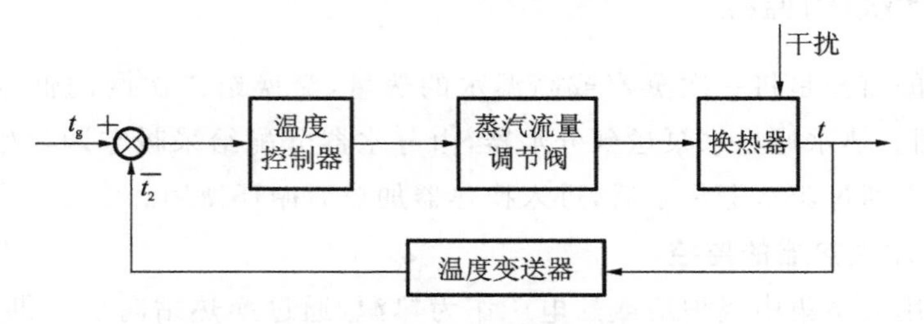

图 7-24 蒸汽-水换热器的单回路控制原理

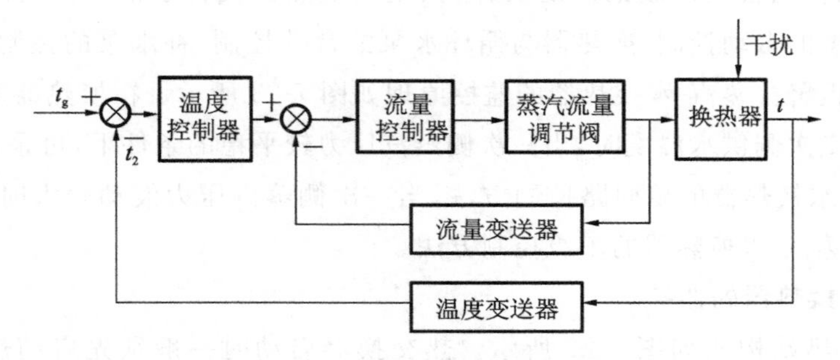

图 7-25 蒸汽-水换热器的串级控制原理

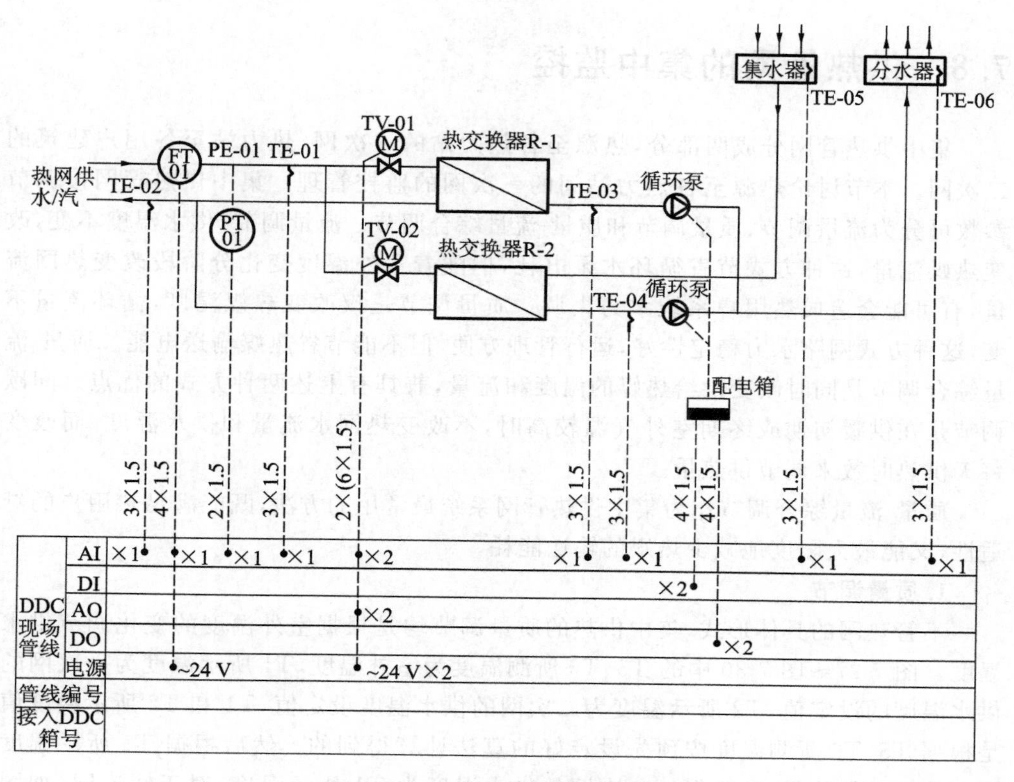

图 7-26　水-水换热站监控原理图

1)热交换器一次侧热计量

如果热交换器的热源来自于城市热网的蒸汽或热水，需要对蒸汽或热水进行热计量。对于蒸汽，需要测量蒸汽的温度、压力及流量；对于热水，需要测量进出口温度及流量。

2)热交换器二次侧出水温度控制

控制器将温度传感器检测的二次侧热水出口温度与设定值比较，调节一次侧电动阀的开度，使二次侧热水出口温度接近并保持在设定值(60～65 ℃)。需要注意的是当热交换器一次侧热媒为热水时，电动阀应采用等百分比流量特性。当一次侧热媒为蒸汽时，电动阀应采用直线特性。当系统内有多台热交换器并联使用时，应在每台热交换器二次侧热水出口处加装电动蝶阀，切断不工作的热交换器水路。

3)热交换器台数控制

根据分水器、集水器的供、回水温度及回水干管的流量测量值，计算末端设备所需热负荷，确定热交换器及热水循环水泵的台数。

4)热水泵调速控制

热水泵调速控制与一次泵系统水泵变速调节方法相同，采用恒定最远端末端压差控制法或多点压差控制法对供热水泵进行变频调速。

7.8 供热管网的集中监控

集中供热管网分成两部分,热源至各热力站的一次网,热力站至各用户建筑的二次网。本节讨论热源至各热力站间的一次网的监控管理。集中供热管网按调节参数可分为流量调节、质量调节和质量-流量综合调节。流量调节,供水温度不变,改变热媒流量,这种方式节省循环水泵电耗,但随着室外温度变化分阶段改变热网流量,有可能会造成热用户系统水力失调。质量调节是仅改变热媒温度,循环流量不变,这种方式网路水力稳定性好,运行管理方便,但不能节省热媒输送电能。质量-流量综合调节是同时改变供给热媒的温度和流量,兼具有上述两种方式的优点。间歇调节是在供暖初期或终期室外气温较高时,不改变热网水流量和供水温度,而改变每天供热时数来调节供热量。

质量-流量综合调节作为集中供热管网系统最常用的方法,既能满足热用户的舒适性,又能最大限度地减少热媒的输送能耗。

1. 质量调节

不管热网的具体形式,集中供热的质量调节均是根据室外温度的变化调节供水温度。图 7-27～图 7-30 中的 T5、T6 所测温度为室外温度,T1 所示温度为一次网的供水温度的设定值,T2 所示温度为二次网的供水温度设定值,T1 和 T2 所示温度值是根据 T5、T6 所测温度按预先设定好的算法计算得到的。然后根据 T1 所示温度调节热源的加热量,从而保证一次网的供水温度为 T1 所示温度;对于间连网(如图 7-29所示),根据 T2 调节一次网水调节阀 V1 的开度,保证二次网的出水温度为 T2 所示温度;对于混连网(如图 7-30 所示),根据 T2 所示温度调节变频混水泵的转速,保证混水站的出水温度为 T2 所示温度。

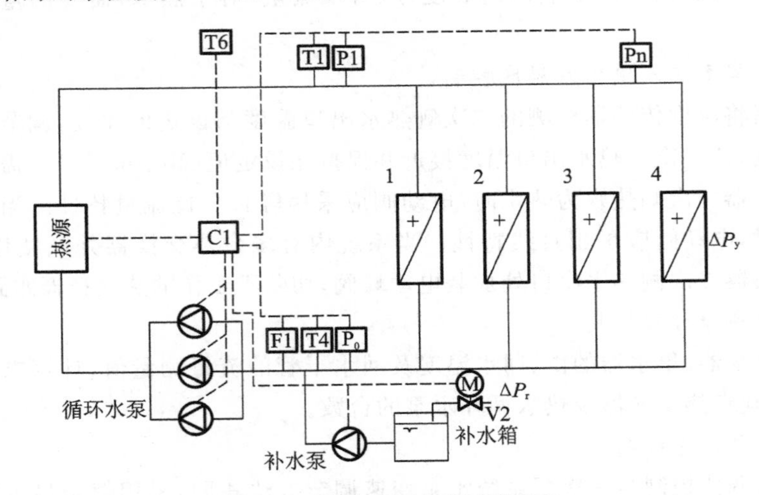

图 7-27 直连网压力控制原理图

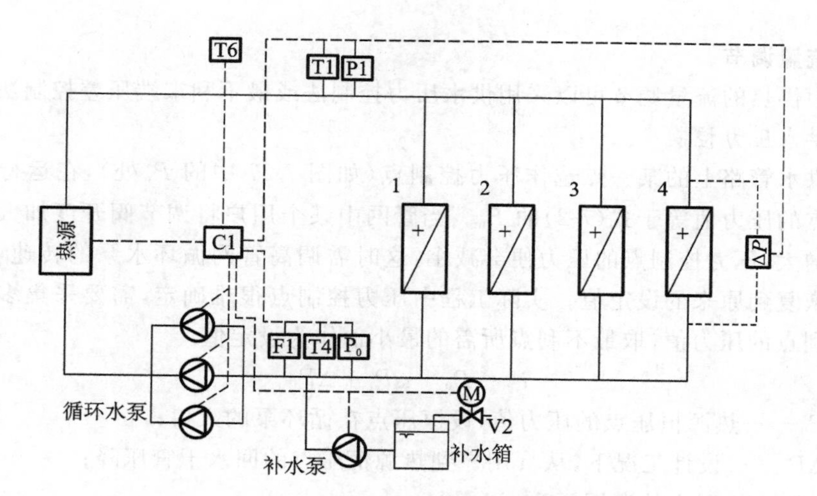

图 7-28　直连网压差控制原理图

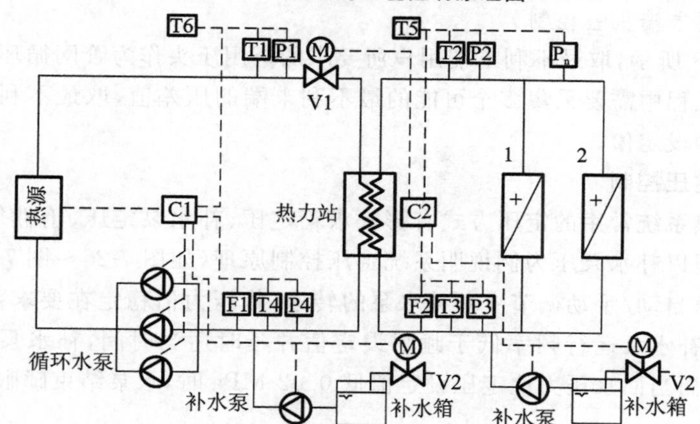

图 7-29　间连网压力控制原理图

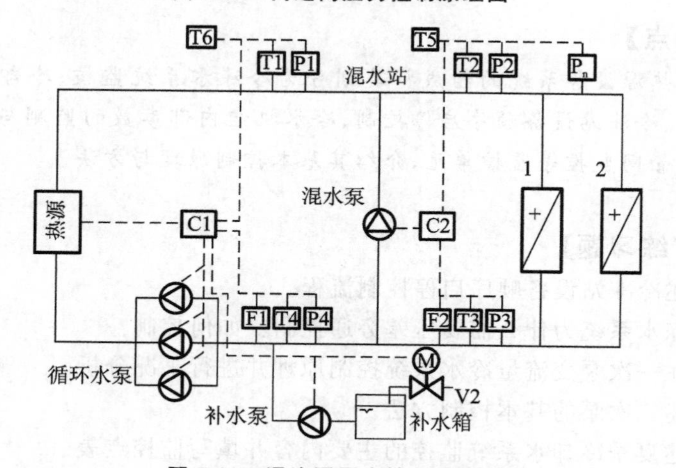

图 7-30　混连网压力控制原理图

2. 流量调节

集中供热的流量调节可以采用供水压力控制法或最不利末端压差控制法。

1)供水压力控制

在供水管路上的某一点选作压力控制点(如图 7-27 中的 P_n处),在运行过程中保证该点的压力值等于式(7-2)的 P_n。当管网中某个用户将调节阀开度加大造成管网流量增大,压力控制点的压力便会减小,这时需调高管网循环水泵的转速,使该点的压力恢复到原来的设定值。实际工程中压力控制点很难确定,需要采集多个可能的最不利点的压力值,取最不利点所需的最小值作为设定值。

$$P_n = P_0 + \Delta P_r + \Delta P_y \tag{7-2}$$

式中 P_0——热源恒压点的压力值,设恒压点在循环泵的入口;

ΔP_r——设计工况下,从 n 用户到热源恒压点的回水干管压降;

ΔP_y——用户的资用压头。

2)最不利末端压差控制

如图 7-28 所示,取最不利末端用户所要求的资用压头作为管网循环水泵调速的依据。实际工程中需要采集多个可能的最不利末端的压差值,取最不利点所需的最大压差值作为设定值。

3. 系统定压控制

集中供热系统常用的定压方式有膨胀水箱定压、补水泵定压、惰性气体定压、蒸汽定压。这里以补水泵压为例说明系统定压控制原理(如图 7-25～图 7-28),根据回水压力设定值自动/手动调节变频补水泵的转速,将压力值稳定在要求范围内,当补水量很少时,补水泵运行频率低于睡眠设定值并延时适当时间,补水泵进入睡眠状态停止运转,而当回水压力比定压设定值低 0.02 MPa 时,水泵结束睡眠状态重新进行运转。

【本章要点】

本章按冷热源设备系统的组成将其划分为冷冻水系统监控、冷却水系统监控、冷机台数控制、冷冻站设备顺序启停控制、冷水机组内部参数的监测与控制、热源系统监控和供热管网监控等监控单元,介绍其基本控制原理与方法。

【思考与练习题】

7-1　简述冷冻站设备顺序启停控制流程。

7-2　冷冻水系统为什么需要压差旁通控制?如何控制?

7-3　简述一次泵变流量冷水系统控制原理并进行工况分析。

7-4　简述二次泵的基本控制方法。

7-5　简述夏季冷却水系统监控的主要内容并填写监控点表。

7-6　简述冷却塔供冷的原理和监控。

7-7　采用负荷控制法，控制冷机启动/停止台数的基本条件是什么？

7-8　简述换热站系统监控主要内容并填写监控点表。

【深度探索和背景资料】

《公共建筑节能设计标准》(GB 50189—2015)(节选)

4.5　监测、控制与计量

4.5.1　集中供暖通风与空气调节系统，应进行监测与控制。建筑面积大于 20000 m^2 的公共建筑使用全空气调节系统时，宜采用直接数字控制系统。系统功能及监测控制内容应根据建筑功能、相关标准、系统类型等通过技术经济比较确定。

4.5.2　锅炉房、换热机房和制冷机房应进行能量计量，能量计量应包括下列内容：

(1)燃料的消耗量；

(2)制冷机的耗电量；

(3)集中供热系统的供热量；

(4)补水量。

4.5.3　采用区域性冷源和热源时，在每栋公共建筑的冷源和热源入口处，应设置冷量和热量计量装置。采用集中供暖空调系统时，不同使用单位或区域宜分别设置冷量和热量计量装置。

4.5.4　锅炉房和换热机房应设置供热量自动控制装置。

4.5.5　锅炉房和换热机房的控制设计应符合下列规定：

(1)应能进行水泵与阀门等设备联锁控制；

(2)供水温度应能根据室外温度进行调节；

(3)供水流量应能根据末端需求进行调节；

(4)宜能根据末端需求进行水泵台数和转速的控制；

(5)应能根据需求供热量调节锅炉的投运台数和投入燃料量。

4.5.6　供暖空调系统应设置室温调控装置；散热器及辐射供暖系统应安装自动温度控制阀。

4.5.7　冷热源机房的控制功能应符合下列规定：

(1)应能进行冷水(热泵)机组、水泵、阀门、冷却塔等设备的顺序启停和联锁控制；

(2)应能进行冷水机组的台数控制，宜采用冷量优化控制方式；

(3)应能进行水泵的台数控制，宜采用流量优化控制方式；

(4)二级泵应能进行自动变速控制，宜根据管道压差控制转速，且压差宜能优化调节；

(5)应能进行冷却塔风机的台数控制，宜根据室外气象参数进行变速控制；

(6)应能进行冷却塔的自动排污控制；

(7)宜能根据室外气象参数和末端需求进行供水温度的优化调节；

(8)宜能按累计运行时间进行设备的轮换使用；

(9)冷热源主机设备3台以上的，宜采用机组群控方式；当采用群控方式时，控制系统应与冷水机组自带控制单元建立通信连接。

4.5.8 全空气空调系统的控制应符合下列规定：

(1)应能进行风机、风阀和水阀的启停联锁控制；

(2)应能按使用时间进行定时启停控制，宜对启停时间进行优化调整；

(3)采用变风量系统时，风机应采用变速控制方式；

(4)过渡季宜采用加大新风比的控制方式；

(5)宜根据室外气象参数优化调节室内温度设定值；

(6)全新风系统送风末端宜采用设置人离延时关闭控制方式。

4.5.9 风机盘管应采用电动水阀和风速相结合的控制方式，宜设置常闭式电动通断阀。公共区域风机盘管的控制应符合下列规定：

(1)应能对室内温度设定值范围进行限制；

(2)应能按使用时间进行定时启停控制，宜对启停时间进行优化调整。

4.5.10 以排除房间余热为主的通风系统，宜根据房间温度控制通风设备运行台数或转速。

4.5.11 地下停车库风机宜采用多台并联方式或设置风机调速装置，并宜根据使用情况对通风机设置定时启停(台数)控制或根据车库内的CO浓度进行自动运行控制。

4.5.12 间歇运行的空气调节系统，宜设置自动启停控制装置。控制装置应具备按预定时间表、按服务区域是否有人等模式控制设备启停的功能。

第8章 其他建筑设备监控

8.1 建筑给水排水监控

建筑给水排水系统主要由水泵、水箱、水池、管道及阀门等组成。建筑给水排水监控系统是指为了保证供水质量，节约能源，实现供需水量、进排水量平衡和科学管理的系统，是建筑设备自动化中非常重要的一个子系统。

8.1.1 给水系统监控

大多数智能建筑给水系统通常有水泵＋高位水箱给水系统和恒压给水系统两种形式。下面以这两种形式为例说明建筑给水系统的监控原理。

1. 水泵＋高位水箱给水系统的监控

城市管网的供水先进入蓄水池，通过水泵将水提升到高位水箱，再从高位水箱依靠重力向给水管网配水。为保证供水的连续性和安全性，控制系统对高位水箱水位进行监测，当水箱中水位达到高水位时，水泵停止向水箱供水；当水箱中的水位到达低水位时，水泵再次启动向高位水箱供水。同时，系统监测给水泵的工作状态，当运行泵出现故障时，备用泵自动投入运行。该系统的监控原理如图8-1所示，具体的监控功能描述如下。

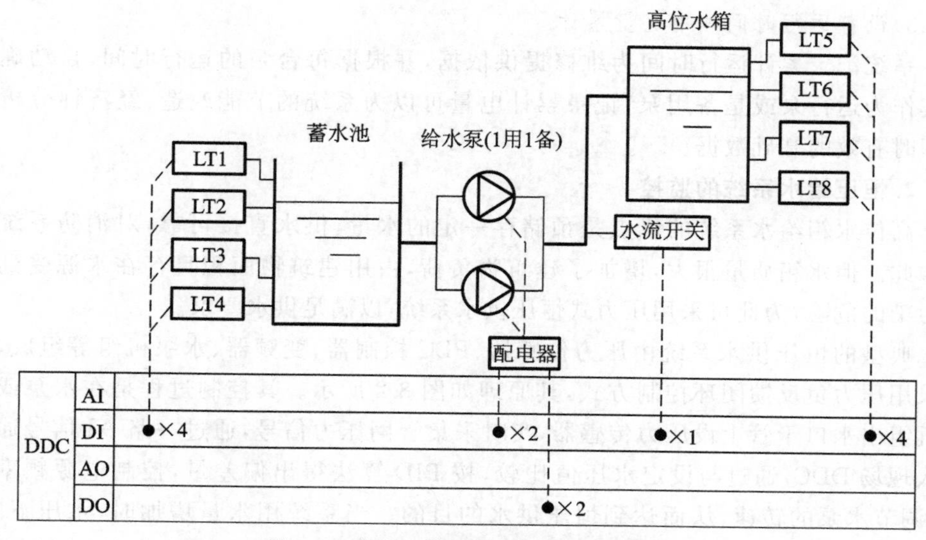

图8-1 高位水箱给水系统监控原理图

1)给水泵的启停控制

给水泵的启停由低位蓄水池和高位水箱水位自动控制。低位蓄水池设有4个水位信号(LT1～LT4),即溢流水位、下限水位(给水泵停泵水位)、最低报警水位和消防泵停泵水位;高位水箱设有4个水位信号(LT5～LT8),即溢流水位、上限水位、下限水位和最低报警水位。这些水位信号通过DI通道送入现场DDC经判断后,由DDC通过1路DO通道控制水泵的启停。

系统开始运行后,控制系统对高位水箱水位进行监测,当高位水箱液位降低至下限水位时,该信号由现场DDC控制器进行判断后,通过DO通道自动启动给水泵;当高位水箱水位达到上限水位(LT6)或蓄水池水位降至停泵下限水位(LT2)时,该水位信号又经DDC判断后发出停止给水泵信号。

水泵的运行状态和过载监视信号分别取自水泵控制接触器的辅助触点及热继电器的辅助触点,作为两路开关量输入信号,各自引入DDC不同的DI输入通道,用于监视水泵的启停状态和过载状态。当发生过载时控制过载水泵停机并发出过载报警信号,当工作泵出现故障时备用泵自动投入运行,实现系统对水泵工作状态和故障的监测。

2)检测与报警

当高位水箱液位达到溢流水位,以及低位蓄水池液位低至最低报警水位时,系统发出报警信号。在这里需要指出的是,蓄水池的最低报警水位并不意味着蓄水池无水,而是为了保障消防用水蓄水池必须留有一定的消防用水量。发生火灾时,消防泵启动,如果蓄水池液面达到消防泵停泵水位(LT4),系统将报警。出水干管上设水流开关(FS)或流量计,水流信号通过DI或AI通道送入现场控制器(DDC),以监视供水系统的运行状况。

3)设备运行时间和用电量累计

系统记录累计运行时间为维修提供依据,并根据每台泵的运行时间,自动确定将其作为运行泵或是备用泵;记录累计电量可以为系统的节能改造、经济性分析提供即时有效的基础数据。

2. 恒压给水系统的监控

高位水箱给水系统的优点是预储存一定的水量,供水直接可靠,对消防系统尤其如此。但水箱质量很大,增加了建筑物负荷,占用建筑物面积且存在水源受到二次污染的危险,为此可采用压力式恒压供水系统,以满足供水要求。

典型的恒压供水系统由压力传感器、PLC控制器、变频器、水泵机组等组成,系统采用压力负反馈闭环控制方式,其原理如图8-2所示。其控制过程是在水泵或水泵机组出水口干管上设压力传感器,实时采集管网压力信号,通过一路AI信号通道送入现场DDC,通过与设定水压值比较,按PID算法得出偏差量,控制电源频率变化,调节水泵的转速,从而达到恒压供水的目的。当系统用水量增加时,水压下降,DDC使变频器的输出频率提高,水泵的转速提高,供水量增大,维持系统水压基本不变；当系统用水量减少时，过程相反，控制系统使水泵减速，维持系统水压。

系统中设低水位控制器，其作用是当水池水位降至最低水位时（或消防水位），系统自动停机。如有多台水泵，均采用同一台变频调速器，由可编程控制器实现多台水泵的循环软启动。

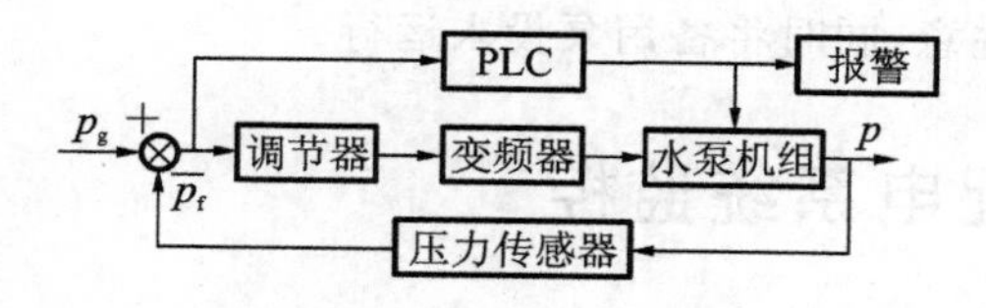

图 8-2　恒压供水系统原理框图

8.1.2　排水系统监控

在高层建筑排水系统中，污水靠重力向下流动，集中收集于集水池中，集水池一般位于建筑物的最低点（地下室），因此，必须用排水泵将污水提升至室外排水管网或水处理装置中。

1. 排水系统监测内容

①污水处理池、污（废）水集水池的高低液位显示及越限报警。

②监测水泵的启停及有关压力、流量等有关参数。

③监视水泵的运行状态，当水泵出现过载时停机并发出报警信号。

④累计运行时间为定时维修提供依据，并根据每台泵的运行时间自动确定作为工作泵或是备用泵。

2. 排水系统的控制

排水控制系统通常由液位计、现场控制器（DDC）及水泵等设备组成。典型的排水系统如图 8-3 所示。图中设有污（废）水集水池和 2 台排水泵，由 DDC 进行控制，保证排水安全可靠。

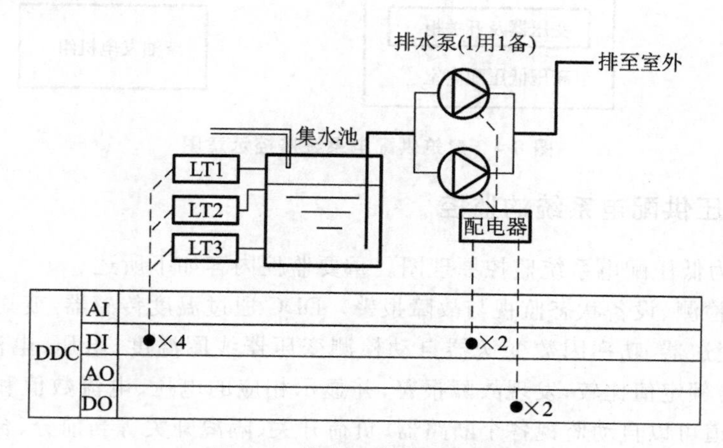

图 8-3　排水系统监控原理图

集水池设3个液位计监测液面位置，分别是下限液位LT3(停泵水位)、上限液位LT2(启泵水位)和高限液位LT1(报警水位)。液位信号通过DI通道送入现场DDC，当集水池中水位达到上限时，DDC启动一台排水泵运行开始排污，直到水位降至下限时停止排水泵运行。当污水流量较大，水位达到高限时，监控系统发出报警信号，提醒值班人员注意，同时将备用泵投入运行。

8.2 建筑供配电系统监控

《智能建筑设计标准》(GB/T 50314—2015)规定："供配电系统的监视包括中压开关与主要低压开关的状态监视及故障报警；中压与低压主母排的电压、电流及功率因数测量；电能计量；干式变压器温度监测及超温报警；备用及应急电源的手动/自动状态、电压、电流及频率监测；主回路及重要回路的谐波监测与记录。"目前建筑配电系统中大多都配备以PLC或单片机为核心的专用智能供配电监控管理系统，BAS只通过通信接口进行监视，不做控制。图8-4所示为建筑供配电系统监控示意图。

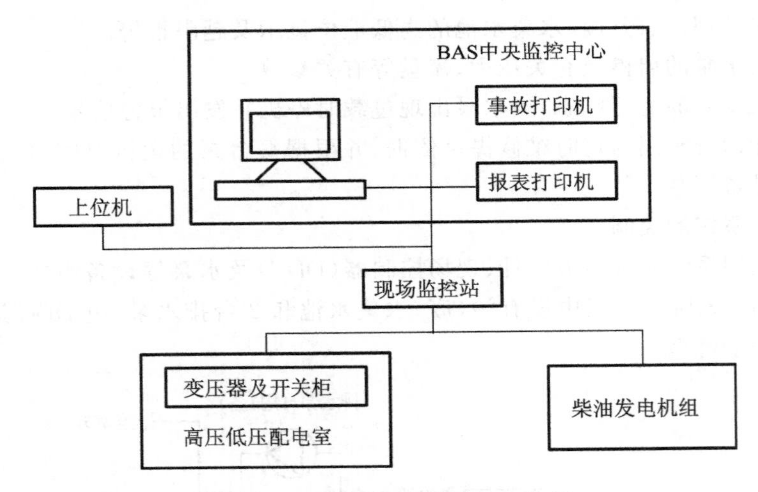

图8-4 建筑供配电系统监控示意图

8.2.1 低压供配电系统的监控

图8-5为低压配电系统监控原理图。重要监控内容如下所述。

①参数检测、设备状态监视与故障报警。DDC通过温度传感器/变送器、电压变送器、电流变送器、功率因数变送器自动检测变压器线圈温度、电压、电流和功率因数等参数，与额定值比较，发现故障报警，并显示相应的电压、电流数值和故障位置。经由DO通道可以自动监视各个断路器、负荷开关、隔离开关等当前分、合状态。

②变压器监测内容包括变压器温度监测、风冷变压器风机运行状态监测、油冷

变压器油温及油位监测等。

③电量计量。DDC 根据检测到的电压、电流、功率因数计算有功功率、无功功率，累计用电量，为绘制负荷曲线、无功补偿及电费计算提供依据。

低压配电的供电对象有冷水机组、照明、泵类、电梯等。监测的这些参数对楼宇的管理工作非常重要。基于这些参数，可以分析楼宇内各主要用电设备的运行与用电情况，为有效的管理提供帮助。

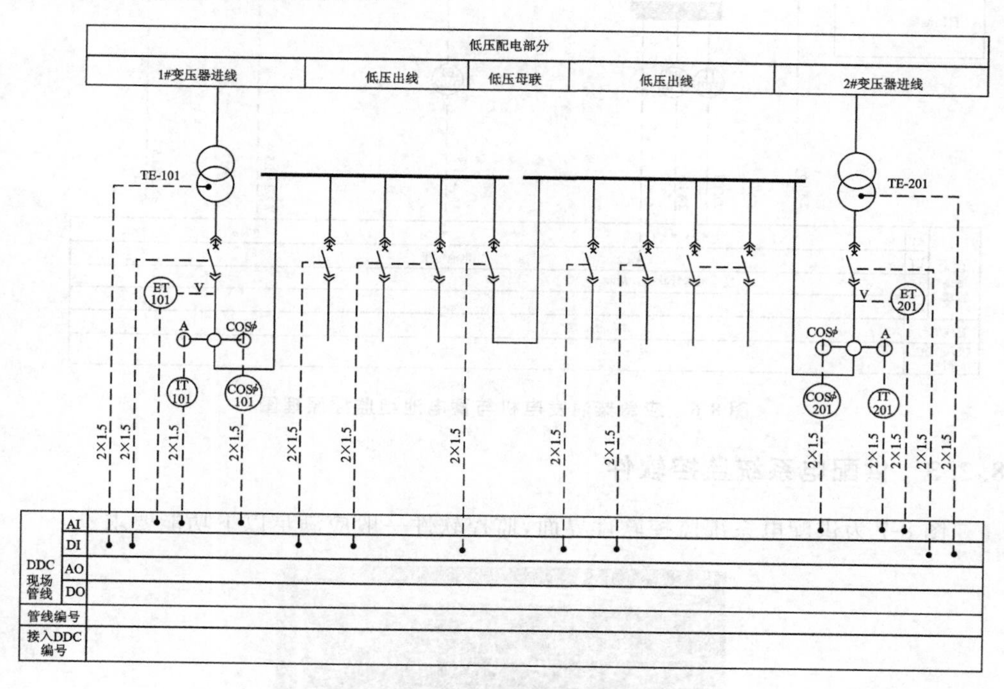

图 8-5　低压供配电系统监控原理图

IT—电流变送器；TE—温度变送器；ET—电压变送器；$\cos\varphi$—功率因数变送器

8.2.2　应急柴油发电机与蓄电池组的监控

为保证消防泵、消防电梯、紧急疏散照明、防排烟设施、电动防火卷帘门等消防用电，必须设置自备应急柴油发电机组，按一级负荷对消防设施供电。柴油发电机应启动迅速、自动启动控制方便，市网停电后在 10～15 s 内接待应急负荷，适合作应急电源。对柴油发电机的监控包括电压、电流等参数检测，机组运行状态监视，故障报警和日用油液位监测等。由于高压配电室对继电保护要求严格，一般的纯交流或整流操作难以满足要求，必须设置蓄电池组，以提供控制、保护、自动装置及应急照明等所需的直流电源。对蓄电池组的监控包括电压监视、过流过电压保护及报警等，其监控原理如图 8-6 所示。

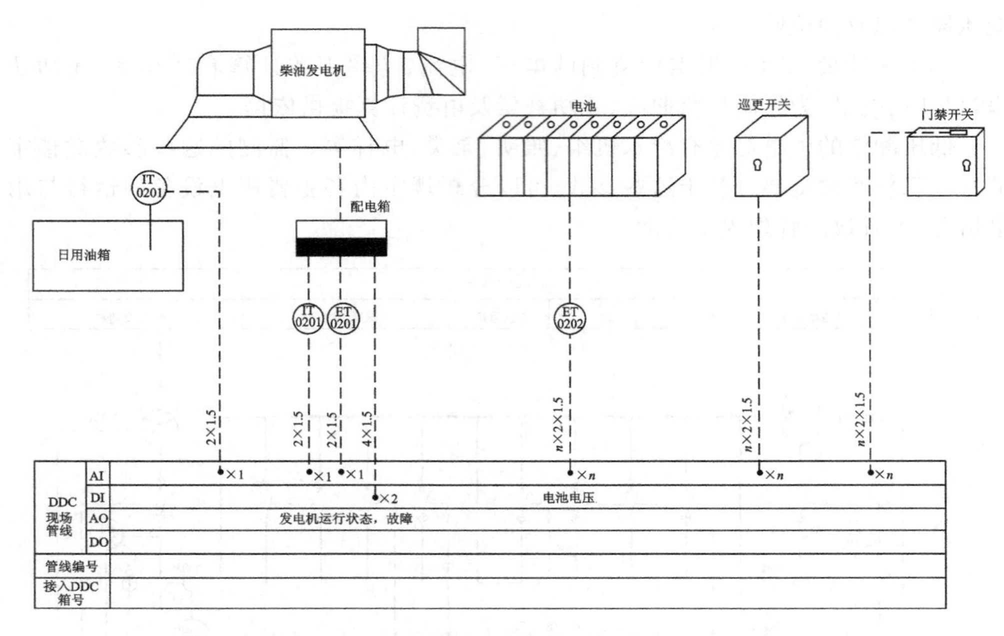

图 8-6　应急柴油发电机与蓄电池组监控原理图

8.2.3　供配电系统监控软件

图 8-7 为供配电系统监控软件界面，监控软件一般应满足以下功能要求。

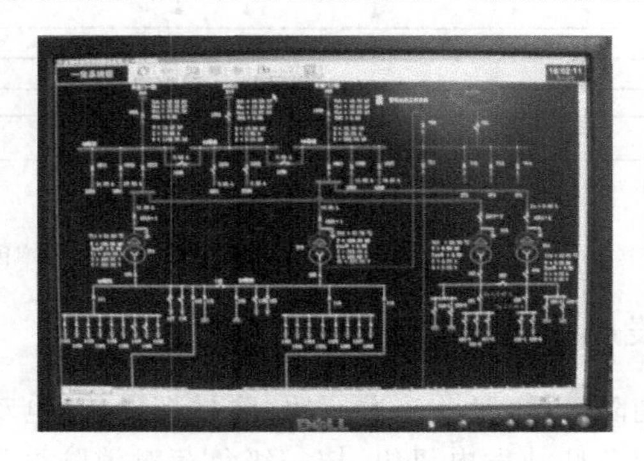

图 8-7　供配电系统监控软件界面

①电压、电流、温度等参数的数据采集与集中监视功能。

②控制分闸/合闸操作及防误操作闭锁控制功能。

③运行参数进行实时和历史的运行分析。

④通过现场监测终端所采集的综合信息，当发生故障时通过专家系统进行故障分析、判断和故障处理。

⑤报警、保护及事件记录功能。

⑥能生成、预演、执行、管理及打印操作票。

⑦系统可对供配电的实时运行状态和历史运行状态及事件形成各类曲线图、报表并可打印输出。

8.3　建筑照明系统监控

通常照明监控系统主要有两方面的任务：一是为了保证建筑物内各区域的照度及视觉环境而对灯光进行控制，称为环境照度控制；二是以节能为目的，对照明设备进行的控制，称为照明节能控制。

8.3.1　照明系统的控制模式

楼宇照明设备的控制包括以下几种典型的控制模式。

1)时间表控制模式

这是楼宇照明控制中最常用的控制模式，工作人员预先在上位机编制运行时间表，并下载至相应控制器，控制器根据时间表对相应照明设备进行启/停控制。时间表中可以随时插入临时任务，如某单位的加班任务等，临时任务的优先级高于正常时间配置，且一次有效，执行后自动恢复至正常时间配置的安排。

2)情景切换控制模式

在这种模式中，工作人员预先编写好几种照明方式，并下载至相应控制器。控制器读取现场情景切换按钮状态或远程系统情景设置，并根据读入信号切换至对应的照明模式。

3)动态控制模式

这种模式往往和一些传感器设备配合使用。如根据照度自动调节的照明系统中需要有照度传感器，控制器根据照度反馈自动控制相应区域照明系统的启/停或照明亮度。又如，有些走道可以根据相应的声感、红外感应等传感器判别是否有人经过，借以控制相应照明系统的启/停等。

4)远程强制控制模式

除了以上介绍的自动控制方式外，工作人员也可以在工作站远程对固定区域的照明系统进行强制控制，远程设置其照明状态。

5)联动控制模式

联动控制模式是某一联动信号触发的相应区域照明系统的控制变化。如火警信号的输入、正常照明系统的故障信号输入等均属于联动信号。当它们的状态发生变化时，将触发相应照明区域的一系列联动动作，如逃生指示灯的启动、应急照明系统的切换等。

以上各种控制模式之间并不相互排斥，在同一区域的照明控制中往往可以配合使用。当然，这就需要处理好各模式之间的切换或优先级关系。例如，走廊照明系统可以采用时间表控制、远程强制控制及安保联动控制三种模式相结合的控制方式。其中,远程强制控制的优先级高于时间表控制,安保联动控制的优先级高于强制远程控制。正常情况下,走道照明按预设时间表进行控制;如有特殊需要可远程强制控制某一区域的走道照明的启/停;当某区域安保系统发生报警时,自动打开相应区域走道的全部照明,以便用闭路电视监控系统察看情况。

8.3.2 智能照明控制系统

智能照明控制系统适合于大型公共建筑物,其主要目标是节能、高效管理和创造舒适的视觉环境。通常由调光模块、开关模块、控制面板、液晶显示触摸屏、智能照度传感器、编程插口、时钟管理器、手持编程器和 PC 监控机等部件模块组成。主流的智能照明控制系统一般采用全分布式系统结构,所有设备均配有各自独立的 CPU,可将模块分散安装在不同的区域,只需通过一根五类线便将所有设备连接成一网络,监控室的电脑可以作为整个系统中的一个单元进行系统管理及维护。

图 8-8 为某剧院采用 Dynalite 智能照明控制系统的网络结构图。该系统即可采用 RS485 通信协议独立成系统,也可通过软件包利用 TCP/IP 协议将灯光控制系统与 BAS 实现无缝联接。智能照明控制网络的控制对象确定为观众台、舞台和工作区域。调光回路总计 29 路,主要用于观众区域及舞台反音罩灯;开关回路 10 条,分布在工作区域上。在灯光控制室配备液晶显示控制器和 1 块控制面板,用户通过友好的服务界面可以很容易对照明控制系统进行管理及修改。工作区域主要包括各马道上灯光控制。每个马道配备一个探测器,工作人员持便携式遥控器 DTK510,在任何位置都能够轻松地对系统进行控制。舞台区域主要为反音罩的灯光的控制,舞台入口处各配置一块面板,方便管理。控制设备配置见表 8-1。

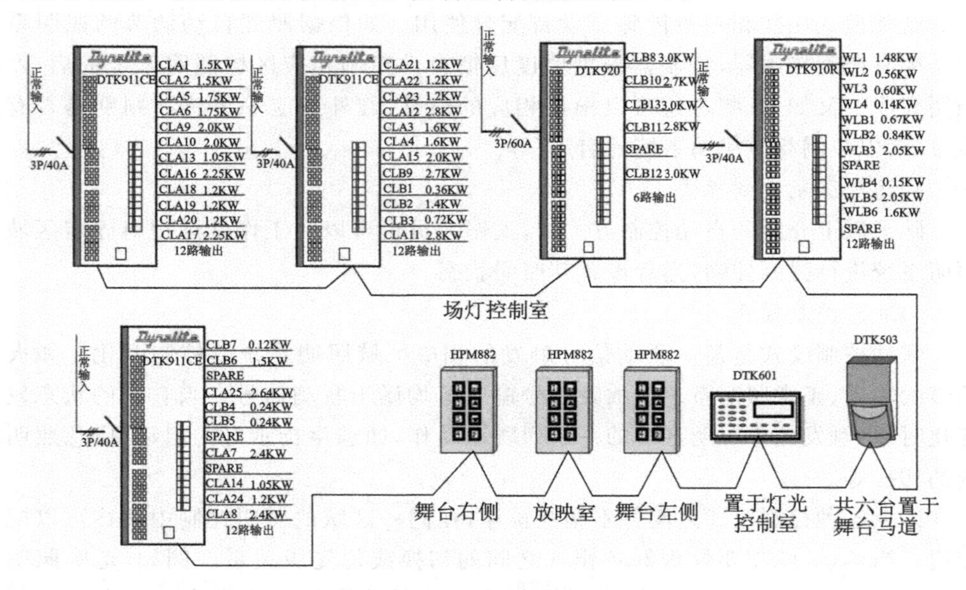

图 8-8　某剧院 Dynalite 智能照明控制系统网络结构

表 8-1 某剧院 Dynalite 智能照明控制系统设备配置

型 号	描 述	数 量
DTK920CE	6 路，20A/路数字式可编程调光控制器	1
DTK911CE	12 路，其中 9 路×10A，3 路×16A 数字式可编程调光控制器	3
DTK910R	12 路，10A/路数字式可编程开关控制器	1
DTK503C	智能探测器	6
DTK601	液晶显示可编程控制器	1
DTK510	便携式遥控器	3
HPM882	8 键可编程控制面板	3
330 m UTP 五类线		1

8.4 火灾自动报警与控制系统

8.4.1 火灾自动报警控制系统的基本原理

火灾自动报警控制系统是早期发现火灾，及时扑救火灾，减小和控制火灾损失最重要的技术手段。其工作原理如图 8-9 所示。安装在保护区的火灾探测器通过对火灾发出燃烧气体、烟雾粒子、温升和火焰的探测，将探测到的火情信号转化为火警电信号。在现场的人员若发现火情后，也应立即直接按动手动报警按钮，发出火警电信号。火灾报警控制器接收到火警电信号，经确认后，一方面发出预警、火警声光报警信号，同时显示并记录火警地址和时间，告诉消防控制中心的值班人员；另一方面将火警电信号传送至各楼层（防火分区）所设置的火灾显示盘，火灾显示盘经信号处理，发出预警和火警声光报警信号。并显示火警发生的地址，通知楼层（防火分区）值班人员立即察看火情并采取相应的扑灭措施。在消防控制中心还可能通过火灾报警控制器的通信接口，将火警信号在 CRT 微机彩显系统显示屏上更直观地显示出来。各应急疏散指示灯亮，指明疏散方向。只有确认是火灾时，火灾报警控制器才发出系统控制信号，驱动灭火设备，实现快速、准确灭火。与一般的自动控制系统性不同，火灾报警控制器在运算、处理这两个信号差值时，要人为地加一段适当的延时。在这段延时时间内，对信号进行逻辑运算、处理、判断、确认。这段人为的延长时间（一般为 20～40 s），如果火灾未经确认，火灾报警控制器就发出系统控制信号，驱动灭火系统动作，势必造成不必要的损失。

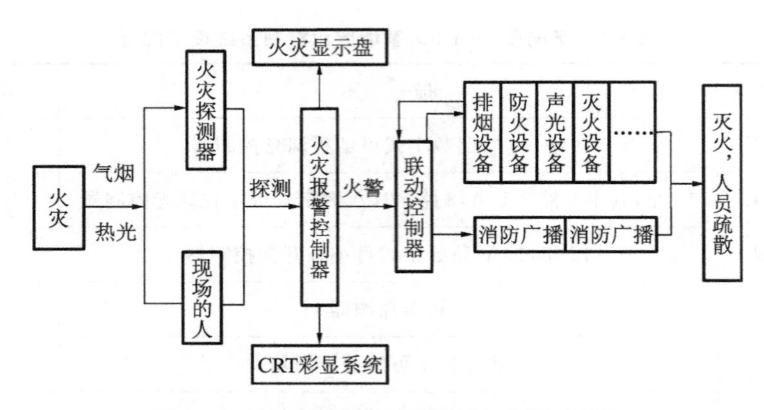

图 8-9 火灾自动报警控制系统工作原理框图

8.4.2 火灾自动报警控制系统的应用形式

火灾报警控制器是火灾信息处理和报警识别与控制的核心,最终通过联动控制装置实施对消防设备的联动控制和灭火操作。因此,根据火灾报警控制器功能与结构以及系统设计构思的不同,火灾自动报警系统呈现出不同的应用形式。一般火灾报警控制器按照其用途可以分为区域火灾报警控制器、集中火灾报警控制器和通用火灾报警控制器。

1. 区域报警系统

区域报警系统由火灾探测器、手动报警器、区域报警控制器、火灾警报装置等构成,如图 8-10 所示。这种系统形式适用于小型建筑设置应满足以下几点。

①一个报警区域宜设置一台区域火灾报警控制器。

②系统能设置一些功能简单的消防联动控制设备。

③区域报警控制器应设置在有人值班的房间。

④当该系统用于警戒多个楼层时,应在每层楼的楼梯口和消防电梯前等明显部位设置识别报警楼层的灯光显示装置。

⑤区域火灾报警控制器安装在墙壁上时,其底边距地面高度宜为 1.3～1.5 m,其靠近门轴的侧面距墙不应小于 0.5 m,正面操作距离不应小于 1.2 m。

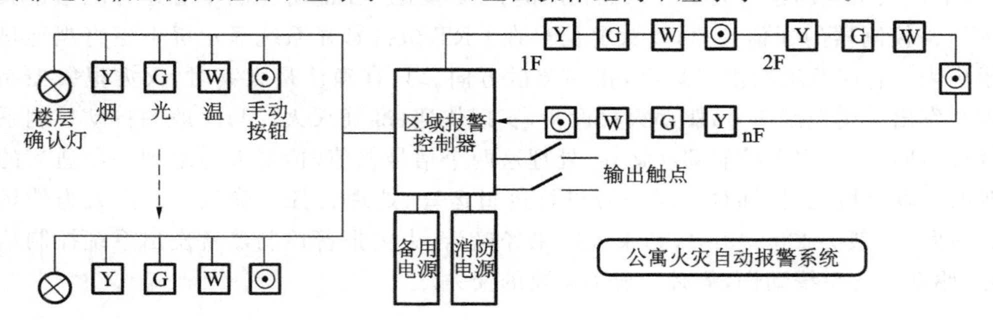

图 8-10 区域报警系统示意图

2. 集中报警系统

集中报警系统由火灾探测器、区域火灾报警控制器和集中火灾报警控制器等组成。按照现行《火灾自动报警系统设计规范》，集中报警系统形式适用于高层宾馆、写字楼等，其基本结构如图 8-11 所示，其设置应符合以下要求。

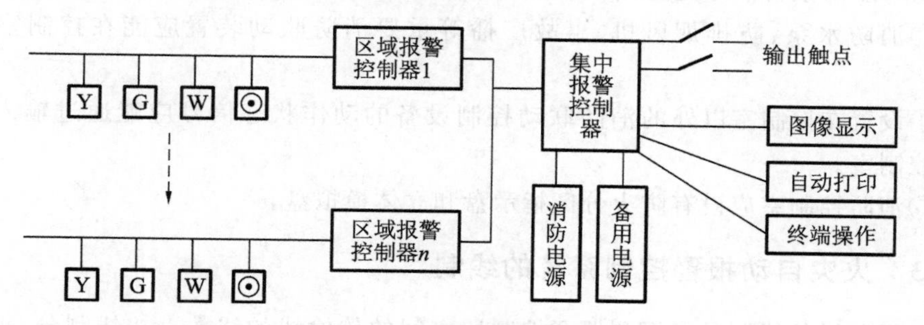

图 8-11　集中报警系统示意图

①系统应设有一台集中报警控制器和两台以上区域报警控制器(或区域显示器)。

②系统中应设置消防联动控制设备。

③集中报警控制器应能显示火灾报警的具体部位，并能实现联动控制。

④集中报警控制器应设置在有人值班的消防控制室或专用房间内。

3. 控制中心报警系统

控制中心报警系统由设置在消防控制中心(或消防控制室)的消防联动控制装置、集中火灾报警控制器、区域火灾报警控制器和各种火灾探测器等组成，或由消防联动控制装置、环状或枝状布置的多台通用火灾报警控制器和各种火灾探测器及功能模块等组成，如图 8-12 所示。控制中心报警系统形式适用于大型建筑群、高层或超高层建筑、大型综合商场、宾馆、公寓综合楼等对象。控制中心报警系统的设计，应符合以下要求。

①系统中至少应设置一台集中火灾报警控制器、一台专用消防联动控制设备和两台及两台以上区域火灾报警控制器；或者至少设置一台火灾报警控制器、一台消防联动控制设备和两台及两台以上区域显示器。

②系统应能集中显示火灾报警部位信号和联动控制状态信号。

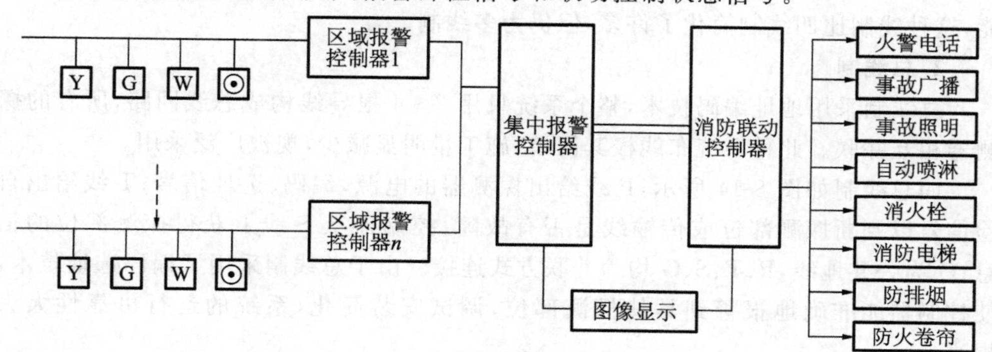

图 8-12　控制中心报警系统示意图

有的厂家报警控制器允许一定数量的控制模块进入报警控制总线，不用单独设置联动控制器。系统设置应注意以下几点。

①探测器连接方式可为环形或枝形，接线时应避免在同一点上汇线过多。

②每层的报警信号先送到同层的区域报警控制器，然后经干线送到集中控制器。

③消防水泵、防排烟风机、事故广播等重要消防联动装置应能在控制室手动控制。

④设置在控制室以外的消防联动控制设备的动作状态信号应能通过输入模块送到控制室。

⑤消防控制室应设有防火分区指示盘和立体模拟盘。

8.4.3 火灾自动报警控制系统的线制

这里所说的线制是指探测器和控制器之间的传输线的线数。按线制分，火灾自动报警系统分为多线制和总线制。

1. 多线制

这是早期的火灾报警技术，其特点是一个探测器构成一个回路，与火灾报警控制器连接。多线制分为四线制和二线制。四线制即 $n+4$ 制(见图 8-13)，n 为探测器数，4 指公用线数，分别为电源线 V(24 V)、地线 G、信号线 S、自诊断线 T，另外每个探测器设一根选通线 ST。仅当某选通线处于有效电平时，在信号线上传送的信息才是该探测部位的状态信号。这种方式的优点是探测器的电路比较简单，供电和取信息相当直观。但缺点是线多，配管直径大，穿线复杂，线路故障多，现已被淘汰。

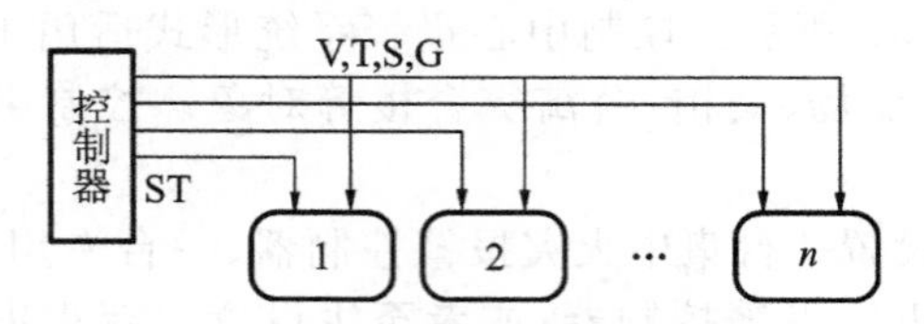

图 8-13　多线制连接示意图

二线制即 $n+1$ 线制，即一条是公用地线，另一条承担供电、选通信息与自检的功能，这种线制比四线制简化了许多，但仍为多线制。

2. 总线制

总线制采用地址编码技术，整个系统只用 2～4 根导线构成总线回路，所有的探测器相互并联。此种系统布线极其简单，施工量明显减少，现被广泛采用。

四总线制如图 8-14 所示，P 线给出探测器的电源，编码、选址信号；T 线给出自检信号以判断探测部位或传输线是否有故障；控制器从 S 线上获得探测部位的信息；G 为公共地线，P、T、S、G 均为并联方式连接。由于总线制采用了编码选址技术，使控制器能准确地报警到具体探测部位，调试安装简化，系统的运行可靠性大大提高。

二总线制比四总线制又进了一步，用线量更少，但技术的复杂性和难度也提高了。二总线中的G线为公共地线，P线则完成供电、选址、自检、获取信息等功能。目前，二总线制应用最多，新型智能火灾报警系统也建立在二总线的运行机制上。

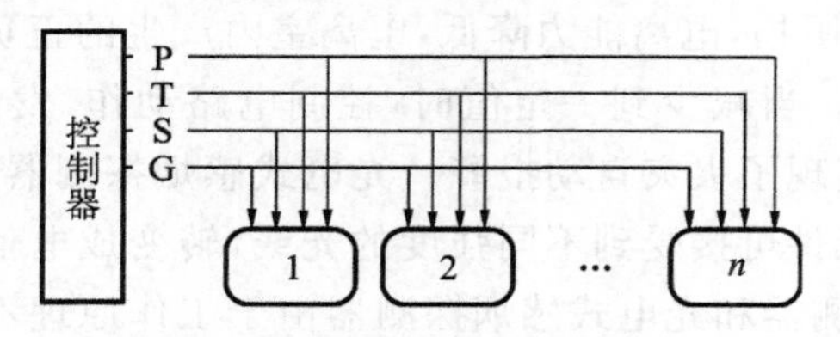

图 8-14 四总线制连接示意图

二总线系统有枝形和环形两种。枝形接法接线如图 8-15(a)所示。采用这种接线方法时，如果发生断线，可以自动判断故障点。但故障点后的探测器不能工作。环形接法接线如图 8-15(b)所示。这种接法要求输出的两根总线返回控制器另两个输出端子，构成环形。此种接线方式的优点在于当探测器发生诸如短路、断路等故障时，不影响系统的正常工作。

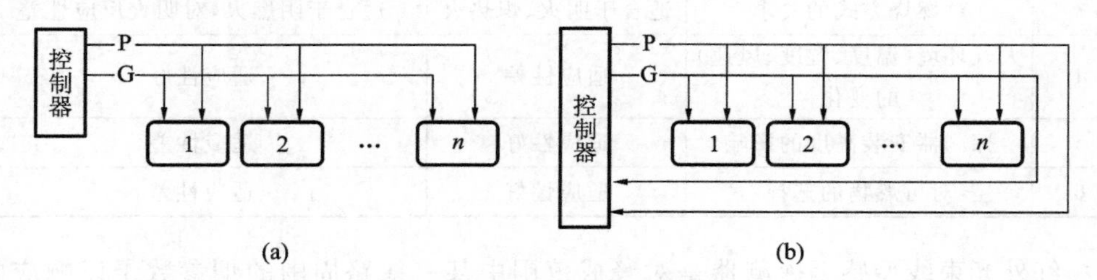

图 8-15 二总线制连接示意图

8.4.4 火灾探测器

火灾探测器是探测火灾信息的传感器。它是火灾自动报警和自动灭火系统最基本的和最关键的部件之一。它是以探测物质燃烧过程中产生的各种物理现象为依据，是整个系统自动检测的触发器件，能不间断地监视和探测被保护区域的火灾初期信号。

1. 火灾探测器类型

根据火灾探测器探测火灾参数的不同，可分为感烟式、感温式、感光式、可燃气体探测式和复合式等主要类型。下面简单介绍几种。

1)感烟火灾探测器

感烟火灾探测器对燃烧或热解产生的固体或液体微粒予以响应，可以探测物质初期燃烧所产生的气溶胶(直径为 0.01～0.1 pm 的微粒)或烟粒子浓度。因为感烟火灾探测器对火灾前期及早期报警很有效，所以应用最广泛。常用的感烟火灾探测器有离子式感烟探测器、光电式感烟探测器及红外光束线型感烟探测器。

离子式感烟探测器是目前应用最多的一种火灾探测器，其工作原理是，正常情况电离室在电场作用下，正、负离子呈有规则运动，使电离室形成离子电流。当烟粒子进入电离室时,被电离的正离子和负离子被吸附到烟雾粒子上,使正离子和负离子互相中和的概率增加,这样就使到达电极的有效离子数减少。另一方面,由于烟粒子的作用,α 射线被阻挡,电离能力降低,电离室内产生的正负离子数减少,这些变化导致电离电流减少。当减少到一定值时,控制电路动作,发出报警信号。此报警信号传输给报警器,实现了火灾自动报警。光电式感烟探测器是根据烟雾对光的吸收或散射作用,光敏元件可接受到不同强度的光线,转变成电信号后,达到阈值进行报警。离子式感烟探测器和光电式感烟探测器由于工作原理不同,在性能特点上也是各有所长,见表 8-2。

表 8-2 离子式感烟探测器和光电式感烟探测器基本性能比较

序号	基本性能	离子式感烟探测器	光电式感烟探测器
1	对燃烧产物颗粒大小的要求	无要求,均适合	对小颗粒不敏感,对大颗粒敏感
2	对燃烧产物颜色的要求	无要求,均适合	不适于黑烟、浓烟、适合于白烟、浅烟
3	对燃烧方式的要求	适合于明火、炽热火	适合于阴燃火,对明火反应性差
4	大气环境(温度、湿度、风速)的变化	适应性差	适应性好
5	探测器安装高度的影响	适应性好	适应性差
6	对可燃物的选择	适应性好	适应性差

红外光束线型感烟探测器是对警戒范围中某一线路周围的烟参数予以响应的火灾探测器。其工作原理是,在正常情况下,红外光束探测器的发射器发送一个波长为 940 nm 的红外光束,它经过保护空间不受阻挡地射到接收器的光敏元件上,发生火灾时,由于烟雾扩散到测量区内,使接收器收到的红外光束辐射通量减弱,当辐射通量减弱到预定的感烟动作阈值时,探测器立即动作,发出火灾报警信号。

线型感烟探测器具有保护面积大、安装位置较高、在相对湿度较高和强电场环境中反应速度快等优点,适宜保护空间较大的场所。不宜使用线型感烟探测器的场所:有剧烈震动的场所;有日光照射或强红外光辐射源的场所;在保护空间有一定浓度的灰尘、水气粒子且粒子浓度变化较快的场所。

2)感温式火灾探测器

感温式火灾探测器是响应异常温度、温升速率和温差等火灾信号的探测器。按其作用原理可分为定温式、差温式和差-定温式三大类。

①定温式探测器。温度达到或超过预定值时响应的感温式探测器,最常用的类型为双金属定温式点型探测器。其常用结构形式有圆筒状和圆盘状两种。

②差温式探测器。当火灾发生时,室内温度升高速率达到预定值时响应的探测器。

③差-定温式探测器。兼有差温和定温两种功能的感温探测器,当其中某一种功能失效时,另一种功能仍能起作用,因而大大提高了可靠性。差-定温式探测器分为

机械式和电子式两种。

3)感光式火灾探测器

感光式火灾探测器又称火焰探测器。可以对火焰辐射出的红外线、紫外线、可见光予以响应。这种探测器对迅速发生的火灾或爆炸能够及时响应。

4)气体火灾探测器

气体火灾探测器又称可燃气体探测器,是对探测区域内的气体参数敏感响应的探测器。它主要用于炼油厂、溶剂库和汽车库等易燃易爆场所。

5)复合火灾探测器

复合火灾探测器是对两种或两种以上火灾参数进行响应的探测器。它主要有感温感烟探测器、感温感光探测器和感烟感光探测器等。

2. 火灾探测器的选择

①火灾初期阴燃阶段,产生大量的烟和少量的热,很少或没有火焰辐射,应选用感烟探测器。

②火灾发展迅速,产生大量的热、烟和火焰辐射,可选用感温探测器、感烟探测器、火焰探测器或其组合。

③火灾发展迅速,有强烈的火焰辐射和少量的烟、热,应选用火焰探测器。

④火灾形成特点不可预料,可进行模拟试验,根据试验结果选择探测器。

⑤在散发可燃气体和可燃蒸气的场所,宜选用可燃气体探测器。

⑥当有自动联动器或自动灭火系统时,宜采用感烟、感温、火焰探测器的组合。

⑦对不同高度的房间,可按表 8-3 选择火灾探测器。

表 8-3　房间高度与探测器关系

房间高度 h/m	感烟探测器	感温探测器			火焰探测器
		一级	二级	三级	
$12<h\leqslant 20$					√
$8<h\leqslant 12$	√				√
$6<h\leqslant 8$	√	√			√
$4<h\leqslant 6$	√	√	√		√
$h\leqslant 4$	√	√	√	√	√

8.4.5　火灾报警控制器

1. 火灾报警控制器基本功能

火灾报警控制器是火灾自动报警控制系统的核心。根据国家标准 GB/T 5907.5—2015 的定义可知,火灾报警控制器的作用是向火灾探测器提供高稳定度的直流电源;监视连接各火灾探测器的传输导线有无故障;能接收火灾探测器发送的火灾报警信号,迅速、正确地进行转换和处理,并以声、光等形式指示火灾发生的具体部位,进而发送消防设备的启动控制信号。其主要功能如下所述。

①故障报警:检查探测器回路断路、短路、探测器接触不良或探测器自身故障等,并进行故障报警。

②火灾报警:将火灾探测器、手动报警按钮或其他火灾报警信号单元发出的火灾信号转换为火灾声、光报警信号,指示具体的火灾部位和时间。

③火灾报警优先功能:在系统存在故障的情况下出现火警,则报警控制器能由故障报警自动转变为火灾报警,当火警被清除后,又自动恢复原有故障报警状态。

④火灾报警记忆功能:当控制器收到火灾探测器送来的火灾报警信号时,能保持并记忆,不可随火灾报警信号源的消失而消失,同时也能继续接收、处理其他火灾报警信号。

⑤声光报警消声及再响功能:火灾报警控制器发出声、光报警信号后,可通过控制器上的消声按钮人为消声,如果停止声响报警时又出现其他报警信号,火灾报警控制器应能进行声光报警。

⑥时钟单元功能:当火灾报警时,能指示并记录准确的报警时间。

⑦输出控制功能:用于火灾报警时的联动控制或向上一级报警控制器输送火灾报警信号。

⑧它具有主电源和备用电源两部分,向火灾探测器供电。

2. 火灾报警控制器类型与选择

火灾报警控制器的分类方法很多,如图 8-16 所示。其选择的关键参数是“容量”。容量是指能够接收火灾报警信号的回路数,一般用“M”表示。每一总线回路所连接的火灾探测器及控制模块(或信号模块)的地址编码总数均宜留有余量。所留余量大小,应根据保护对象的具体情况,如工程规模、重要程度等合理掌握,一般可控制在 15%~20%。

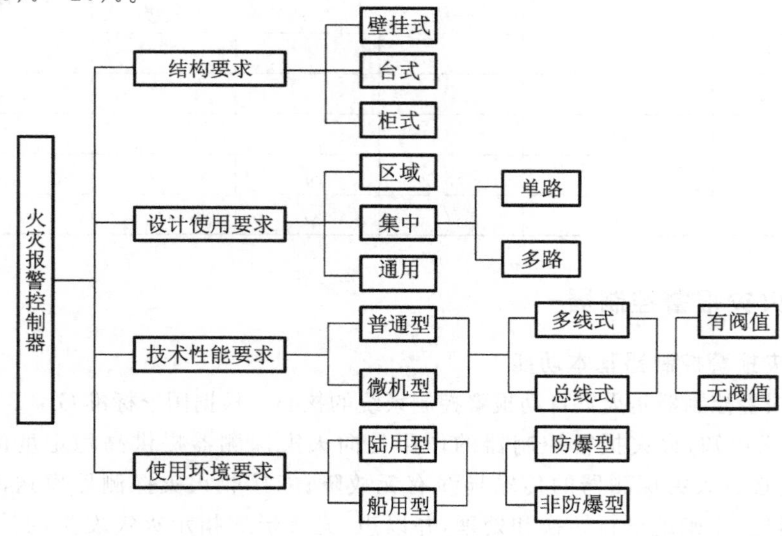

图 8-16 火灾报警控制器分类

8.4.6　火灾自动报警系统的配套设备

1. 手动报警按钮

手动报警按钮安装在公共场所，当人工确认火灾发生后，按下按钮上的有机玻璃片，可向控制器发出火灾报警信号。控制器接收到报警信号后，显示出报警按钮的编号或位置并发出声光报警。每个防火分区应至少设置一个手动火灾报警按钮。从一个防火分区内的任何位置到最邻近的一个手动火灾报警按钮的距离不应大于30 m。手动火灾报警按钮应设置在明显的和便于操作的部位。当安装在墙上时，其底边距地高度应为1.3～1.5 m，且应有明显的标志。

2. 地址码中继器

如果一个区域内的探测器数量过多致使地址点不够用时，可使用地址码中继器来解决。在系统中，一个地址码中继器最多可连接8个探测器，而只占用一个地址点。当其中的任意一个探测器报警或报故障时，都会在报警控制器中显示，但所显示的地址是地址码中继器的地址点。所以这些探测器应该监控同一个空间。而不能将监控不同空间的探测器受一个地址码中继器控制。

3. 编址模块

①地址输入模块：将各种消防输入设备的开关信号接入探测总线，来实现报警或控制的目的。适用于水流指示器、压力开关，非编址手动报警按钮、普通性火灾探测器等主动型设备。这些设备动作后，输出的动作开关信号可由编址输入模块送入控制器，产生报警。并可通过控制器来联动其他相关设备动作。

②编址输入/输出模块：联动控制柜与被控设备间的连接桥梁。能将控制器发出的动作指令通过继电器控制现场设备来实现，同时也将动作完成情况传回到控制器。它适用于排烟阀、送风阀、喷淋泵等被动型设备。

4. 短路隔离器

短路隔离器用在传输总线上。其作用是当系统的某个分支短路时，能自动将其两端呈高阻或开路状态，使之与整个系统隔离开，不损坏控制器，也不影响总线上其他部件的正常工作。当故障消除后，它能自动恢复这部分的工作，即将被隔离出去的部分重新纳入系统。

5. 区域显示器

区域显示器是一种可以安装在楼层或独立防火区内的火灾报警显示装置，用于显示来自报警控制器的火警及故障信息。当火警或故障送入时，区域显示器将产生报警的探测器编号及相关信息显示出来并发出报警，以通知失火区域的人员。

6. 总线驱动器

当报警控制器监控的部件太多(超过200)，所监控设备电流太大(超过200 mA)或总线传输距离太长时，需用总线驱动器来增强线路的驱动能力。

7. 报警门灯及引导灯

报警门灯一般安装在巡视观察方便的地方，如会议室、餐厅、房间及每层楼的门上端,可与对应的探测器并联使用,并与该探测器的编码一致。当探测器报警时,门灯上的指示灯亮,使人们在不进入的情况下就可知道探测器是否报警。

引导灯安装在疏散通道上,与控制器相连接。在有火灾发生时,消防控制中心通过手动操作打开有关的引导灯,引导人员尽快疏散。声光报警盒是一种安装在现场的声光报警设备,分为编码型和非编码型两种。其作用是当发生火灾并被确认后,声光报警盒由火灾报警控制器启动,发出声光信号以提醒人们注意。

8. CRT 报警显示系统

CRT 报警显示系统是把所有与消防系统有关的平面图形及报警区域和报警点存入计算机内,火灾发生时能在显示屏上自动用声、光显示火灾部位及报警类型,发生时间等,并用打印机自动打印。

8.4.7 消防联动控制系统

消防联动控制系统是指在火灾自动报警系统中,接收火灾报警控制器发出的火灾报警信号时,按预设逻辑完成各项消防功能的控制系统。通常包括消防联动控制器、模块、自动灭火系统的控制装置、室内消火栓系统的控制装置、防排烟及空调通风系统的控制装置、常开防火门、防火卷帘的控制装置、电梯回降首层控制装置、火灾应急广播、火灾警报装置、消防通信设备、火灾应急照明与疏散指示控制装置。

1. 消火栓系统的联动控制

室内消火栓系统是建筑物内最基本的消防设备,该系统由消防给水设备和电控部分组成。消防设备通过电气控制柜实现对消火栓系统的如下控制:消防泵启、停;显示启泵按钮位及显示消防泵工作、故障状态(见图 8-17)。

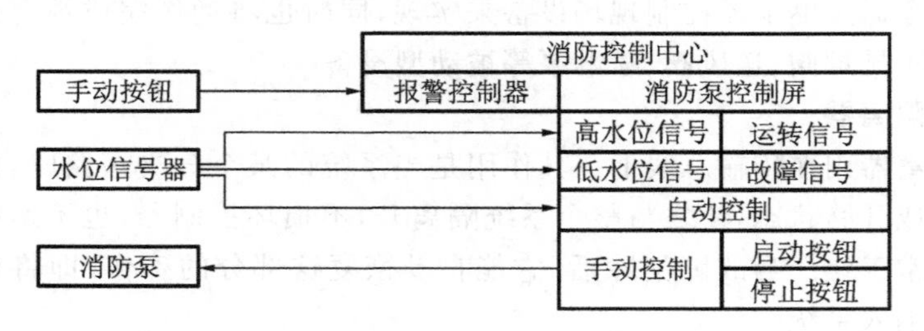

图 8-17 消火栓系统的联动控制

2. 自动喷淋灭火系统的联动控制

自动喷淋灭火系统类型多样,其中湿式喷淋灭火系统应用最广泛。当发生火情时,安装在该区域内的闭式喷头的热敏组件(玻璃球)因受热破裂,使管网中压力水经喷头喷水灭火;同时,安装在配水管网支路上的水流指示器动作,发出开启信号,由喷水报警箱接收,经延时 10 s 判别信号后由报警箱发出报警信号,并显示失火回路及地点;报警箱输出信号,启动喷淋加压泵或喷淋水泵,使管网中供水增加,提供迅速扑灭火源所需水量和水压;消防控制室得到报警信号后,立即采取相应消防措施。自动喷淋灭火系统工作的联动控制逻辑如图 8-18 所示。

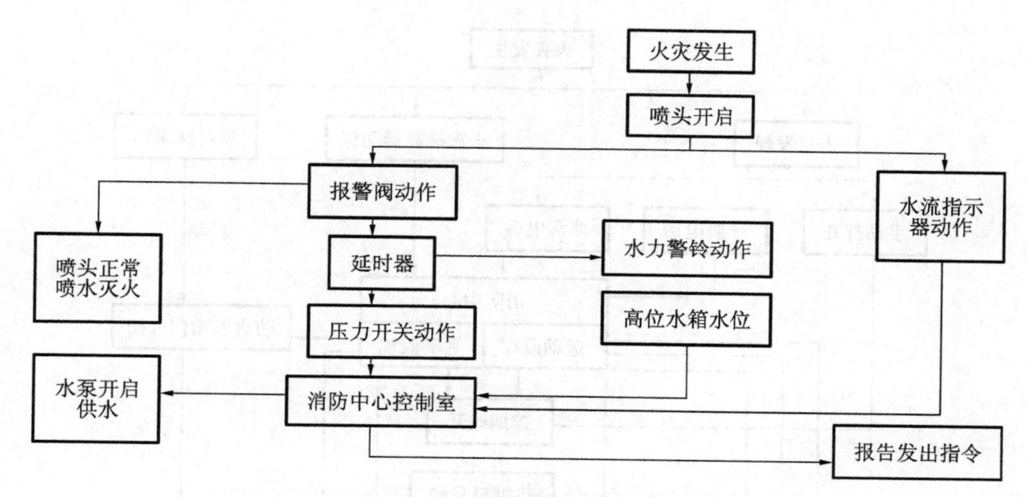

图 8-18　自动喷淋灭火系统的联动控制逻辑

3. 通风、空调、防排烟及电动防火阀的联动控制

火灾发生时，火灾探测器动作，报警信号送入消防控制中心。消防控制中心产生控制信号到排烟阀门使其开启，排烟阀门一般是设在排烟口处，平时处于关闭状态。当火警发生后，它可与消防控制信号或感烟信号联动，控制主机发信号或手动开启排烟阀门，进行排烟。任何一处排烟阀开启时，会立即连锁启动排烟风机。如果是高层建筑，对于任意一层着火，排烟阀的开启应该是着火层及上一层。

为防止火势蔓延，在排烟管道和空调通风管道内均设有排烟防火阀。在排烟风机前的排烟吸入口处，装设有排烟防火阀，当排烟风机启动时，此阀同时打开，进行排烟。防火阀通常由熔断器控制，排烟管道和空调管道内熔断器的熔断温度不同，当火灾发生时，操作机构在感烟信号作用下，将排烟管道内的阀门自动打开，当排烟温度高达 280 ℃时，装设在阀口的温度熔断器动作，再将阀门自动关闭，同时也联锁关闭排烟风机。在空调通风管道内的防火阀，在气流温度达到 70 ℃时，防火阀的熔断器动作关闭防火阀，关闭信号送至控制室。通过消防联动设备关闭空调机（见图 8-19）。

4. 防火卷帘门的联动控制

防火卷帘门通常设置在建筑物中防火分区通道口外或需要防火分隔的部位，可以形成门帘式防火分隔。防火卷帘平时处于收卷（开启）状态，当火灾发生时受消防控制中心联锁控制或手动操作控制而处于降下（关闭）状态；防火卷帘分两步降落，其目的是便于火灾初起时人员的疏散。火灾时，防火卷帘根据其旁边的感烟探测器的报警信号或就地手动操作控制，使卷帘首先下降至预定点（距地面 1.8 m 处），再根据其旁边感温探测器的报警信号将卷帘降至地面，从而达到人员紧急疏散、灾区隔烟、隔水、控制火势蔓延的目的。防火卷帘门的联动控制如图 8-20 所示。

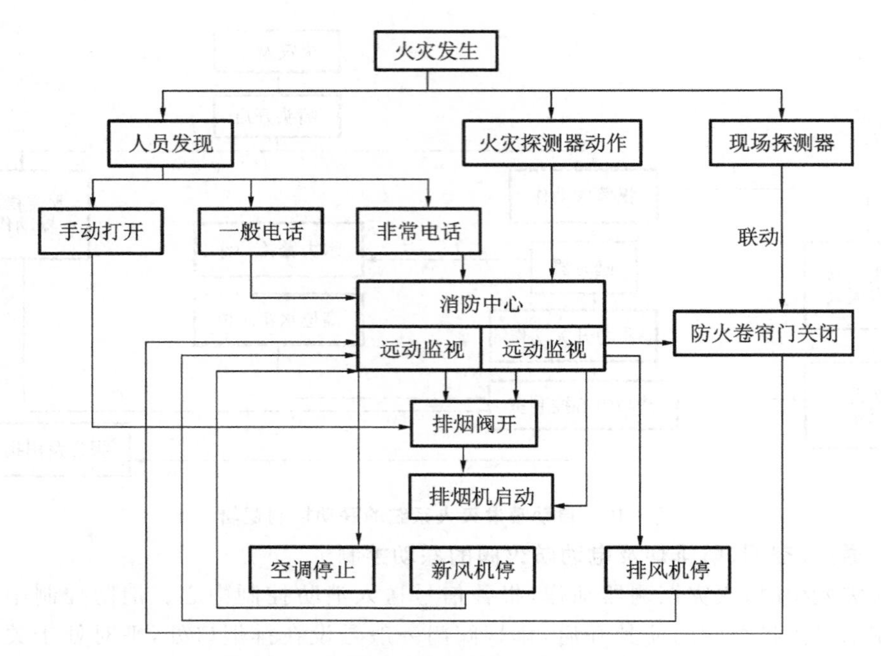

图 8-19　通风、空调、防排烟的联动控制逻辑

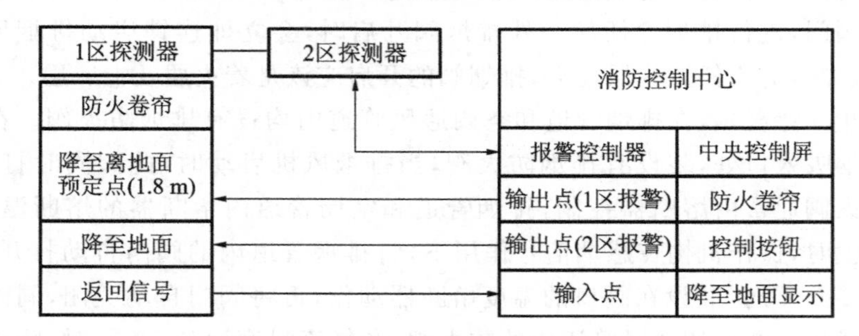

图 8-20　防火卷帘门的联动控制

5. 事故广播与警报系统的联动控制

当发生火灾事故广播与警报系统的火灾时，火灾探测器探测到火警，通过传输线发送给火灾报警控制器，经过人工确认以后，再通过消防广播控制器启动或关闭相应的扬声器，与此同时启动警报器，发出声音警报。扬声器要求能同时进行手动操作。

6. 非消防电源及电梯应急控制

强切非消防用电电源的控制目的是减轻火势的继续发展、减少在消火栓灭火时造成的触电伤亡事故。非消防用电电源包括一般照明、生活水泵和空调器等设备的用电。在报火警及火灾初期时，应慎重地对待强切非消防用电电源，尤其是照明电源，应尽量地减少停电时造成的秩序混乱。当确认火灾确实发生后，首先应切断空调及与消防无关的通风系统的电源，因为它可能助长火势，且断电后对人身无任何影响。对待照明电源的断电，首先应强启应急疏散照明，切断火区的照明电源，再切断火区周围防火分区内的照明电源，随着火势的发展有步骤地切断电源，减少混乱局面。同时，根据火情强制除消防电梯外的其他所有电梯依次停于底层，并切断其电源。

8.5　建筑安全防范系统

安全防范系统(SPS，Security & Protection System)是指根据被防护对象的使用功能及安全防范管理工作的要求，综合运用安全防范技术、电子信息技术、计算机网络技术等，构成的安全防范技术应用体系，用于维护公共安全和预防刑事犯罪及灾害事故。一般包括视频安防监控系统、入侵报警系统、出入口控制系统、电子巡查系统、停车库(场)管理系统、安全管理系统（SMS，Security Management System)等。

8.5.1　视频安防监控系统

视频安防监控系统应能根据建筑物的使用功能及安全防范管理的要求，对必须进行视频安防监控的场所、部位、通道等进行实时、有效的视频探测、视频监视，图像显示、记录与回放，宜具有视频入侵报警功能。与入侵报警系统联合设置的视频安防监控系统，应有图像复核功能，宜有图像复核加声音复核功能。视频安防监控系统的设计应符合《视频安防监控系统技术要求》(GA/T 367)等相关标准的要求。

视频安防监控系统一般包括摄像、传输、控制和显示记录 4 个部分，如图 8-21 所示。

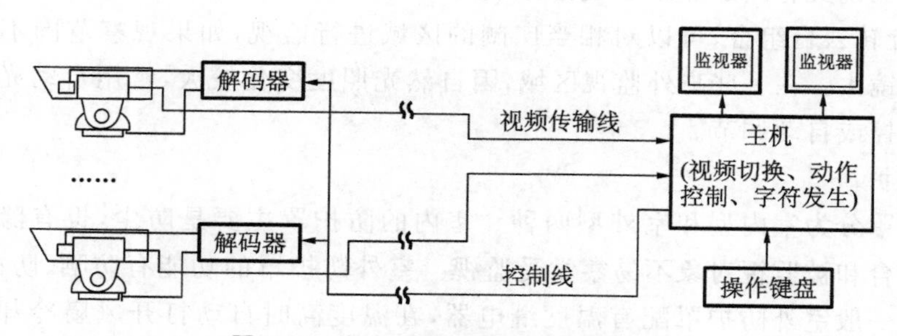

图 8-21　视频安防监控系统组成示意

1. 摄像部分

摄像部分也叫前端设备，安装在现场，包括摄像机、摄像镜头、防护罩、支架和电动云台；任务是对监视区域进行摄像并将其转换成电信号。图 8-22 为工程中常见的球形和枪形摄像设备。

1)CCD 摄像机

CCD 摄像机通常由高灵敏成像的电荷耦合器件（CCD，Charge Coupled Device)、调整镜头与光圈组成。CCD 芯片就像人的视网膜，是摄像头的核心，其工作原理是被摄物体反射光线，传播到镜头，经镜头聚焦到 CCD 芯片上，CCD 根据光的强弱积聚相应的电荷,经周期性放电,产生表示一幅幅画面的电信号,经过滤波、放大处理,通过摄像头的输出端子输出一个标准的复合视频信号。

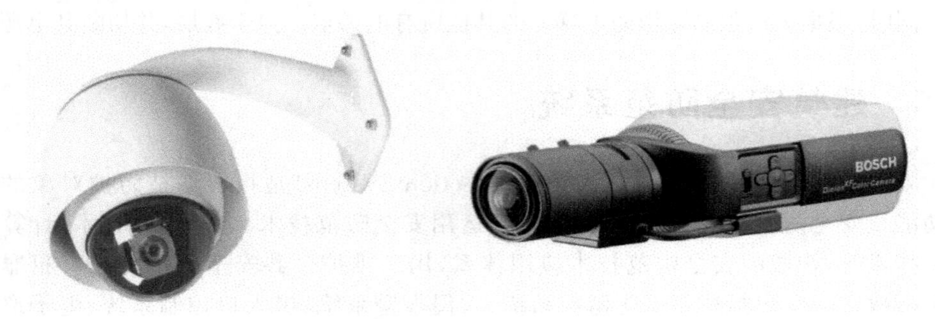

图 8-22 前端摄像设备

目前市场上大部分摄像头采用的是索尼、夏普、松下和 LG 等公司生产的芯片,有 1/3、1/2、2/3 英寸等几种形式。对于彩色摄像机有制式之分,如 PAI、NTSC。CCD 摄像机对红外光比较敏感,这种光人虽然看不见,但却能在 CCD 摄像机上呈现很清晰的图像,如果要在完全黑暗的地方进行监视,加上红外光源即可。另外,摄像机还有黑白与彩色之分,一般黑白摄像机要比彩色的灵敏度高,比较适合用于光线不足的地方,如果使用的目的只是监视景物的位置和移动,可采用黑白摄像机,如果要分辨被摄物体的细节,比如分辨衣服和景物的颜色,则采用彩色的比较好。

2)镜头

摄像机镜头有固定焦距和变焦距镜头两种。变焦距镜头是能够调节焦距的镜头,它与旋转云台组合,可以对相当广阔的区域进行监视,如果观察范围不大,可选固定焦距镜头。在一些户外监视区域,因自然光照度变化较大,常用自动光圈,可由监控室遥控或自动调节。

3)防护罩

防护罩分为室内型和室外型两种。室内的防护罩主要是防尘,也有隐蔽作用,使监视场合和被监视对象不易察觉受监视。室外防护罩的功能有防晒、防雨、防尘、防凝露。一般室外防护罩配有温度继电器,在温度高时自动打开风扇冷却,温度低时自动加热。下雨时可以人为控制雨刷器刷水;结霜时,可以自动加热除霜。

4)云台

摄像机云台是一种用来安装摄像机的工作台,分为手动和电动两种。电动云台是在微型电动机的带动下做水平和垂直转动,不同的产品其转动角度也各不相同。常见技术指标如下所述。

①回转范围:云台的回转范围分水平旋转角度和垂直旋转角度两个指标,水平旋转有 0°～355° 云台,两端设有限位开关,还有 360°自由旋转云台,可以作任意 360°旋转。垂直俯仰大多为 90°,现在已出现垂直可做 360°,并可在垂直回转至后方时自动将影像调整为正向的新产品。

②承载能力：因为摄像机及其配套设备的重量都由云台来承载，选用云台时必须将云台的承载能力考虑在内。一般轻载云台最大负重约9 kg，重载云台最大负重约45 kg。

③云台使用电压：云台的使用电压有220 V交流、24 V交流和直流供电几种。

④云台的旋转速度：普通云台的转速是恒定的。有些场合需要快速跟踪目标，这就要选择高速云台。有的云台还能实现定位功能。恒速云台只有一档速度，一般水平旋转速度最小值为(6°～12°)/s，垂直俯仰速度为(3°～3.5°)/s。但快速云台水平旋转和垂直俯仰速度更高。

⑤安装方式：云台有侧装和吊装两种，即云台可安装在天花板上和墙壁上。

⑥云台外形：分为普通型和球形，球形云台是把云台安置在一个半球形、球形防护罩中，除了防止灰尘干扰图像外，还有隐蔽、美观的特点。

2. 传输部分

传输部分的任务一方面是把摄像机发出的电信号传到控制中心，另一方面将控制中心的控制信号传送到现场。它一般包括线缆、调制解调设备、线路驱动设备等。

1)视频传输介质

国内视频监控的视频传输传统采用同轴电缆作介质，但同轴电缆的传输距离有限，随着技术的不断发展，光纤传输、射频传输、电话线传输等应用越来越广泛。

同轴电缆是传输视频图像最常用的媒介，对外界电磁波和静电场具有屏蔽作用，但若要保证能够清晰地加以显示，则同轴电缆的长度有限制。如果要传得更远，要加入视频放大器，通过补偿视频信号中容易衰减的高频部分使经过长距离传输的视频信号仍能保持一定的强度，以此来增长传输距离。

光纤最大特性是抗电子噪声干扰，通信距离远，一般用于大型建筑物的视频监控系统。由于近年来其价格越来越低，应用前景广阔。

在布线有限制的情况下，近距离的无线传输是最方便的。无线视频传输由发射机和接收机组成，每对发射机和接收机有相同的频率，可以传输彩色和黑白视频信号，并可以有声音通道。值得注意的是，现在常用的无线传输设备采用2400 MHz频率，传输范围有限，一般只能传输200～300 m。而大功率设备又有可能干扰正常的无线电通信，受到限制。

另一种长距离传输视频的方法是利用现有的电话线路。由于电话线路带宽限制和视频图像数据量大的矛盾，因此，传输到终端的图像都不连续，而且分辨率越高，帧与帧之间的间隔就越长；反之，如果想取得相对连续的图像，就必须以牺牲清晰度为代价。

2)控制信号传输

控制信号的传输方式可以是直接控制，即控制中心直接把控制量，如云台和变焦距镜头所需的电流、电压信号等直接送入被控设备。它的特点是简单、直观、容易实现。当在控制中心所控制的云台、镜头数量较多时，由于需要控制线缆数量多，线路复杂,所以在大系统中基本不被采用。

多线编码的间接控制是控制中心直接把控制命令编成二进制或其他方式的并行码,由多线传输到现场的控制设备,再将它转换成控制量,对现场的控制设备进行控制。这种方式比上一种方式用线少,在近距离控制时也常采用。

通信编码间接控制采用串行通信编码控制方式,用单根线可以传送多路控制信号,到现场后再进行解码。这种方式可以传送 1 km 以上,从而大大节约了线路费用。这是目前智能建筑监视系统应用最多的方式。

控制信号和视频信号复用同轴电缆,视控信号同轴传输也是一种传输控制信号的方式。这种方式不需要另铺设控制用电缆。这种传输方式的实现方法有两种:其一是频率分割,即把控制信号调制在与视频信号不同的频率范围内,然后同视频信号一起传送,到现场后,再把它们分开;其二是利用视频信号场消隐期间传送控制信号,同轴视频传输在短距离传送时有明显的优点。

3. 显示和记录

在安防控制中心安装有视频监控系统的显示和记录设备,包括监视器、录像机、视频切换器、视频分配器等。

1)监视器

监视器用于显示摄像机传来的图像信息,分为彩色和黑白两种。在视频监视系统中采用通用型应用级监视器,装有金属外壳以抗电磁干扰,一般水平分辨率要求大于 600 线;高清晰度监视器的水平分辨率大于 800 线;屏幕大小常用的是 14 英寸。

2)数字硬盘录像机

数字硬盘录像机(DVR,Digital Video Recorder)是一套以硬盘作为存储介质进行图像存储处理的计算机系统。具有对图像/语音进行长时间录像、录音、远程监视和控制的功能,DVR 集合了录像机、画面分割器、云台镜头控制、报警控制、网络传输等五种功能于一身,用一台设备就能取代模拟监控系统一大堆设备的功能。在市场上的主流产品有 PC-based 类型的 DVR 和单机型 DVR 两种。PC-based 类型的 DVR 其应用平台为一般的 PC、手提电脑等。在 PC 内装置一片或多片影像撷取卡,利用软件进行影像压缩并执行影像编辑功能,系统较不稳定。单机型的 DVR 重新利用 CPU 及 RAM 来开发设计,采用专属的软件程序,研发成本较高。采用硬件压缩,品质稳定,不会有死机的问题产生,且在影像储存速度、分辨率及影像画质上都有较大的改善。

一般来说,DVR 的关键技术是其视频压缩技术,压缩方式及压缩比的不同直接影响到图像的分辨率、每秒录像的帧数(实时性)、单位时间的记录容量、录像回放时的图像质量以及运动图像的模糊程度。因此,这一部分的参数是评价 DVR 的关键。

3)视频切换器

通常,为了节省监视器和录像机,需要用少于输入信号路数的监控器轮流监视各路视频输入信号,这种“多入少出”且可以手动和自动转换输出的设备即为视频切换器。

在大系统中视频切换器通常采用视频矩阵切换器，如图8-23所示，这种切换器应用了矩阵开关电路，可以接4台监视器和16台摄像机，在每台监视器上可以任意切换所有摄像信号。切换的控制一般要求和云台、镜头的控制同步，即切换到哪一路图像，就控制哪一路设备。除了信号I/O切换功能外，切换器还提供图文叠显，视频输入/输出识别，报警和控制的文字显示、时间显示；键盘或PC机控制接口、有控制摄像机云台动作和其他辅助功能；手控或自动报警复原；视频信号在位检测器等功能。

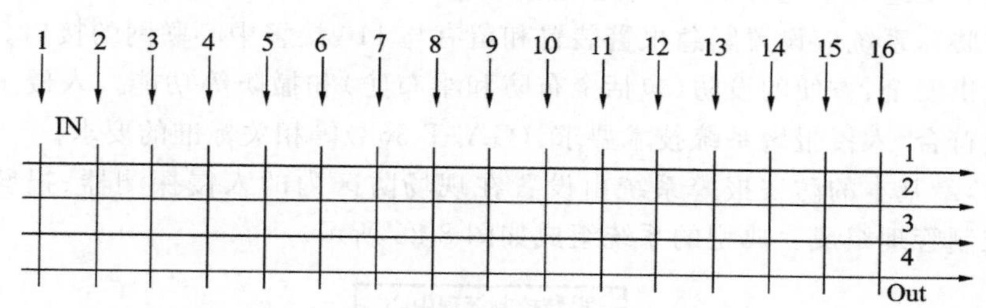

图8-23 视频矩阵切换器原理示意图

4. 控制部分

控制部分负责视频监视系统所有设备的控制与图像信号的处理。控制单元是该系统的关键。视频监视系统主要的控制项目如图8-24所示。

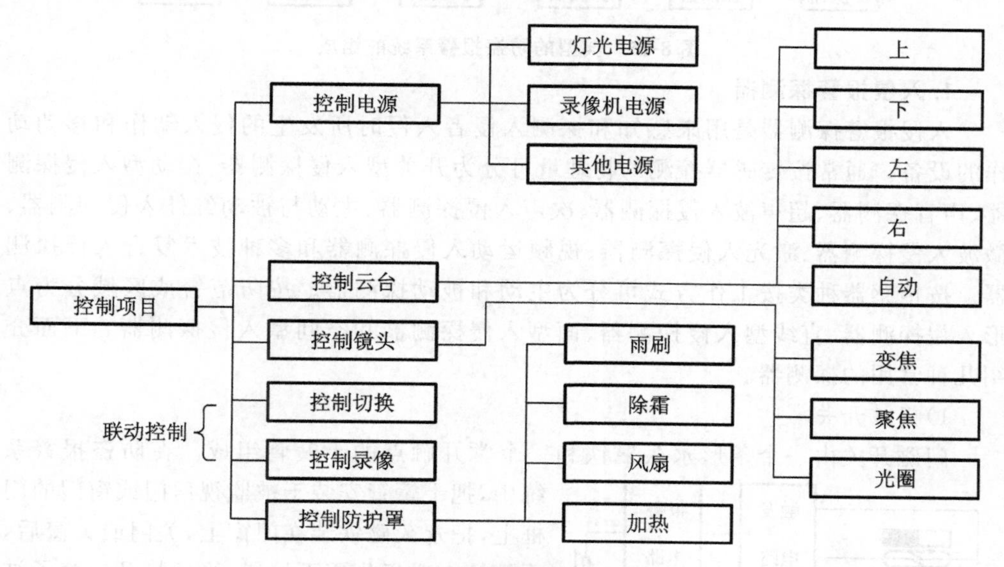

图8-24 视频监控系统控制项目

8.5.2 入侵报警系统

入侵报警系统就是用探测器对建筑物内外重点区域、重要地点布防，在探测到非法入侵者时，信号传输到报警主机，声光报警，显示地址。有关值班人员接到报警后，根据情况采取措施，以控制事态的发展。入侵报警系统除了上述报警功能外，还有联动功能。例如，开启报警现场灯光(含红外灯)、联动音视频矩阵控制器、开启报警现场摄像机进行监视，使监视器显示图像、录像机录像等等，这一切都可对报警现场的声音、图像等进行复核，从而确定报警的性质(非法入侵、火灾、故障等)，以采取有效措施。

入侵报警系统能对设防区域的非法入侵进行实时、可靠和正确无误的报警和复核。漏报警是绝对不允许的，误报警应降低到可以接受的限度。为预防抢劫(或人员受到威胁)，系统应设置紧急报警装置和留有与110接警中心联网的接口。同时该系统还提供安全、方便的设防(包括全布防和半布防)和撤防等功能。入侵报警系统的设计应符合《入侵报警系统技术要求》(GA/T 368)等相关标准的要求。

通常，最基本的防盗报警系统由设置在现场防区内的入侵探测器、报警控制器和报警控制管理组成。典型的系统组成如图8-25所示。

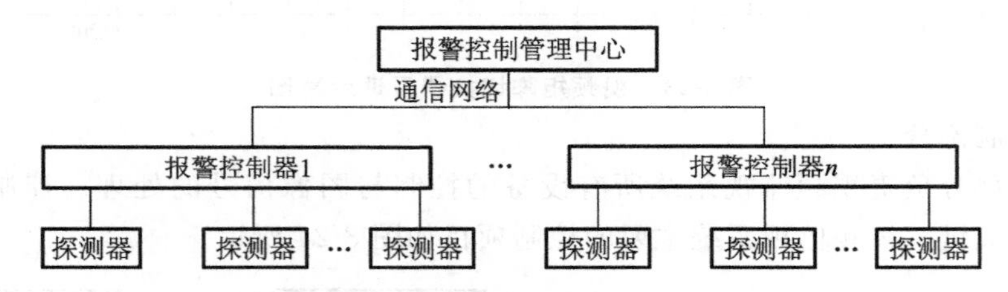

图 8-25　典型的防盗报警系统的组成

1. 入侵报警探测器

入侵报警探测器是用来感知和探测入侵者入侵时所发生的侵入动作和移动动作的设备。通常按传感器探测的物理量可分为开关型入侵探测器、振动型入侵探测器、声音探测器、超声波入侵探测器、次声入侵探测器、主动与被动红外入侵探测器、微波入侵探测器、激光入侵探测器、视频运动入侵探测器和多种技术复合入侵探测器。按传感器种类按工作方式可分为主动和被动探测器。按防范警戒区域分为点形入侵探测器、直线型入侵探测器、面型入侵探测器和空间型入侵探测器。下面介绍几种常用的探测器。

1)门磁开关

门磁开关由一个条形永久磁铁和一个常开触点的干簧管组成。在防盗报警系统中，把干簧管安装于被监视房门或窗门的门框上，把永久磁铁装在门窗上，关门或关窗后，干簧管在磁场作用下接通，当门打开或窗子被打开后，干簧管触点断开。利用门磁开关构成的防盗报警装置原理如图8-26所示。

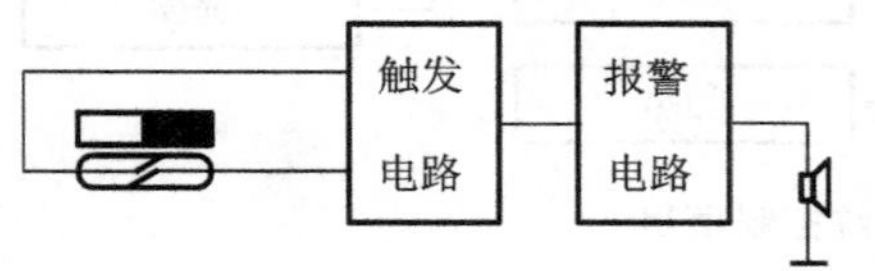

图 8-26　门磁开关防盗报警装置原理

2）红外线探测报警装置

①遮断式主动红外线探测报警装置如图 8-27 所示。这种探测器由一个红外线发射器和一个红外线接收器组成。发射器与接收器以相对方式布置。当二者之间有异物时，即可引发报警。由于红外线具有不可见性，所以使用比较隐蔽。为了提高其可靠性，防止非法入侵可能利用另一红外光束来瞒过探测器，探测器用的红外线必须先调制到特定频率再发出去，而接收器一端也必须配有相位和频率鉴别电路来判别光束的真伪。

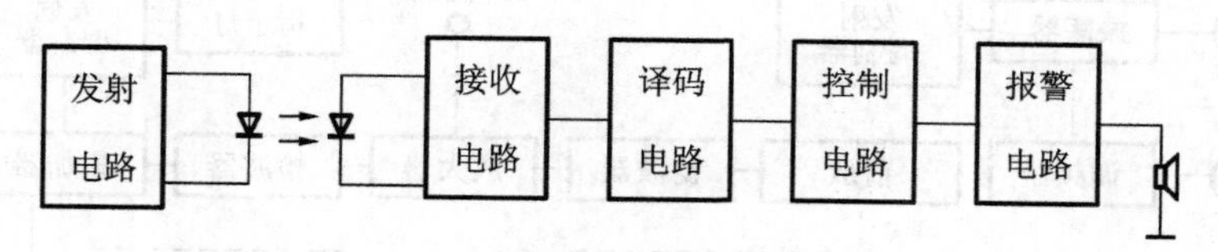

图 8-27　遮断式主动红外线探测报警装置原理

红外对射探头要选择合适的响应时间：太短容易误报，如小鸟飞过，小动物穿过等，甚至刮风即可引起报警；太长则会漏报。通常以 10 m/s 的速度来确定最短遮光时间。如若人的宽度为 20 cm，则最短遮断时间为 20 ms。大于 20 ms 报警，小于 20 ms 不报警。

②被动式红外线报警装置采用热释红外线传感器为探测器，当探头探测到人体发射的红外线信号后，经过放大、滤波，由电平比较器与设定的基准电平进行比较，当滤波器输出的电信号幅值达到一定值后，比较器输出控制驱动电路使报警电路发出报警。被动式红外线报警装置原理如图 8-28 所示。由于暖气、空调等电器影响，被动式红外传感器容易产生误报，但其也有独特的优点：一是功耗极小，尤为适合一些要求低功耗的场合；二是红外波长不能穿越砖头水泥等一般建筑物，在室内使用时不会由于室外的运动目标造成误报；三是在较大面积的室内安装多个被动式红外报警器时，因为它是被动的，所以不会产生系统互扰问题。

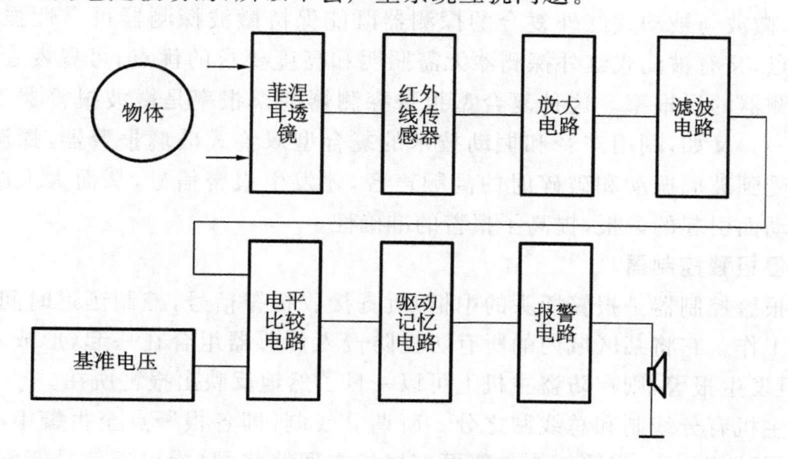

图 8-28　被动式红外线报警装置原理

3)微波防盗报警装置

微波防盗报警装置主要是通过探测物体的移动而发出报警的。探测器发出微波,同时接收反射波。当物体在布防区移动时,反射波的频率与发射波的频率就产生差异。如当发射信号频率 $f_0=9.375$ GH$_z$时,人体按 0.5～8 m/s 的速度运动,反射频率与发射信号频率的差在 25～520 MH$_z$之间变动,只要检测出这个频率的信号,就能探知人体在布防区的运动情况。微波防盗报警系统的装置原理如图 8-29 所示。

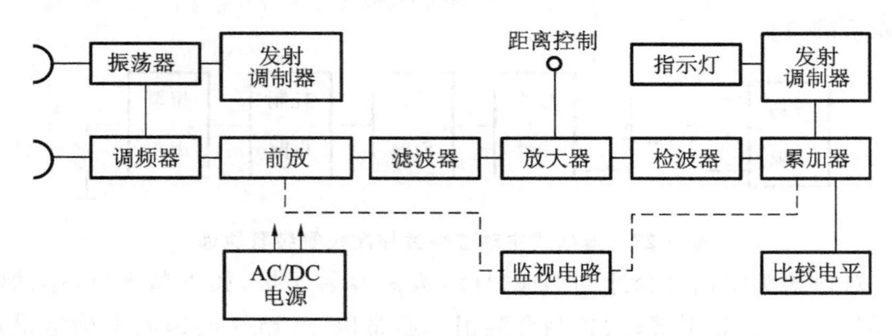

图 8-29　微波防盗报警系统的装置原理

4)双鉴报警器

所谓双鉴报警器就是为了减少误报,把两种不同探测原理的探测器结合起来,组成双技术的组合报警器。双技术的组合必须符合以下条件。

①组合中的两个探头(探测器)有不同的误报机理,而两个探头对目标的探测灵敏度又必须相同。

②上述原则不能满足时,应选择对警戒环境产生误报率最低的两种类型的探测器。如果两种探测器对外界环境的误报率都很高,当两者结合成双鉴探测器时,不会显著降低误报率。

③选择的探测器应对外界经常或连续发生的干扰不敏感。

例如,微波与被动式红外复合的探测器既能保持微波探测器可靠性强、与热源无关的优点,又有被动式红外探测器无需照明和亮度要求的优点,可昼夜运行,大大降低了探测器的误报率。这种复合型报警探测器的误报率是微波报警器误报率的几百分之一。又如,利用声音和振动技术的复合型双鉴式玻璃报警器,探测器只有在同时感受到玻璃振动和破碎时的高频声音,才发生报警信号,从而大大减弱了因窗户的振动而引起的误报,提高了报警的准确性。

2. 入侵报警控制器

入侵报警控制器是报警探头的中枢,负责接收报警信号,控制延迟时间,驱动报警输出等工作。它将某区域内的所有防盗防侵入传感器组合在一起,形成一个防盗管区,一旦发生报警,则在防盗主机上可以一目了然地反映出报警所在。

报警主机有分线制和总线制之分。所谓分线制,即各报警点至报警中心回路都有单独的报警信号线,报警探头一般可直接接在回路终端(为保证信号匹配,一般还需要接入 2.2 kΩ 的匹配电阻);而总线制则是所有报警探头都分别通过总线编址器

"挂"在系统总线上再传至报警主机。由于警报回路电压一般都很低,所以分线制传输距离受到一定限制,而且当报警探头较多时线缆敷设较多,所以分线制一般只在小型近距离系统中使用。相比之下总线制虽然需要在前端增加总线编码器等设备(现在市面上已有将探头和编码器做在一起的总线探头出售),但用线却相对节省且传输距离可以长得多,在中大型系统中经常使用。

现代的防盗主机都采用微处理器控制,内有只读存储器和数码显示装置,普遍能够编程并有较高的智能,主要表现在以下几个方面。

①以声光方式显示报警,可以人工或延时方式解除报警。

②对所连接的防盗防侵入传感器,可按照实际需要设置成布防状态或者撤防状态,可以用程序来编写控制方式及防护性能。

③可接多组密码键盘,可设置多个用户密码,保密防窃。

④遇到有警报时,其报警信号可以经由通信线路,以自动或人工干预方式向上级部门或保安公司转发,快速沟通信息或者组网。

⑤可以程序设置报警连动动作。即遇有报警时,防盗主机的编程输出端可通过继电器触点闭合执行相应的动作。

⑥电话拨号器同警号、警灯一样,都是报警输出设备。不同的是警灯、警号输出的是声音和光,电话拨号器是通过电话线把事先录制好的声音信息传输给某个人或某个单位。

⑦高档防盗主机有与视频监控摄像的联动装置,一旦在系统内发生警报,则该警报区域的摄像机图像将立即显示在中央控制室内,并且能将报警时刻、报警图像、摄像机号码等信息实时地加以记录,若是与计算机联机的系统,还能以报警信息数据库的形式储存,以便快速地检索与分析。

3. 报警控制中心

报警控制中心由信号处理器和报警装置等设备组成。处理传输系统传来的各类现场信息,若有情况,控制器就控制报警装置,发出声、光报警信号,引起值班人员的警觉,以采取相应的措施或直接向公安保卫部门发出报警信号。该设备通常设置在报警控制中心或保安人员工作的地方,保安人员可以通过该设备对保安区域内各位置的探测器的工作情况进行集中监视。该设备常与计算机相连,可随时监控各子系统的工作状态。

控制中心的软件由两部分组成:一部分为网络通信部分,由主机定时产生各种询问信号,对现场的每一个控制器的报警及输出联动情况直接进行访问;第二部分为数据库管理,注册或注销增加或减少的控制器和探测器,定时对控制器和探测器进行自检及对探测区域进行布防和撤防,而且可以设定自动处理程序。有报警时系统可以按照预先设定的程序进行处理,如自动接通治安部门电话,自动启动安保设备并联动相应区域照明开启,自动录音录像等。管理软件可将报警时间、地点自动地存储在计算机内,并可根据要求生成报表,如对某一段时间内的报警情况加以汇总,并按报警类型或状态做出报告,同时还可以产生设备维护和维修报告。

8.5.3 出入口控制系统

出入口控制系统又称门禁系统,其控制的原理是按照人的活动范围,预先制作出各种层次的卡或预定密码。在相关的大门出入口处安装磁卡识别器或密码键盘,用户持有效卡或输入密码方能通过和进入。通过门禁系统,可有效控制人员的流动,并能对工作人员的出入情况做出及时的查询。目前门禁系统已成为现代化建筑智能化的标准配置之一。

1. 门禁控制系统组成

门禁控制系统一般由出入口目标识别子系统、出入口信息管理子系统和出入口控制执行机构三部分组成,如图 8-30 所示。

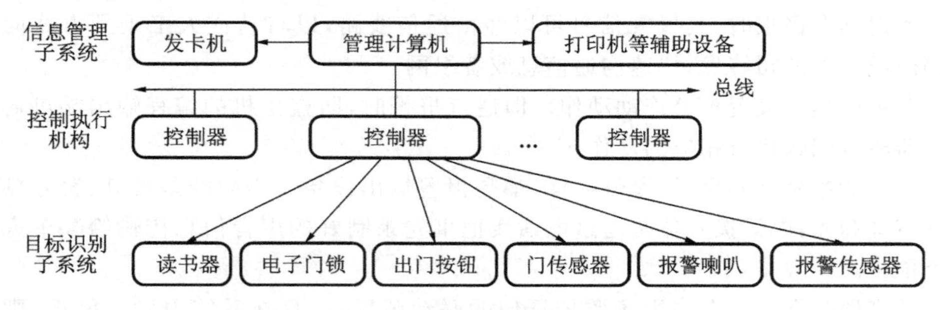

图 8-30　门禁控制系统组成

系统的前端设备为各种出入口目标的识别装置和门锁启闭装置。包括识别卡、读卡器、控制器、电磁锁、出门按钮、钥匙、指示灯和警号等。主要用来接受人员输入的信息,再转换成电信号送到控制器中。同时根据来自控制器的信号,完成开锁、闭锁、报警等工作。

控制器接收底层设备发来的相关信息,同自己存储的信息相比较,以做出判断,然后再发出处理的信息。当然也接收控制主机发来的命令。单个控制器就可以组成一个简单的门禁系统来管理一个或多个门。多个控制器通过通信网络同计算机连接起来就组成了可集中监控的门禁系统。

管理计算机(上位机)装有门禁系统的管理软件,它管理着系统中所有的控制器,向它们发送命令,对它们进行设置,接收其发来的信息,完成系统中所有信息的分析与处理。

整个系统的传输方式一般采用专线或网络传输。小型系统通常采用 RS485 通信方式。大型系统的通信方式采用的是网络常用的 TCP/IP 协议。这类系统的优点是控制器与管理中心是通过局域网传递数据的,管理中心位置可以随时变更,不需要重新布线,很容易实现网络控制或异地控制。适用于大系统或安装位置分散的单位使用。

2. 门禁系统主要功能

1)对通道进出权限的管理功能

①进出通道的权限。对每个通道设置哪些人可以进出,哪些人不能进出。

②进出通道的方式。对可以进出该通道的人进行进出方式的授权,进出方式通常有密码、读卡(生物识别)、读卡(生物识别)加密码三种方式。

③进出通道的时段。设置可以该通道的人在什么时间范围内可以进出。

2)实时监控功能

系统管理人员可以通过微机实时查看每个门区人员的进出情况(同时有照片显示)、每个门区的状态(包括门的开关,各种非正常状态报警等);也可以在紧急状态打开或关闭所有的门区。

3)出入记录查询功能

系统可储存所有的进出记录、状态记录,可按不同的查询条件查询,配备相应考勤软件可实现考勤、门禁一卡通。

4)异常报警功能

在异常情况下可以实现微机报警或报警器报警,如非法侵入、门超时未关等。

5)特殊功能

①反潜回功能:持卡人必须依照预先设定好的路线进出,否则下一通道刷卡无效。本功能是防止持卡人尾随别人进入。

②防尾随功能:持卡人必须关上刚进入的门才能打开下一个门。本功能与反潜回实现的功能一样,只是方式不同。

③消防报警监控联动功能。在出现火警时门禁系统可以自动打开所有电子锁让里面的人随时逃生。与监控联动通常是指监控系统自动将有人刷卡时(有效/无效)录下当时的情况,同时也将门禁系统出现警报时的情况录下来。

④网络设置管理监控功能。大多数门禁系统只能用一台微机管理,而技术先进的系统则可以在网络上任何一个授权的位置对整个系统进行设置监控查询管理,也可以通过互联网进行异地设置管理监控查询。

⑤逻辑开门功能。简单地说就是同一个门需要几个人同时刷卡(或其他方式)才能打开电控门锁。

8.5.4 电子巡更系统

随着现代技术的高速发展,智能建筑的巡更管理已经从传统的人工方式向电子化、自动化方式转变。电子巡更系统作为人防和技防相结合的一个重要手段,目前被广泛采用。电子巡更系统有离线式和在线式两种数据采集方式。

1. 离线式

离线式是一种被普遍采用的电子巡更方式。这种电子巡更系统由带信息传输接口的手持式巡更器(数据采集器)、数据变送器、信息纽扣(预定巡更点)和管理软件组成。

数据采集器具有内存储器,可以一次性存储大量巡更记录,内置时钟能准确记录每次作业的时间。数据变送器与电脑进行串口通信,信息纽扣内设随机产生终身不可更改的唯一编码。管理软件具有巡更人员、巡更点登录、随时读取数据、记录数据(包括存盘打印查询)和修改设置等功能。一个或几个巡更人员共用一个信息采集器,每个巡更点安装一个信息纽扣,巡更人员只须携带轻便的信息采集器到各个指定的巡更点,采集巡更信息。操作完毕,管理人员只需在主控室将信息采集器中记录的信息通过数据变送器传送到管理软件中,即可查阅、打印各巡更人员的工作情况。

2. 在线式

各巡更点安装控制器,通过有线或无线方式与中央控制主机联网,有相应的读入设备,保安人员用接触式或非接触式卡把自己的信息输入控制器送到控制主机。相对于离线式,在线式巡更要考虑布线或其他相关设备,因此,投资较大,一般在需要较大范围的巡更场合较少使用。不过在线式有一个优点是离线式所无法取代的,那就是它的实时性好,比如当巡更人员没有在指定的时间到达某个巡更点时,中央管理人员或计算机能立刻警觉并作出相应反应,适合实时性要求较高的场合。

现在经常把巡更系统和门禁管理系统结合在一起。利用现有门禁系统的读卡器实现巡更信号的实时输入,门禁系统的门禁读卡模块实时地将巡更信号传到门禁控制中心的计算机上,通过巡更系统软件就可解读巡更数据,既能实现巡更功能又节省造价。此系统通常用在有读卡器的单元门主机的系统里。

8.5.5 智能停车场管理系统

近几年来,我国停车场自动管理技术已逐渐走向成熟,停车场管理系统向大型化、复杂化和高科技化方向发展,已经成为智能建筑的重要组成部分,并作为楼宇自控系统的一个子系统与计算机网络相连,使远距离的管理人员可以监视和控制停车场。

如图 8-31 所示,智能停车场管理系统一般由入口管理站、出口管理站和主控计算机等几部分构成。停车场的入口管理站设有地感线圈、闸门机、感应式阅读器、对讲机、指示显示入口机、电子显示屏、自动取卡机和摄像机。停车场的出口管理站设有地感线圈、出口机、对讲机、电子显示屏、闸门机等。计算机监控中心包括计算机主机、显示器、对讲机和票据打印机等。

智能停车场管理是一个以非接触式 IC 卡为车辆出入停车场凭证,用计算机对车辆的收费、车位检索、保安等进行全方位管理的系统。在停车场的入口管理站,持有月租卡和固定卡的车主在出入停车场时,经车辆检测器检测到车辆后,将非接触式 IC 卡在出入口控制机的读卡区掠过,读卡器读卡并判断该卡的有效性,同时将读卡信息送到管理计算机和收银计算机处,计算机自动显示对应卡的车辆和车牌,且将此信息记录存档,道闸给予放行。对临时停车的车主在车辆检测器检测到车辆后,按自动出卡机上的按键取出一张临时IC卡，并完成读卡、摄像，计算机存档后放行。在停车场的出口管理站，在出口控制机上的读卡器处读卡，计算机上显示出该车的进场时间，停车费用，同时进行车辆图像的对比。在收费确认自动收卡器收卡后，道闸自动升起放行。

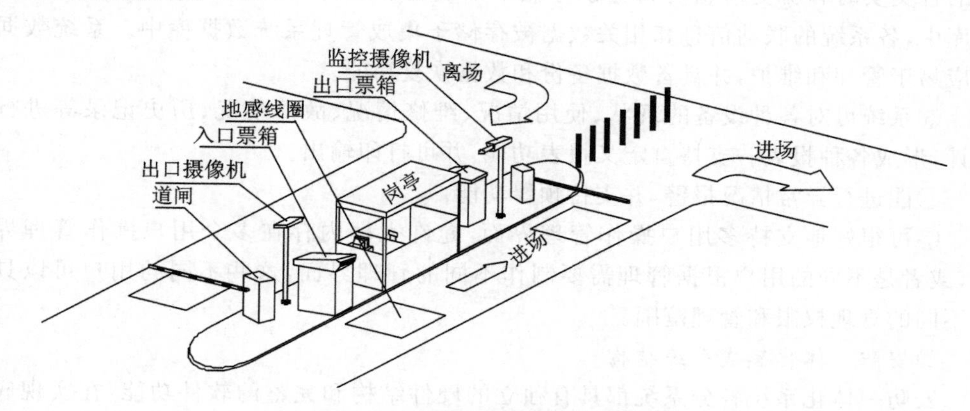

图8-31 停车场管理系统的基本构成

主控计算机管理软件由实时监控、设备管理、打印报表和系统设置等模块组成。管理人员通过主控计算机可以对整个停车场的情况进行监控管理。实时监察每辆车的出入情况，并自动记录车辆的出入时间、车位号、停车费等信息，同时可以完成发放内部卡、统一设置系统设备的参数(如控制器、收款机等)、统计查询历史数据等工作，并且打印出各种报表。还可以对不同的内部车辆分组授权，登记有效使用期。

8.5.6 安防一体化的系统集成

1. 安防一体化集成的概念

根据《智能建筑设计标准》(GB/T 50314—2015)，定位在甲级的智能建筑要求建立集成式的安全防范系统。在最新颁布的《安全防范工程技术规范》(GB 50348—2004)中，高风险等级工程都要求集成式的安全防范系统。

安防一体化集成是把安全防范系统中不同功能的子系统(入侵报警系统、视频安防监控系统、出入口控制系统等)在物理上、逻辑上和功能上连接在一起，实现子系统集成、网络集成、功能集成和软件界面集成。

2. 某大型办公楼安防一体化集成方案

1)系统集成的设计功能要求

①系统建立统一的图形化监视与控制界面，以动画等形式实现对被集成的各系统的实时监视和控制，同时，各系统之间的数据能够进行交互，为管理者提供一种集中、优化的管理手段。

②系统能够显示监控系统、门禁系统、报警等系统各点位的分布图，楼宇及周界监控点的分布图等；可实时调用各监控点的监控图像。

③通过对各系统的集成,有效地对各类事件进行联动管理,提高对突发事件的快速响应能力。通过软件设置和编制联动响应预案,达到全局事件的联动控制。

④系统集成应建立统一的基于设备、事件和资源的综合信息数据库。被集成系统的各类实时和历史信息资料分别存储于以设备和事件为对象的各系统分布式数据库中,各系统的联动信息和相关数据被存储于集成管理系统数据库中。系统数据库应易于管理和维护,并具备数据备份和数据恢复功能。

⑤系统可对各种设备的现状、使用情况、维修情况、故障情况、历史记录等进行统计,形成各种报表。支持自定义报表功能,并可打印输出。

⑥能进行异常情况报警,并支持预警功能。

⑦可很好地支持多用户操作管理界面,允许大楼内存在多个用户操作管理界面,或者是不同的用户根据管理需要制作不同的管理界面,这些不同的用户可以具有不同的管理权限和管理范围。

2)安防一体化集成系统结构

安防一体化系统各分系统都具有独立的硬件结构和完整的软件功能,在实现底层物理连接和标准协议之后,由软件功能实现的信息交换和共享是系统集成的关键内容。安防一体化系统服务器是整个安防一体化系统的信息中心,正常情况下流通的主要是综合监视信息、协调运行和优化控制信息、统计管理信息等;发生紧急或报警事件时,及时传输报警和联动信息。系统结构如图 8-32 所示。

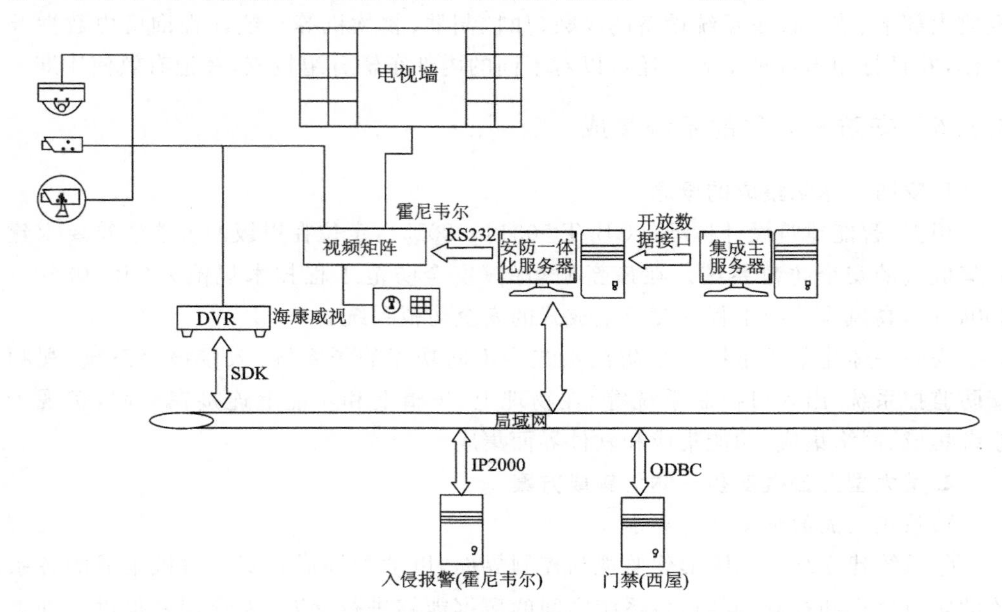

图 8-32 安防一体化集成系统结构

(1)安防一体化系统与视频监控系统的通信

视频监控系统主要分为硬盘录像机及矩阵两个子系统,硬盘录像机采用海康威视公司产品，通信协议是由该公司提供的SDK开发包，以保证进行实时图像的传输。矩阵系统采用霍尼韦尔公司产品，通信协议为RS232，在IBMS集成平台和安防一体化集成平台以及授权客户端，均可以实现对安防系统的监控。

(2)安防一体化系统与门禁系统的通信

门禁管理系统采用西屋公司产品，历史数据信息通过ODBC数据源上传至安防一体化系统，对实时数据信息通过特殊通信协议进行采集，通信协议由西屋公司提供。门禁系统内的数据通过上层网络，按不同用户及用途建立相应的数据库。

(3)安防一体化系统与报警系统的通信

报警管理系统为霍尼韦尔公司产品，采用IP2000协议进行互联。在逻辑上，安防一体化系统以系统客户形式与报警系统连接。安防一体化系统从报警管理系统获取实时的控制状态及其他状态信息和报警，安防一体化系统同时监视报警管理系统的运行。

(4)安防一体化系统与集成平台的通信

安防一体化系统可并入集成管理平台，以便集成管理平台对各个子系统的统一监控及管理。安防一体化系统为集成管理平台开放数据接口，为集成平台提供历史数据记录及实时采集数据，并为集成平台开放实时报警信号以方便联动。

【本章要点】

掌握建筑给排水监控系统、建筑供配电监控系统、照明监控系统的基本组成与方法，了解火灾自动报警系统的基本组成以及主要设备的功能，同时掌握火灾自动控制系统的报警、检测、联动以及控制的原理。了解建筑安全防范各子系统的组成与原理以及一些主要设备的功能与技术参数。

【思考与练习题】

8-1 简述调速恒压式供水系统的监控原理。

8-2 建筑供配电监控系统可以实现对哪些内容的监控？

8-3 智能照明系统与传统照明系统相比具有哪些优点？

8-4 简述火灾自动报警控制系统的基本原理。

8-5 简述自动喷淋灭火系统的联动控制原理。

8-6 视频监控系统主要由哪几部分组成，其作用是什么？

8-7 入侵报警探测器有哪几种类型？简述其工作原理。

8-8 门禁系统可以实现哪些功能？

8-9 简述停车场管理系统的组成。

【深度探索和背景资料】

浅谈信息融合技术在火灾报警系统中的应用

1. 火灾报警中信息分类和综合利用

当火灾发生时,识别火灾可以利用的信息很多,大体有温度、火焰光谱、气体浓度、烟雾浓度、燃烧音、火焰能量辐射、视频等。这些信息从不同侧面、不同程度和不同层次反映了火灾发生的情况,如果能充分加以利用,就可以提高报警的准确度和可靠性。

在实际过程中往往只是对火灾信息中的一种或几种进行多层次、多角度的分析和观察,从中提取有关火灾的物理特征。因为从火灾判断的角度来看,任何一种信息都是模糊的、不精确的。任何一种诊断对象,单用一方面信息来反映其状态行为都是不完整的,只有从多方面获得关于同一对象的多维信息,并加以融合利用,才能对火灾进行更准确更可靠的监测。

2. 信息融合技术的概念和特点

多源信息融合技术是一种将各种途径、任意空间、任意时刻上获取的信息作为一个整体进行综合处理的技术。与单一传感器信息利用相比具有如下特点。

①容错性:在单一传感器出现误差或失效的情况下,系统仍能正常可靠地工作。

②互补性:能实现不同传感器之间的信息互补,从而提高信息的利用率、减少系统认识的不正确性。

③实时性:能以较少的时间获取更多的信息,大大提高系统的识别效率。

3. 基于信息融合技术火灾报警的考虑

1)传统的单参量分析方法仍存在的难点

由于各种原因,产生一些和火灾发生时物理特征相似的虚假现象,概括起来有以下几种情况。

①由于温度的升高产生的大量水蒸气。

②吸香烟产生的烟雾,打扫房间引起的灰尘

③打扫房间引起的灰尘;

④使用空调和取暖设备,造成气温的剧烈变化;

⑤电磁环境对感烟传感器的影响;

⑥背景噪声的影响。如:由于空调很久未用,落了不少的灰尘,在使用时,空调直接把灰尘吹进了感烟传感器,烟尘颗粒大小与烟雾的大小相近,用传统的分析方法就存在不可避免的误报警。

2)限制信息融合技术在火警中应用的原因

从传感器采集的信息到提取特征信息并进行判断决策是一个典型的包含信息处理、信息融合利用的过程,在火灾报警方面,该技术的研究和发展还停留在较低水平,主要是以下几个原因限制了信息融合技术在火灾报警中的应用:

①多源信息融合必然涉及多源信息的获取,而获取多源信息将大大增加信号测

试系统的复杂性，这种要求与客户的要求是相矛盾的，许多客户所需求的是一个价格相对低廉、可靠性好的报警系统，这种需求对多源信息的获取产生了限制。

②当前火灾报警中缺乏有效的多源信息融合处理的策略和方案。

③计算量问题。信息维数的增加将意味着计算过程的复杂性和计算量的增加，对于报警系统来说，人们追求的是实时判断处理，因而减少由于信息维数增加引起的计算量增加是一个值得深入研究的问题。

④对于探测器获取的有限信息，如何获取更准确的物理特征也是火灾报警的难点。

3）火灾报警中利用信息融合技术应着重解决的问题

①如何选择反映火灾特征的状态信号和参数，即参数优化。

②如何处理多传感器采集的信号，即特征提取。

③如何选择较优的信息融合算法和融合过程，即信息融合的策略和方案。

火灾报警技术是一门多学科交叉技术，随着计算机及人工智能的发展，以知识处理为核心，信号处理、建模处理与知识处理相结合的信息融合技术是火灾报警系统的发展趋势。

4. 一种信息融合方法的提出

信息融合技术涉及信号处理、模式识别、推理决策三大过程。一般来讲，人们从信息的抽象程度上将信息融合分为三个层次：信号级融合、特征级融合和决策级融合。在火灾报警领域，用得最多的是第二个和第三个过程，即从反映火灾信息的原始数据中提取信息特征，然后由专家系统进行诊断决策推理，以实现火灾报警的智能化。

第一级是低级信息处理，通过优化选择状态信号和过程参数，如温度、温度变化率、烟雾变化率等。利用不同的信号处理手段提取出反映故障某一属性的不同特征信息，以提高不同信息的利用率。

第二级是中级信息融合处理，在前一级的基础上，对不同特征信息进行融合处理，提取最能反映火灾的综合指标，这一过程是火灾报警的关键。

第三级是高级信息融合处理，该过程是在前两个过程的基础上，结合已有的先验知识，对来自不同类型信息源的信息进行融合，从而实施对故障的智能化正确决策。目前在多源信息处理方面的例子有神经网络和专家系统等。

当前很多技术在火灾报警领域已得到了研究和应用，如何在火灾报警中深入信息融合的思想是今后研究工作的重点。将模糊技术和神经网络应用于火灾信号处理，提高了系统的可靠性，是未来火灾探测自动报警系统的发展趋势。

第 9 章　智能建筑能效管理系统

建筑能效是指建筑物中的能量在转化和传递过程中有效利用的状况。建筑能量浪费的主要原因分为两类：一是建筑系统设计不够优化，导致设备和系统的运行效率较低；二是管理方式和人的行为习惯不合理造成的浪费。因此，建筑能效具有很大的提升空间。建筑能效优化的基本方法是依据建筑物的能耗与运行状态数据，通过数据分析与节能诊断，明确建筑的用能特征，确定合理的用能阈值，发现节能潜力，从而在设备系统和用能管理上进行持续改进，达到提升建筑能效的目的。

9.1　建筑能耗模型

按照建筑用能特点，将建筑总能耗逐层分解为最小用能单元，从而形成分层次的能耗结构，称为建筑能耗模型，如图 9-1 所示。

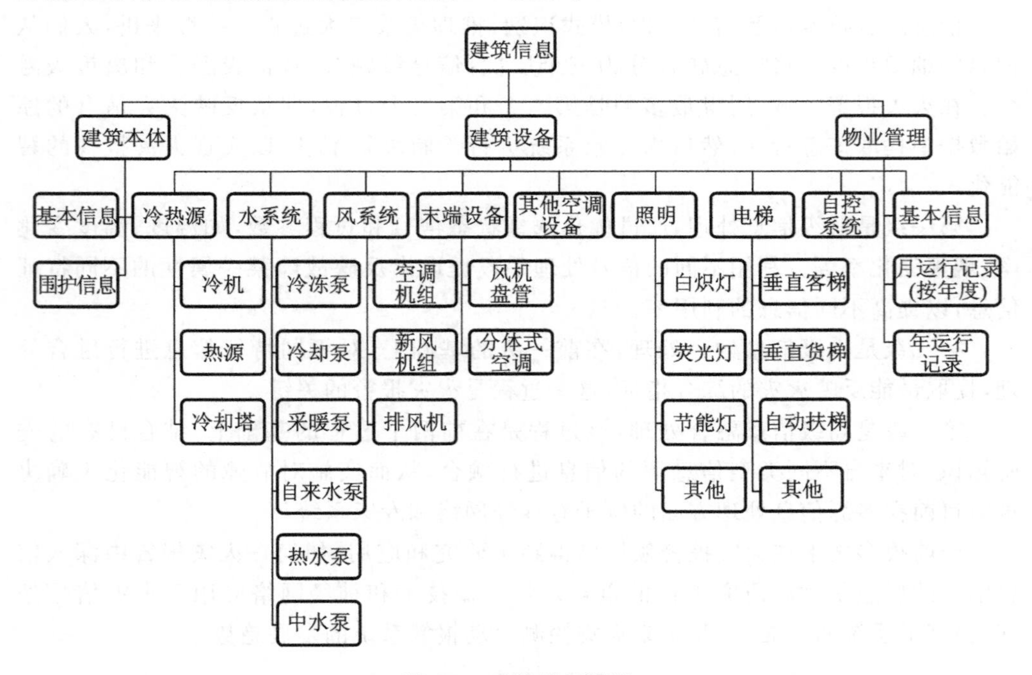

图 9-1　建筑能耗模型

9.2　数据采集

9.2.1　建筑基本信息

建筑基本信息主要记录建筑规模、建筑功能和建筑用能特点。具体包括名称、地址、建设年代、建筑层数、建筑功能、建筑总面积、空调面积、采暖面积、建筑空调系统形式、建筑采暖系统形式、建筑体型系数、建筑结构形式、建筑外墙材料形式、建筑外墙保温形式、建筑外窗类型、建筑玻璃类型、窗框材料类型、经济指标(电价、水价、气价、热价)和不同类型建筑的用能特点等。

9.2.2　建筑能耗数据采集

根据建筑用能类别,分类能耗数据采集指标包括电量、水量、燃气量、集中供热量、集中供冷量和其他能源应用量。其中电量应分为照明用电、插座用电、空调用电、动力用电和特殊用电 4 个分项,各分项可根据建筑用能系统的实际情况灵活细分为一级子项和二级子项,其子项细分的依据一般是按功能区域或设备系统(支路)划分,其他分类能耗不应分项。具体分项说明如表 9-1 所示,支路统计方法如表 9-2 所示。

表 9-1　能耗分项计量说明

分项能耗	一级子项	二级子项说明
照明插座用电	照明与插座	主要功能区域的照明灯具和从插座取电的室内设备,如计算机等办公设备;若空调系统末端用电不可单独计量,空调系统末端用电应计算在照明和插座子项中
	走廊与应急	公共区域灯具,如走廊等的公共照明设备
	室外景观照明	外立面用于装饰用的灯具及用于室外园林景观照明的灯具
空调用电	冷热站	包括冷冻泵、冷却泵、冷机、冷塔、热水循环泵、电锅炉等二级子项
	空调末端	可单独测量的所有空调系统末端
动力用电	电梯	货梯、客梯、消防梯、扶梯等,附属的机房专用空调等二级子项
	水泵	空调、采暖系统和消防系统以外的所有水泵,包括自来水加压泵、生活热水泵、排污泵、中水泵等二级子项
	通风机	除空调采暖系统和消防系统以外的所有风机,如车库通风机,厕所排风机等二级子项
特殊用电	不属于建筑物常规功能的用电设备的耗电量,能耗密度高、占总电耗比重大的用电区域及设备。特殊用电包括信息中心、洗衣房、厨房餐厅、游泳池、健身房或其他特殊用电	

表 9-2 按区域或设备系统(支路)细分一级子项和二级子项统计表

序号	支路当地编号	支路名称	是否装表	分项	描述				设备额定总功率/kW
					基本功能	所带区域	面积/m^2	其他	

能耗数据采集指标中的分类能耗数据、一级子项属于宏观能耗数据，二级子项和三级子项属于建筑物的微观能耗数据，通过分析上述数据可反映出该建筑物用能特征、突变、演变过程。当发现能耗指标异常时，由专家系统做出初步的节能诊断，指明大概的问题所在，然后结合现场节能诊断方法查明原因。

9.2.3 基于深入分析的节能诊断数据采集

基于分项计量的节能诊断存在明显的不足，即获得的信息局限于能耗数据，信息量较少，不足以通过初步分析完成所有的节能诊断项目。要想通过深入分析准确判断问题或故障所在，所需数据要在常规分项计量的基础上进一步扩展，即要尽量获取用能终端和系统的运行数据，如各种终端的电耗、电压、电流、温度、湿度、流量、压力等。不同大型建筑物的设备与系统构成既有共性又有区别，其深入的节能诊断分析一般包括用能指标核查和负荷需求合理性诊断、各类设备与系统效率计算、冷冻机/冷却塔和热源诊断、冷热水输配系统诊断、空调及通风系统诊断、照明和其他用电设备的节能诊断等内容。要想通过深入分析数据，准确判断故障的所在，需要根据现场的实际情况，采集相应的数据做出综合分析。表 9-3 以典型的冷水机组 COP 计算为例做说明。

表 9-3 冷水机组效率测试(COP)所需数据

编　号	所需数据	符　号	测点位置
1	冷机进出口冷冻水水温	t_{in}，t_{out}	冷机冷冻水干管进出口
2	冷机冷冻水流量	G	冷机冷冻水干管
3	冷机进出口冷却水水温	$t_{c,in}$，$t_{c,out}$	冷机冷却水干管进出口
4	冷机冷却水流量	G_c	冷机冷却水干管
5	冷机耗电量	W	冷机配电柜
6	冷机效率	COP	$\mathrm{COP}=\frac{Q}{W}Q=\frac{c_P\rho G(t_{in}-t_{out})}{3600}$

9.3 建筑能耗管理系统的拓扑结构

建筑能耗监测与管理系统的框架结构如图 9-2 所示。省级数据中心负责采集并存储本省(直辖市)区域内监测建筑的能耗数据，对本区域内的能耗数据进行处理、

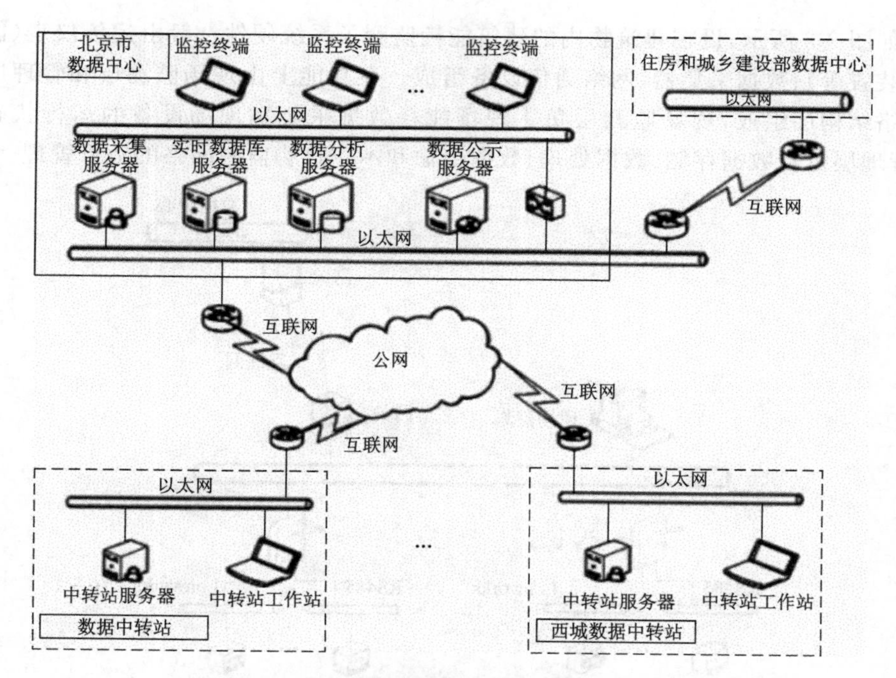

图9-2 公共建筑能耗监测与管理系统的框架结构

分析、展示和发布，并将各种分类汇总数据逐级上传到住房和城乡建部数据中心。建筑能耗监测与管理系统主要由数据采集服务器、实时数据库服务器、数据分析服务器和数据公示服务器组成。

数据采集服务器主要用于与各区县的数据中转站进行数据交互，向下发送数据采集指令或接收并解析数据包，指令以及数据包采用XML结构，数据采集服务器将解析的数据保存在实时数据库中。

实时数据库服务器主要作用是保存海量能耗数据，这一功能的实现是基于先进的数据压缩技术，在数据存取时有较高的并发能力，实时数据库同时具有实时和历史数据库的功能。

数据分析服务器可以实现能耗数据的自动分类挖掘整理，自动生成相关的报表文件。同时数据分析服务器能够实现与部级数据中心的通信，将北京市内建筑能耗分类汇总数据打包成XML文件，发送给部级数据中心，接收部级数据中心的指令并进行解析，执行相应的任务。

数据公示服务器主要完成数据以B/S模式对外展示和发布。数据展示内容采用各种图表展示的方式，直观反映和对比各项采集数据和统计数据的数值、趋势和分布情况。

区县级数据中心负责采集并存储北京市区县地域内监测建筑的能耗数据，并对本地区的能耗数据进行处理、分析、展示和发布，将各种分类汇总数据逐级上传到省级数据中心。

如图 9-3 所示,设在建筑物内的建筑能耗监测子系统硬件一般由远传仪表(能耗计量装置等)、数据采集器、网络通信设备组成。在功能上由现场监测层和管理层两个网络结构层组成,现场监测层负责现场能耗数据采集和现场设备的运行状态监控,管理层负责数据存储、数据处理、数据传输和本建筑物监测网络的运行管理。

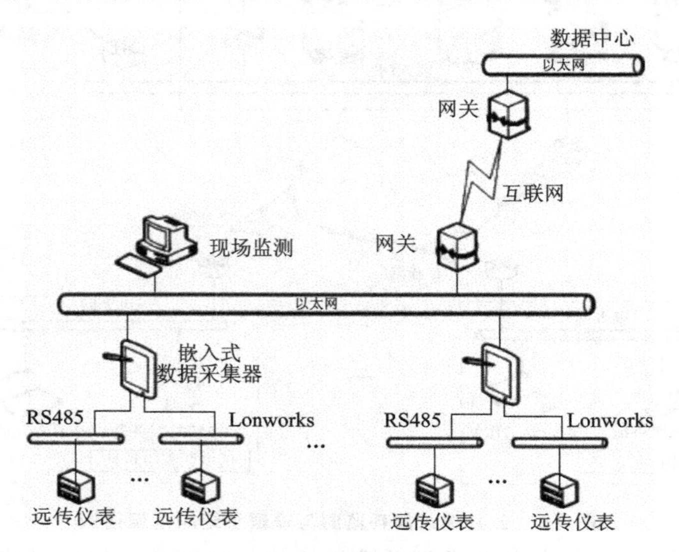

图 9-3　建筑物能源监测网络结构

住房和城乡建设部制定了《分项能耗数据采集技术导则》《分项能耗数据传输技术导则》《软件开发指导说明书》《省、市级数据中心数据库结构文档》和《数据上传 XML 格式文档》等标准,以保证建筑能耗监测系统层次结构分明、管理模式统一和较高的整体一致性。

但城市中每栋建筑物中的用能设备种类繁多且系统复杂,智能化水平与配置差异很大,采用的监控设备品牌众多,通信协议多样。特别是在既有智能建筑中,通常缺乏分项计量能耗管理系统,因此,需要一个较为复杂的系统集成过程,一方面把 BAS 和能耗监测的数据融合在一起从整体上进行优化和诊断,另一方面满足建筑物能耗数据转换成标准格式的数据包上传至省(直辖市)级中转站的需求。

9.4　建筑能耗数据处理与分析

建筑能效优化的分析过程一般应在保证数据有效性的基础上,经过能耗审计、效率测评和深入诊断三个阶段。因此,建筑能耗数据处理与分析的目标、指标、内容和方法在三个阶段存在较大不同。

9.4.1　数据有效性验证

保证数据的可靠性是基础性工作,各种计量装置和传感器采集的数据若出现问题，将导致计算结果的较大偏差，甚至失效，会对能耗分析和节能诊断结果的正确性产生严重影响。数据有效性验证一般应包括计量装置的有效性验证和计算结果数据的平衡校验。

1）计量装置的可靠性

计量装置采集数据的一般性验证方法是根据计量装置量程的最大值和最小值进行验证，凡小于最小值或者大于最大值的采集读数属于无效数据。对于电表有功电能验证方法，除了需要进行一般性验证外还需要进行二次验证，其方法是根据两次连续数据采读的数据增量和时间差计算出功率，该计算功率不能大于本支路耗能设备的最大功率的 2 倍。

2）计算结果数据的平衡校验

计算结果数据的平衡校验是指利用系统的各个物理量之间的耦合关系，如能量平衡或质量平衡原理等，对于计算结果的正确性进行校核的方法，以保证测量结果的准确性。根据表 9-3 所示的监测数据，对冷水机组性能测试的平衡校验方法说明如下。

冷水机组的制冷量为
$$Q=\frac{c_{P}\rho G(t_{in}-t_{out})}{3600} \tag{9-1}$$

冷却水带走的热量为
$$Q_c=\frac{c_{P}\rho G_c(t_{c,out}-t_{c,in})}{3600} \tag{9-2}$$

机组的输入电功率单位为 W，根据能量平衡原理，平衡校验 $\frac{Q+W}{Q_c}\leqslant 10\%$ 时为正常。

9.4.2　能耗统计指标的计算

建筑能耗统计数据来源于建筑能耗分项计量系统，其分类能耗、一级子项和二级子项数据必须上传至上级数据中心，其数据和能耗统计指标主要用于建筑能耗特征分析、能耗审计和初步评估。各分项能耗增量应根据各计量装置的原始数据增量进行计算，同时计算得出分项能耗日结数据，分项能耗日结数据是某一分项能耗在一天内的增量和当天采集间隔时间内的最大值、最小值、平均值；根据分项能耗的日结数据，进而计算出逐月、逐年分项能耗数据及其最大值、最小值与平均值。

1）建筑总能耗

建筑总能耗为建筑各分类能耗（除水耗量外）所折算的标准煤量之和，即

建筑总能耗＝总用电量折算的标准煤量＋总燃气量（天然气量或煤气量）折算的标准煤量＋集中供热耗热量折算的标准煤量＋集中供冷耗冷量折算的标准煤量＋建筑所消耗的其他能源应用量折算的标准煤量。

2）总用电量

总用电量＝∑各变压器总表直接计量值

3）分类能耗量

分类能耗量＝∑各分类能耗计量表的直接计量值

4)分项用电量

分项用电量=Σ各分项用电计量表的直接计量值

5)单位建筑面积用电量

单位建筑面积用电量=总用电量/总建筑面积

6)单位空调面积用电量

单位空调面积用电量=空调总用电量/总空调面积

7)单位建筑面积分类能耗量

分类能耗量直接计量值与总建筑面积之比,即

单位面积分类能耗量=分类能耗量直接计量值/总建筑面积

8)单位空调面积分类能耗量

分类能耗量直接计量值与总空调面积之比,即

单位空调面积分类能耗量=分类能耗量直接计量值/总空调面积

9)单位建筑面积分项用电量

分项用电量的直接计量值与总建筑面积之比,即

单位面积分项用电量=分项用电量直接计量值/总建筑面积

10)单位空调面积分项用电量

分项用电量的直接计量值与总空调面积之比,即

单位空调面积分项用电量=分项用电量直接计量值/总空调面积

9.4.3 效率指标分析

对于大型公共建筑运行能耗的分析评价,不仅单从数量上考察其总的能耗量,还需要考察其能量利用效率。以空调系统为例,效率指标主要包括空调系统效率指标和工作效率指标。

1)空调系统效率指标

空调系统常用效率指标包括冷水机组运行效率、冷冻水输送系数、空调末端能效比,及冷却水输送系数等,如图 9-4 所示。

冷水机组运行效率(COP)是指冷水机组制备的冷量与冷水机组能耗之比,即冷水机组运行效率=冷水机组制备的冷量/冷水机组能耗。

冷冻水输送系数(WTFchw)是指空调系统制备的总冷量与冷冻水泵的能耗之比,即冷冻水输送系数=空调系统制备的总冷量/冷冻水泵(包括冷冻水系统的一次泵、二次泵、加压泵、二级泵等)能耗,该指标可用于空调系统中冷冻水系统经济运行情况的评价。

空调末端能效比(EER)=空调系统制备的总冷量/空调末端能耗,该指标可用于空调末端系统的经济运行状况。

冷却水输送系数(WTFcw)=冷却水输送的热量/冷却水泵能耗,该指标可用于冷却水系统经济运行情况的评价。

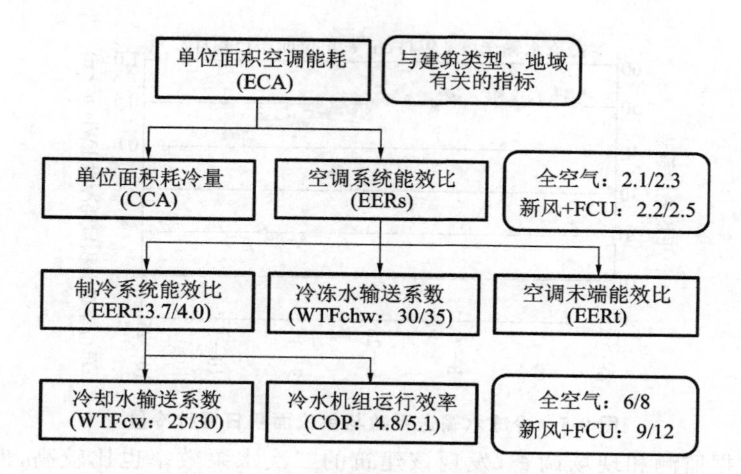

图 9-4 空调系统经济运行的性能指标

空调系统效率指标越高反映其系统效率也越高，但是不能够片面的追求提高系统效率，应具体问题具体分析，以降低单位面积能耗为主。

2)工作效率指标

工作效率指标反映使用者的节能意识和管理水平，主要包括工作时间能耗比和非工作时间能耗比。

工作时间能耗比＝工作日工作时间用电量/工作日全天用电量

非工作时间段能耗比＝周末全天用电量/工作日全天用电量

在分析应用中，将工作效率同单位面积指标联合使用更能反映节能管理的具体情况。例如：某建筑工作时段能耗比较高，而单位面积耗电量却相对较低，说明该建筑的能耗水平低，节能意识强，管理好。反之，若是工作时段能耗比低，单位面积耗电量高，说明其能耗高，节能意识或管理水平有待提高。

9.4.4 深入节能诊断分析

深入的节能诊断必须具体问题具体分析，在效率指标体系的基础上，必须配合充分的现场调研诊断工作。这是因为：其一，支路负载的内容定义、配电回路的逻辑关系、人员作息规律和设备运行模式等诸多影响因素必须通过现场调研工作确定；其二，建筑的用能情况不定期变化，如功能房间、人员作息规律等的调整和用能设备的增减等，需及时跟进了解；其三，通过数据诊断发现可能存在的问题后，必须通过现场调研和测试等工作进行确诊。下面以水泵选型过大导致电耗过高为例做出说明。

通过分项计量(如图 9-5 所示)发现，某建筑冷站的冷冻水输送系数偏低，多在 20～25 之间，而标准值应不低 35。该建筑冷冻水系统为二次水系统，根据经验判断，可能是由于二次水泵选型偏大或控制不当导致。

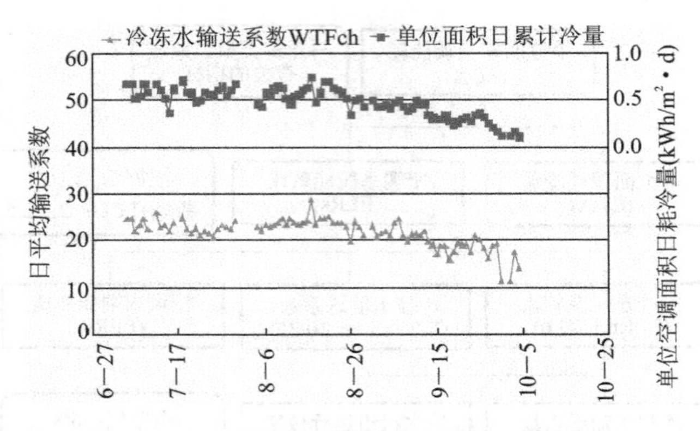

图 9-5　冷冻水输送系数与单位面积日累计冷量

通过数据监测和现场调查,发现该建筑的二次水泵效率也比较高,但二次水泵出口处的蝶阀被置于较小的开度下,导致多数水泵的有用功被浪费在了阀门上。经过检测,发现该建筑的用户侧所需最大扬程仅为 6 m 水柱,而二次水泵的额定扬程为 30 m,这是典型的水泵选型偏大问题。针对这个问题,对水泵进行了重新选型设计,建议业主将二次水泵更换较小扬程的水泵,初步估算每年可节电 135000 kW·h,约占二次泵目前实际耗电量(211000 kW·h)的 60%。

9.5　先进建筑能源管控平台

以云计算(Cloud Computing)、大数据分析技术(Big Data Analytics)、物联网(Internet of Things)等为代表的新技术为能耗监控、能效分析及节能管理提供了全新的手段。下面以万达商业的"慧云"智能化管理系统为例做说明。

"慧云"系统将各弱电子系统进行集成,采数据挖掘技术,在收集、汇总、分析能源消耗、温室气体排放以及客流数据的基础上,应用大数据、云计算等技术,深入分析建筑能耗结构特点、时间规律以及重点设备的用能趋势,为商业智能决策提供依据。同时系统本身可将分析结果用于建筑运行的控制策略中,实现真正的绿色、低碳运行。图 9-6 所示为其大数据应用框架。

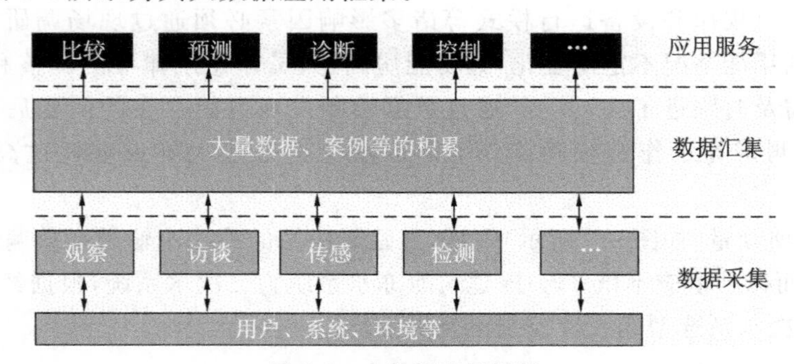

图 9-6　大数据应用框架

9.5.1 “一机三屏”技术

管理人员置于可自定义的驾驶舱中，如图 9-7、图 9-8 所示，左侧报警屏，显示系统当前实时报警信息，管理人员可通过报警处理按钮查询报警处理流程；中间屏幕为系统主操作屏，用户可以实现对系统配置、模式切换、信息查询、用户管理的控制操作；右侧屏是视频复核屏，管理人员可以灵活切换监控区域的实时视频图像。

图 9-7　慧云智能化管理系统系统环境

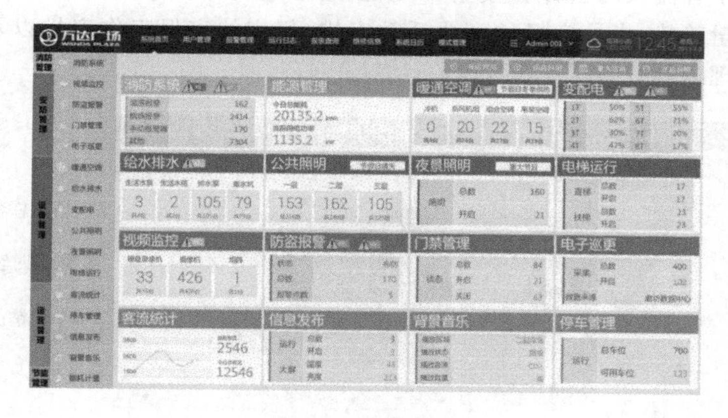

图 9-8　系统首页

9.5.2 视频监控子系统集成

视频监控子系统是保障安全运营的重要一环。如图 9-9 所示，慧云智能化管理系统通过 ActiveX 控件或其他接口工具采集和显示电视监控系统的视频信号，控制视频画面的切换、缩放、摄像头聚焦、转动、切换预置位等功能。通过建筑物模型图、楼层平面图和电子地图可选择待操作的监控点设备，对电视监控系统进行快捷操作。综合信息集成系统可以接受其他子系统的报警信号或请求信息控制电视监控系统完成相应的切换画面或预置位等动作。

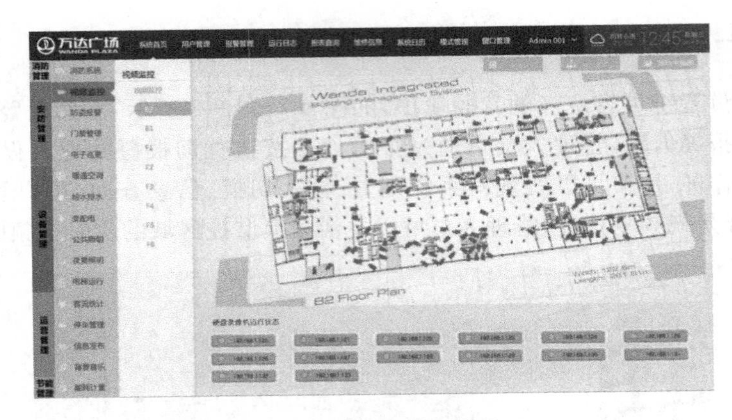

图 9-9　视频监控子系统界面

9.5.3　客流量统计与商业智能化分析

如图 9-10 所示，慧云智能化管理系统实时监测商场中人员分布情况、总体和各店铺的实时客流量和滞留人数，为设备运行管理、人员应急疏散等提供指导。同时系统中应用了客流预测云计算模型，可以根据客流统计和分析积累的数据，预测未来广场客流量趋势，指导广场的商业活动安排、相应的安保工作安排以及广场各系统的设备合理运行。

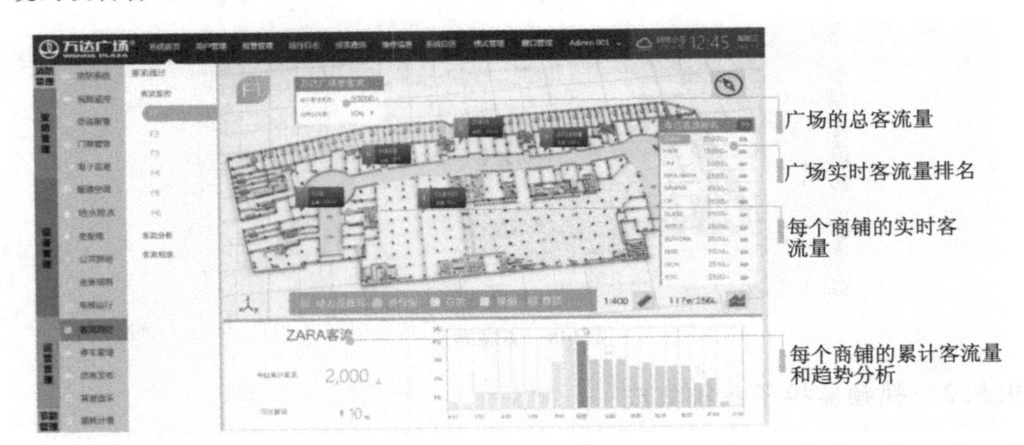

图 9-10　客流量统计

9.5.4　建筑能耗分析

慧云智能化管理系统对商场的能源使用进行了深入的分析，分别从建筑总体、系统、设备角度，按照日、周、月、年等角度统计分析建筑能耗。通过全面、深入分析能耗数据统计结果，理解建筑用能分配和重点设备的用能趋势。同时系统结合集成楼宇自动化系统、客流系统的数据，分析了室外温度、客流量等数据对建筑能耗的影响，指导节能运行策略的制定。图 9-11 为能源分析功能模块。

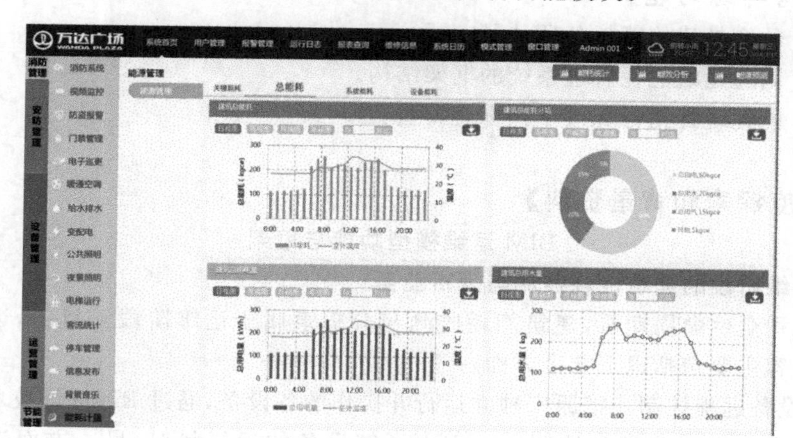

图 9-11　能源分析功能模块

9.5.5 能源、环境宣传公示

通过在中庭的信息发布大屏上向社会公示广场运营实时室内外环境以及能源耗用情况，在展示舒适度水平的同时对公众进行绿色节能教育，如图 9-12 所示。

图 9-12　能源、环境宣传公示

【本章要点】

建筑能效管理系统是智能建筑重要的核心子系统之一，合理的分项计量和数据采集是基础条件，根据不同的目标，进行深入的数据统计和分析，才能发现建筑的用能规律和特征，制定科学运行策略，实现故障诊断。基于云平台和大数据的智能化管理系统成为建筑能效综合管理和优化的发展方向。

【思考与练习题】

9-1 什么是建筑能耗分项计量?

9-2 简述建筑能耗管理系统的框架结构。

9-3 能耗统计指标和效率指标有哪些?

【深度探索和背景资料】

BIM 运维模型功能与框架

1. 运维阶段的建筑能耗监测与分析业务

从工程全生命周期看,建筑能耗监测与分析隶属于运维阶段。目前,运维阶段的业务内容主要包括以下几个方面。

(1)设备远程控制。把原来独立运行并操作的各设备,通过 RFID 等技术汇总到统一的平台上进行管理和控制。一方面了解设备的运行状况,另一方面进行远程控制。

(2)设备空间定位。给予各系统各设备空间位置信息,把原来编号或者文字表示变成三维图形位置,这样一方面可便于查找,另一方面参看也更直观、更形象。例如:通过 RFID 获取大楼的安保人员位置;消防报警时,在 BIM 模型上快速定位所在位置,并查看周边的疏散通道和重要设备。

(3)内部空间及设施可视化管理。利用 BIM 建立一个可视三维模型,所有数据和信息可以从模型里面调用。例如:二次装修的时候,哪里有管线,哪里是承重墙不能拆除,这些在 BIM 模型中一目了然,在 BIM 模型中就可以看到不同区域属于哪些租户,以及这些租户的详细信息。

(4)运营维护数据累积与分析。建筑运营维护数据的积累,对于管理来说具有很大的价值。可以通过数据来分析目前存在的问题和隐患,优化和完善现行管理。例如:通过 RFID 获取电表读数状态,并且累积形成一定时期能源消耗情况;通过累积数据分析不同时间段空余车位情况,进行车库管理;等等。

2. 运维阶段 BIM 模型的主要功能

1)建筑空间与设备运维管理

在可视化和参数化的环境中,提供建筑物各类空间使用合理性分析、使用效率分析等应用,并提供多种条件下的空间管理优化利用模拟分析;通过实时采集建筑物设施设备动态运行数据,实现对各类设施设备运行监控的精确管理,关联性故障的精确排查,设施设备维修维护的提醒管理,设施设备的模拟操作培训等应用;通过建立设备管线的控制逻辑关系,在可视化环境下,快速定位设备或管线的故障点,根据设备管线的控制逻辑,快速显示故障点的控制设备,为故障维修提供决策依据和方法。

2)公共安全运维管理

重点关注运维 BIM 模型与结构安全性态监测、幕墙安全监测、视频监控、消防、门禁、防盗、危险源检测等安保系统信息之间的实时交互集成和整合技术。在建筑物公共安全管理过程中，提供可视化和参数化环境，实现各种级别的综合安保管理策略制定及演练，突发事态模拟演练，应急处置预案制定，以及演练的应用。

3）建筑资产运维管理

面对建筑物内大量固定资产及设施设备的运维管理，通过集成基于RFID等技术的资产管理信息系统，实现对运维BIM模型的信息自动补充完善，提供精确定位管理，快速分类查找，备品备件库动态阈值管理等应用管理功能。

4）建筑能耗监测与分析

在实时采集人流、环境、设施设备运行等动态数据信息的基础上，集成建筑内各类能源消耗的实时数据和历史数据，提取运维BIM模型中相关信息，通过数据模拟和分析技术，在可视化及参数化的环境中，进行多种条件下的运行能耗仿真预估，为优化能源管理组织提供决策依据。

5）建筑环境监测与分析

在实时采集人流、车流，室内外环境等动态数据信息的基础数上，结合建筑所在地的气象数据、环境舒适度设定信息，提取运维BIM模型中相关信息，在可视化及参数化的环境中，提供多种条件下建筑风环境、声环境、光环境、热环境、烟气模拟和人流聚集模拟等分析模拟应用，为优化建筑环境管理组织提供决策依据。

3. 运维BIM软件总体设计

基于IFC标准，设计开放型运维阶段BIM集成平台，软件总体架构如图9-13所示。

Model文件夹用于存储所有工作模型。运维阶段的模型包括建筑空间与设备运维管理模型、公共安全运维管理模型、建筑资产运维管理模型、建筑能耗监测与分析模型、建筑环境监测与分析模型。每一个模型又进一步细分为不同的子模型。

建筑空间与设备运维管理模型包括以下子模型：建筑物中空间类型、火灾报警系统、安全防范系统、中央空调系统、照明系统、供配电系统、给排水系统、电梯系统等。

公共安全运维管理模型包括以下子模型：结构安全性态监测、幕墙安全监测、视频监控、门禁、防盗、消防、危险源检测。

建筑资产运维管理模型按照建筑物内固定资产及设施设备的种类划分并定义各种子模型。

建筑能耗监测与分析模型包括以下子模型：人流量、电能消耗、水消耗、燃气消耗、设施设备损耗等。

建筑环境监测与分析模型包括以下子模型：人流、车流，风环境、声环境、光环境、热环境、烟气、建筑所在地的气象数据、环境舒适度设定信息等。

Publish文件夹用于存储所有需要共享的文件（类型包括2D、3D）。

Library文件夹用于存储工程中涉及的规则、标准或其他具有共性的资料。

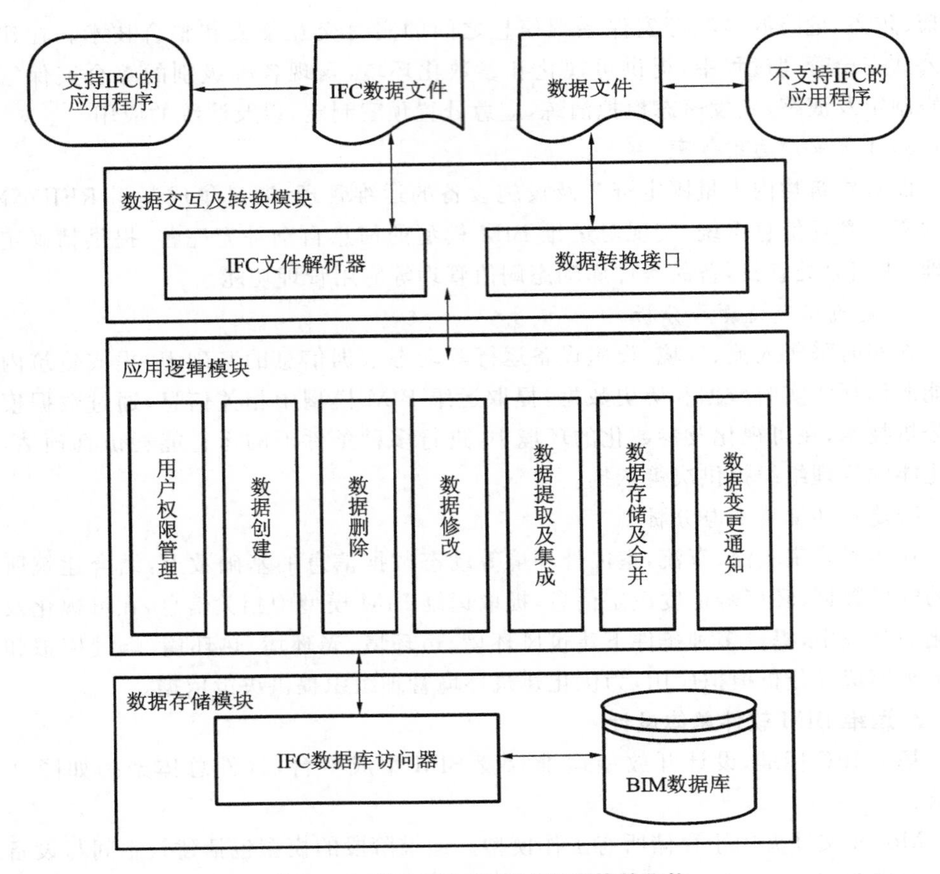

图 9-13 基于 IFC 的 BIM 运维软件架构

Support Drawings 文件夹用于存储工程的支持文档(如 DWG 文件、JPEG 图等)。

Clash Report 文件夹用于存储冲突分析及冲突报告。由 BIM 工程中的协作者访问。

第 10 章 建筑设备自动化系统的设计与实现

10.1 设计概述

建筑设备自动化系统的实施一般包括规划设计、技术实现和调试验收三个阶段。设计阶段通常包括规划设计、初步设计、深化设计和施工图设计，具体设计流程如图 10-1 所示。设计的前提是明确工程需求，主要包括功能需求、经济回报和发展需求。设计人员必须了解整个建筑的使用服务功能，了解业主对建筑机电设施的控制管理需求，若业主提不出具体需求，设计人员还需要提出体现建筑功能的初步方案，与业主反复沟通，达成共识。例如：办公楼、医院、学校、住宅和工业建筑的功能就各具特色。

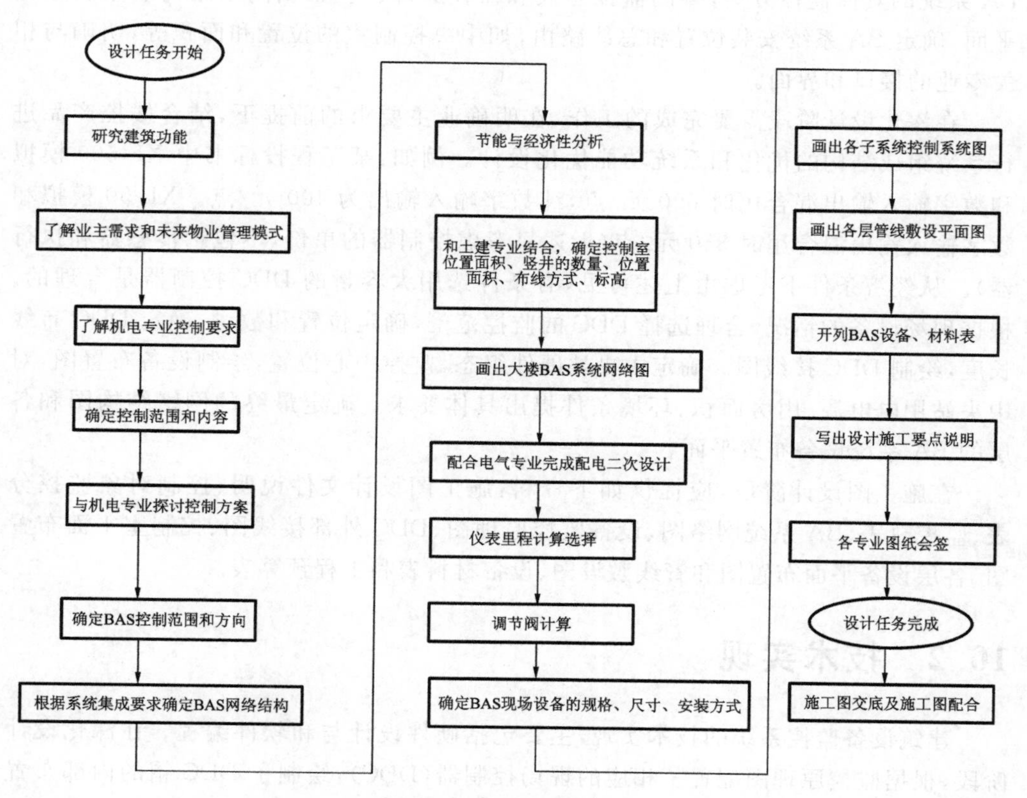

图 10-1 设计流程

工程总体方案设计是贯穿实施全过程的纲领性文件，包括监控范围和内容、应用功能分析、设计标准定位、方案设计、系统设置、设备选择、成本估算、运行环境、工程实施规划等内容。在规划设计过程中，弱电工程师需要与土建专业、机电(特别是暖通)专业、电气专业和业主紧密沟通和协作，协作的主要内容如下所述。

①土建：控制室、竖井面积和位置，土建装修条件。电缆桥架、管线的预埋件、预留孔洞。

②暖通：有关暖通工艺流程图，测量控制要求，设备的控制要求、节能措施。

③水道：有关工艺设备的测量控制要求、数量，所带设备的控制要求。

④电气：有关变配电、照明电气原理图，机电设备的测量、控制原理配合，电气、照明配电箱的平面位置。

⑤业主：管理和使用功能要求，智能化水平、投资强度要求，等等。

初步设计阶段应对 BAS 的具体监控功能、系统组成、网络结构、机电设备监控原理提出明确的方案。系统网络结构规划是指根据工程规模、系统组成、建筑特点、集成水平和管理要求，确定网络结构层次、拓扑结构、对管理和控制网络采用的通信协议提出原则要求。机电设备监控原理设计是指根据设备的工艺图和控制要求，设计 BA 系统的具体监控方案，编制监控总表和监控原理图。根据网络结构规划和建筑平面，确定 BA 系统安装位置和总线路由，如中央控制室的位置和面积等，明确与相关专业的接口和界面。

在深化设计阶段需要完成的工作，在明确业主要求的前提下，结合楼控产品进行系统组成结构的优化和系统功能优化设计。例如：某工程投标书中 XL-500 模拟和数字输入输出混合用时 650 元/点，纯数字输入输出为 400 元/点。XL-50 模拟和数字输入输出混合用时 850 元/点(上述只考虑控制器的单价，不包括传感器和执行器)。从经济条件下考虑由上述可见，有条件选用大容量的 DDC 控制器是合理的。根据现场设备的情况，合理选择 DDC 的监控范围，确定位置和数量，确定 DDC 布线长度，绘制 DDC 接线图。确定中央站硬件组态，监控中心位置，绘制设备布置图，对中央站用电电源、用房面积、环境条件提出具体要求。确定最终的网络结构图和各层的 BA 系统设备布置平面。

在施工图设计阶段，应提供如下资料：施工图设计文件说明、控制对象监控分表、监控总表、BA 系统网络图、设备监控原理图、DDC 外部接线图、控制室平面布置图、各层设备平面布置图和管线敷设图、设备材料表和工程预算表。

10.2 技术实现

建筑设备监控系统的技术实现，主要包括硬件设计与和软件编程。在深化设计阶段，根据监控原理图配置了相应的现场控制器(DDC)，绘制了 DDC 箱的内部布置图和外部接线图。以此为依据组装 DDC 箱，并现场安装。DDC 箱设计和制作过程中，应特别注意如下问题。

(1)弱电与强电接口设计。例如：对变频送风机的监控，需要实现远程启/停、频率控制、状态监测和故障监测功能。对 DDC 来说，需要 1 个 DO、2 个 DI、1 个 AO 点，对强电控制柜来说，需要提供控制该风机远程启动接点 1 个、变频器状态触点 1 个、变频器故障触点 1 个、变频器 0～10 V 信号端子 1 个，如图 10-2(a)、(b)、(c)所示。

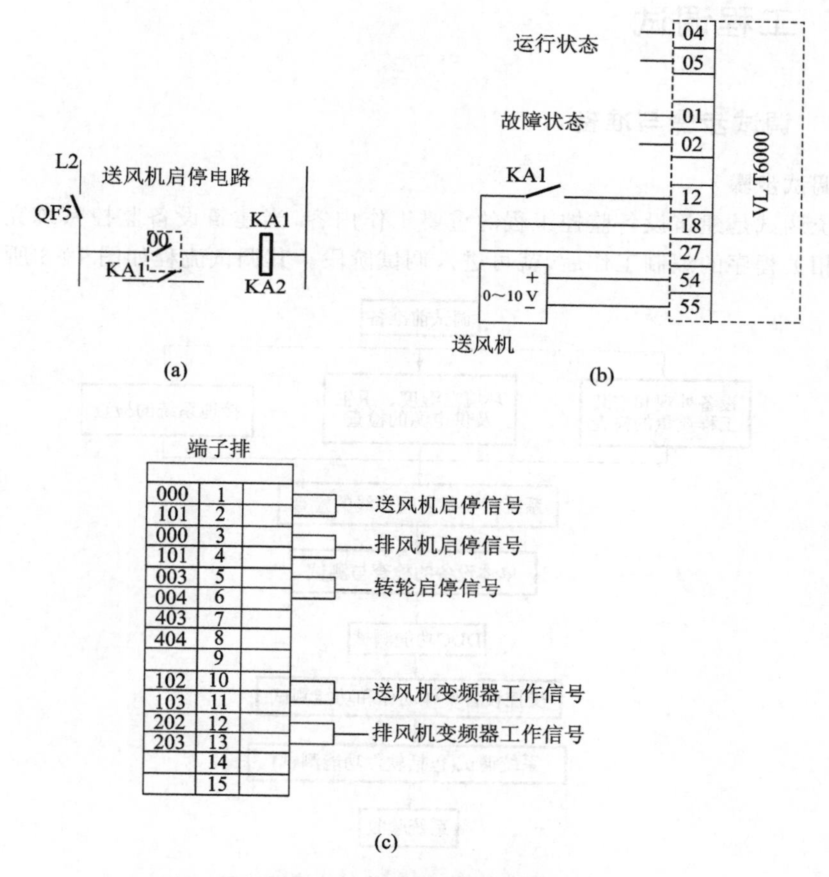

图 10-2　控制柜内部布置图

(a)变频送风机启动电路图；(b)变频器端子图；(c)控制器端子图

(2)注意电源与接地，如果不小心接错可能会引起控制器输入输出通道的损坏。

(3)保证接线正确性。否则无法正确监测和控制相应设备，且校线过程耗时耗力。DDC 箱安装完毕，且与传感器、执行器和强电接口正确连接。按照网络结构图的要求，用双绞线将 DDC 连接成局域网络。

软件编程主要进行系统组态、界面组态和逻辑组态。系统组态主要实现网络结构配置，包括网络层次结构、DDC 和路由器型号与地址配置、传感器和执行器类型(输入输出通道)参数配置。界面组态包括可视化人机交互界面(参数与状态显示、操作界面)、故障报警界面、权限界面、趋势界面、报表界面等。特别是各种界面之间的关系层次,可按地理位置或设备系统进行导航。参数应和相应的变量绑定。逻辑组态过程根据设备或系统的控制原理,将逻辑功能块按一定规则组合起来,实现相应的控制算法。控制算法下载到相应的 DDC 中实现现场控制,上位计算机界面实现集中管理。

10.3 工程调试

10.3.1 调试步骤与准备

1. 调试步骤

系统调试是建筑设备监控工程的重要工作内容,当建筑设备监控系统完成设备安装和相关程序的编制工作后,就可进入调试阶段。其调试流程如图 10-3 所示。

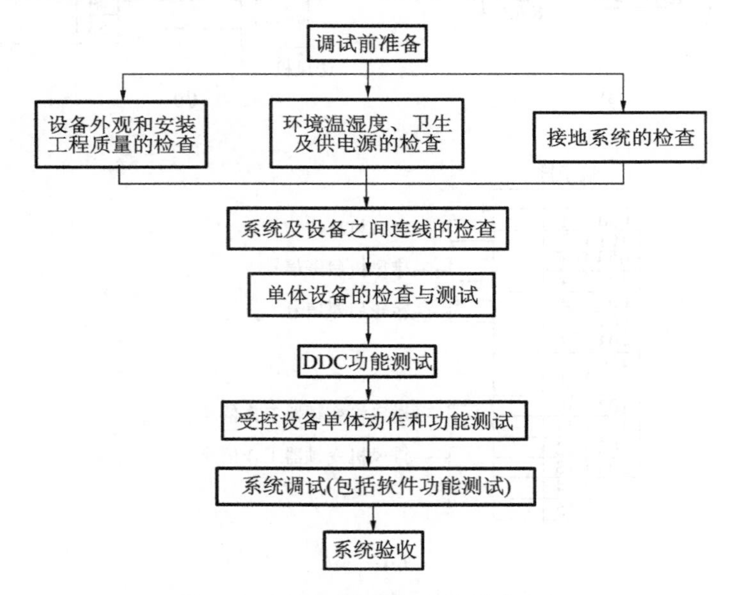

图 10-3 建筑设备监控系统调试流程

2. 调试前准备

建筑设备监控系统调试前准备工作如下。

①图纸的检查。调试前必须提供必要的设计图纸和资料作为建筑设备监控系统的调试依据。

②基本软件编程、组态、系统各单元的逻辑与地址,包括图形制作、网络各节点的名称、地址与代号等设定基本完成。

③负责调试工程师熟悉本工程的全部图纸、资料及相关系统工艺,并向参加调试人员进行技术沟通/交流。调试人员在负责调试工程师的指导和组织下按相应规

范和调试大纲要求完成工程的调试准备工作。

④设备外观和安装状况的检查。设备外观良好，安装质量满足工程要求。

⑤系统的调试环境、工业卫生要求（温度、湿度、防静电、电磁干扰等），应符合设备使用说明书规定。

⑥检查系统供电电源和接地情况是否满足工程设计要求，－10%＜电压波动＜10%。

⑦被控建筑设备专业调试完成，调试记录完整。

⑧检查建筑设备监控系统中各设备之间连接线的施工质量，确保每根连接线全部导通，安装质量符合《电气装置安装工程电缆线路施工及验收规范》（GB 50168—2006）的规定要求。

10.3.2　通信系统调试

BAS 是分布式控制系统，控制器、子站和中央站之间的通信靠局域网实现。只有通信网络系统正常，才能上传和下载各种程序、数据，实现有效的监控。因此，当控制系统硬件和相应的软件基本开发完成的时候，首先需要对通信网络系统进行调试。主要步骤如下：

①系统的接线检查。按系统设计图纸要求，检查监控计算机与网关设备、现场控制设备、系统外围设备（包括电源 UPS、打印设备）、通信接口（包括与其他子系统）等之间的连接、传输线型号规格是否正确，通信接口的通信协议、数据传输格式、速率等是否符合设计要求。

②系统通信检查。监控计算机及其相应设备通电后，启动监控程序，检查监控计算机与各设备之间通信是否正常，确认系统内设备无故障，特别注意设备地址设置的正确性。

10.3.3　输入输出点和控制器测试

输入输出点的测试包括数字量输入（DI）、模拟量输入（AI）、数字量输出（DO）、模拟量输出（AO），控制器的输入输出点和传感器、执行器直接连接，其处于正常状态是系统运行的基础条件。

1. 数字量输入检查

数字量输入主要是各种干接点输入、压差开关、温度开关等开关量，要明确这些点的类型作用，是有源还是无源信号，是电压还是电流信号，是否符合设备说明书和设计要求。用手动方式对全部数字量输入点进行测试，并将测点之值记录下来。

2. 模拟量输入检查

模拟量输入主要是各种温湿度、压力、压差、流量等传感器信号，首先，按产品说明书的要求确定传感器的电源电压、频率、输出信号类型、量程；检查传感器内外部连接线是否正确。其次，检查应用软件的组态配置是否正确，包括传感器类型、量程、端口号、变量名等设置。最后,在传感器端、DDC 侧检查其输出信号,并在工作站上确认显示值是否与采用仪表测试的实际值相符。若显示值误差超出了规定的范围,则要判断是否传感器本身、线路、配置、实测仪表或由于系统干扰导致出现了问题。

3. 数字量输出检查

数字量输出主要是驱动继电器开关量的输出 ON/OFF,对风机、水泵等设备进行启停控制。要按设备说明书和设计要求确认的规定电压电流范围和允许工作容量。用程序方式或手动方式测量全部数字量输出,并记录其测试数值和观察受控设备的电器控制开关工作状态是否正常;如果受控单体得电后试运行正常,则可以在通电情况下观察其受控设备运行是否正常。

4. 模拟量输出检查

模拟量输出一般是 0～10 V 或 4～20 mA 的标准信号,用于控制电动阀门驱动器、变频器等执行设备的动作。首先,要按产品说明书确认驱动器内外部连接线是否正确,设备的电源电压,阀驱正反作用设定,输入控制信号设定是否正确;其次,在手动状态,然后转动手动摇柄,检查执行器的行程是否在 0～100%范围内;最后,在确认手动检查正确后,检查工作站的软件对输出信号类型、端口号、变量名的组态配置是否正确,并经 DDC 或工作站输出 AO 信号,观察执行器动作是否正常。

5. DDC 加电测试

1)杜绝强电串入弱电回路

供电之前,对 DDC 盘内所有电缆和端子排进行目视检查,以修正显性的损坏或不正确安装。控制盘安装完后,先不安装 DDC 控制器,使用万用表或数字电压表,将量程设为高于 220 V 的交流电压挡位,检查接地脚与所有 AI、AO、DI 间的交流电压。测量所有 AI、AO、DI 信号线间的交流电压。若发现有 220 V 交流电压存在,查找根源,修正接线。

2)接地不良测试

将仪表量程设在 0～20 kΩ 电阻挡。测量接地脚与所有 AI、AO、DI 接线端间的电阻。任何低于 10 kΩ 欧姆的测量都表明存在接地不良。检查敷线中是否有割、划破口,传感器是否同保护套管或安装支架发生短路。检查第三方设备是否通过接口提供了低阻抗负载到控制器的 I/O 端。为毫安输入信号安装 500 Ω 电阻。

3)通电

将 DDC 盘内电源开关置于“断开”位置。此时将主电源从机电配电盘送入 DDC 箱。闭合 DDC 盘内电源开关,检查供电电源电压和各变压器输出电压。断开 DDC 盘内电源开关,安装控制器模块,将 DDC 盘内电源开关闭合。检查电源模块和 CPU 模块指示灯是否指示正常。

4)程序下载

在进行程序编译和下载之前,确保该控制器中所有的物理点、参数点,控制策略,控制逻辑和物理点端子排列等编程工作均已经完成且完全符合实际情况。在通信网络调试完成的情况下，并对 DDC 完成相关的通信速率、通信格式、地址码的配置，从监控计算机上下载控制程序。

5）DDC 的功能测试

对于 DDC 的功能测试主要考虑其运行可靠性、软件主要功能和实时性。按产品说明书和设计要求进行抽检某一受控设备设定的监控程序，测试受控设备的运行记录和状态。

①关闭中央监控主机、数据网关（包括主机至 DDC 的通信设备，如交换机、路由器、网卡等），确认系统全部 DDC 及受控设备运行正常后，重新开机后抽检部分 DDC 设备中受控设备的运行记录和状态。

②关闭 DDC 电源后，确认 DDC 及受控设备运行正常，重新受电后确认 DDC 能自动检测受控设备的运行，记录状态并予以恢复。

③DDC 抗干扰测试。将一台干扰设备（如冲击钻）接在 DDC 同一电源，干扰设备开机后，观察 DDC 设备及其他设备运行参数和状态是否正常。

④在中央控制机侧手控一台被控设备，测定其被控设备运行状态返回信号的时间应满足系统的设计要求。在现场模拟一个报警信号，测定在控制图面发出报警信号的时间必须满足系统设计要求。在中央控制及画面开启一台空调机，测定电动阀门的开度从 0～50％的时间。

10.3.4　单体设备调试

在此仅介绍二管制新风机的调试内容，对于四管制亦可参照。二管制新风机单体设备调试内容如下。

1）完成输入输出点的测试检查

①检查新风机控制柜的全部电气元器件有无损坏，内部与外部接线是否正确无误，严防强电电源串入现场控制设备。

②按照监控点数表及工程设计要求，检查安装在新风机上的温/湿度传感器、电动阀、风阀和压差开关等设备的位置及接线是否正确，输入/输出信号类型和量程是否符合要求。

③在手动位置确认风机在现场操作控制状态下是否运行正常。

④确认现场控制器和 I/O 模块的地址码设置正确。

⑤确认 DDC 供电符合设计要求后，接通主电源开关，观察现场控制器和各元件状态是否正常。

⑥用笔记本电脑或手操器记录所有模拟量输入点送风温度和风压的量值，并核对其数值是否正确；记录所有开关量输入点（风压开关和防冻开关等）工作状态是否正常；强置所有开关量输出点开/关状态，确认相关的风机、风门、阀门等工作是否正常；强置所有模拟量输出点输出信号，确认相关的电动阀（冷热水调节阀）的工作是否正常，位置调节是否跟随变化。

2)工艺性调试

①用鉴定合格的压差计,标定风机前后压差开关。当压差增至设定值(可调)时,使压差开关状态翻转。标定好后,作好标定记录。将机组电气开关置于自动位置,通过 BAS 手持终端(手操器)或监控计算机启动送风风机,送风风机将逐渐提速,确认风机已启动,送风风机运行状态压差开关为“开”。关闭风机,确认送风风机停机,送风风机运行状态压差开关为“关”。启动新风机,新风阀门应联锁打开,送风温度调节控制应投入运行。

②模拟送风温度大于送风温度设定值(一般为 3 ℃左右),热水调节阀应逐渐减少开度,直至全部关闭(冬季工况),或者冷水阀逐渐加大开度直至全部打开(夏天工况)。模拟送风温度小于送风温度设定值(一般为 3 ℃左右),确认其冷热水阀运行工况与上述完全相反。

③新风机启动后,送风温度应根据其设定值改变而变化,经过一定时间后应能稳定在送风温度设定值的附近。如果送风温度跟踪设定值的速度太慢,可以适当提高 PID 调节的比例放大作用;如果系统稳定后,送风温度和设定值的偏差较大,可以适当提高 PID 调节的积分作用;如果送风温度在设定值上下明显地做周期性波动,其偏差超过范围,则应先降低或取消微分作用,再降低比例放大作用,直到系统稳定为止。PID 参数设置的原则:首先,保证系统稳定;其次,满足基本的精度要求,各项参数设置不宜过大,应避免系统振荡,并留有一定余量。当系统经调试不能稳定时,应考虑有关的机械或电气装置中是否存在妨碍系统稳定的因素,应做仔细检查,排除故障。

④需进行湿度调节,则当模拟送风湿度小于送风湿度设定值时,加湿器应按预定要求投入工作,直到送风湿度趋于设定值。

⑤如新风机是变频调速或高、中、低三速控制时,应模拟变化风压测量值或其他工艺要求,确认风机转速能相应改变;当测量值稳定在设计值时,风机转速应稳定在某一点上,并按设计和产品说明书的要求记录 30%、50%、90%风机速度(或高、中、低三速)时相对的风压或风量。

⑥新风机停止运转时,确认新风门、冷/热水调节、加湿器等应回到全关闭位置。

⑦确认按设计图纸产品供应商的技术资料、软件功能和调试大纲规定的其他功能和联锁、联动的要求全部实现。单体调试完成时,应按工艺和设计要求在系统中设定其送风温度、湿度和风压的初始状态。

10.3.5 系统调试

各设备单体调试结束后便可进行建筑设备监控系统的工艺联合调试。系统调试主要是从整体系统的角度出发对建筑设备监控系统的系统设备及各设备之间的联动进行调试。调试内容包括:

①全面检查各种参数设定值、整定值和控制程序向 DDC 的下载情况。检查监

控主机软件界面的显示值、报警值、趋势曲线等是否正确。

②进行程序控制系统和联锁系统的调试。验证各种单体设备之间的联锁控制逻辑，对于复杂逻辑可分段调试。特别要注意按程序设计的步骤逐步检查调试，其条件判定、逻辑关系、动作时间和输出状态等均应符合设计文件规定。

③将全部系统设备启动，观察在实际运行工况下，各个参数控制回路的运行状态，对 PID 的整定参数等进行修订，以使受控参数达到工艺要求。

【本章要点】

建筑设备自动化系统的实施一般包括规划设计、技术实现和调试验收三个阶段。其设计流程从需求出发落实到施工图纸和技术原理。根据设计目标和深度的不同，分为规划设计、初步设计和深化设计。技术实现主要体现在硬件系统和软件编程上。工程调试是对使用过程是否安全可靠的最重要保证，本章介绍了调试步骤、主要内容、基本方法和相关的规范。

【思考与练习题】

10-1　简述建筑设备监控系统的设计流程和内容。

10-2　简述建筑设备监控系统技术实现的主要内容。

10-3　简述建筑设备监控系统的主要调试步骤。

10-4　简述新风机组单体设备的主要调试内容。

10-5　采用一次回风的全空气空调系统，在机械系统完全正常的条件下，若上位计算机界面显示室内温度不正常，试分析问题可能出在哪里。

10-6　若通过上位计算机界面远程启动送风机没有成功，试分析问题可能出在哪里。

【深度探索和背景资料】

BA 系统调试专家访谈录

楼宇自控系统工程的调试是整个工程的重点，而从事调试环节的主要是系统集成商，他们与甲方接触最多也是最了解甲方的需求。因此，系统集成商在工程中起着至关重要的作用。系统集成商如何与各专业配合，有效、合理完成楼宇自控系统的调试，带着这个问题我们走访了多位深入工程、大量参与调试工作的资深专业人士并将他们的工程实践经验与广大读者共享。

记者：请问您认为在楼宇自控系统的调试中主要的调试依据是什么？

专家：

第一是要依据国家标准，如《智能建筑设计标准》(GB/T 50314—2015)以及《智能建筑工程质量验收规范》(GB 50339—2013)中的相关条款。

第二是甲乙双方共同确认，实际要达到的功能。一般在招投标的时候对系统要达到的功能均有详细的要求，双方以此为依据。一个系统的设计要做到与业主和设备专业技术人员的反复沟通。对设备的特性、工艺流程、检测参数十分熟悉了解。检测和控制的数值是依据设备专业设备选型和负荷计算出来的,设计和调试的结果就是满足工艺要求,用控制理论去实现控制和检测精度。如果缺少这方面的沟通会为工程的调试带来问题,很可能不符合标准和业主的要求。

第三是除符合国家标准对楼宇自控系统控制要求外,特别在舒适性和节能性上提出特别的要求,在调试中完成后才能体现系统的先进性。这两个要求一般也是依据国家规范的指标,在深化设计时由系统最终方案确定,调试中依据设计指标进行。

记者:在进行设计时,应该如何更好地为将来的调试工作打好基础?

专家:

第一要满足工艺的要求,即设备专业的要求。设备专业应提出相应的控制模式及选取控制点,自控专业才能来实现。设备专业提出的控制模式是经过计算的,比如根据一个房间的人数计算耗能及冬夏季的不同负荷,自控专业是在设备满足条件要求的情况下,使控制智能化。自控本身不能完成这些功能,还要以设备专业为自控专业提出的要求为基础。

第二是设计时要对所选择的设备系统非常熟悉。各厂家系统的特性不同。将不同厂家的系统组合在一起,就需要了解这些系统的特点,并能很好地进行调试,实现最终的工艺要求。

第三是与其他专业的配合很重要。楼宇自控系统是对整个建筑物所有设备的控制。自控专业在前期做设计的时候,其他专业设备(比如风机、水泵)的接入点或控制点要明确提出具体要求,要以文字的形式表现出来,这为后期的调试提供了很大保证。

第四是要考虑将来的管理人员对系统的了解程度及管理能力。如果管理者很专业,在做系统调试软件的时候,直接将软件和程序交给管理者就可以了;如果管理者不懂楼宇自控专业,调试时对系统的保护性可以做的更强一些,这对系统的安全性及可靠性也是一种保障。

记者:您认为在楼宇自控系统调试过程中应注意的主要问题有哪些?

专家:

要注意的问题有很多。典型的有以下两方面:①要注意各专业的配合。以调试时检测点的确定为例。温度、流量、控制风机、控制阀门、风门等常常需要风、水、电三个专业同时到场来确定点位。有些由其他专业安装,弱电专业来供货,如果选点不合适,调试结果会受到很大影响。②从楼宇自控专业本身来说,要特别注意各系统的安装。整个系统一定要有深化图纸,并在安装过程中严格按深化图纸施工。因为很多问题会影响楼宇自控系统后期的调试,如果调试中遇到问题再从基础上找问题会影响整个工程进度。

记者:在楼宇自控系统中要调试的设备有很多,您认为哪些系统的调试难度更大一些?

专家：

空调系统的调试和冷冻系统的优化运行比较有难度。空调系统的调试首先是关于舒适度的问题，要响应快速、振荡小、性能稳定。PID控制参数时间、比例带、积分参数、微分参数等，这些参数决定了温度调整的快慢以及震荡大小，要找到合适的优化设置。这个优化值的应用在不同空调中有不同效果，它根据被控环境的容量、风量、热容积等不同，参数值是不一样的，所以要经过运行调试得到一个很好的参数，这样才适应调试的这套空调机，适应所在的房间。作为空调系统来讲，要注意设备保护措施以及保护手段是否恰当。比如冬天冷空气进人，应注意对盘管的保护，不要盘管还没热起来就被冻破了。这些要考虑周到，不然会造成经济损失。另外就是在控制程序中采用一些专业算法来丰富舒适手段。如新风补偿程序、过渡季程序、焓值控制程序等。例如：根据室外温度来设定室内温度，即人从室外进入室内温差太大会不舒服，应该根据一种算法算出最适合人体感知的温度。在某些特定场所（比如大堂）适合设定一个这样的算法可以保证既舒适又节能。下面来谈冷冻系统的优化运行。一般来说一个建筑物通常会有几台冷冻机，配备相应的冷却泵、冷冻泵、冷却塔。一般以几用几备的方式使用设置。这些设备是组合使用的，这就涉及排列组合的问题。怎样配合才是最优的？这要经过流量、温度、压力这些综合指标计算。另外还有轮换启停问题，为了使设备的磨损、使用寿命等各方面都能均衡，所以要有最优的程序。真正做到优化很难，因为变量错综复杂，毕竟要下一番功夫，起码要做到相对优化。

记者：在楼宇自控系统工程中需要特别注意的工程界面有哪些？

专家：

这里主要介绍与以下三个专业的划分：①与暖通空调专业之间。机电专业负责相关机电设备的供货及安装，负责与之相配设备上调节的阀门及手动的连杆安装。楼宇自控专业负责各种楼宇自控控制器（DDC）的供货及安装，为冷水机组等设备提供数据通信接口等。②与强电专业之间所有系统的供电均由强电专业提供。弱电专业应在深化设计图纸中标明所需要的用电位置及用电容量，由强电专业给予预留。强电至弱电系统使用的强弱电之间的转换设备由弱电专业负责。③与给排水专业之间。楼宇自控专业负责本工程范围各系统接线至无源接线端子，所需的无源接线端子由给排水承包方负责提供。总之，各子系统供应商提供硬件接口和通信协议软件，楼宇自控专业承包商负责系统集成总体设计、网络设计、硬件接口数据转换。接口软件的设计和系统管理应用软件的开发。

记者：在智能建筑领域楼宇自控系统调试的特点是什么？与其他系统的调试比较有什么不同？

专家：

与其他专业（被控设备机电专业）配合好是楼宇自控系统调试的最大特点。调试过程中没有良好的配合工作就不会非常顺利。要真正的进行运行调试，有了运行调试才能肯定达到了使用目的,真正做到节能和舒适。这与其他系统有很大区别。另外,在系统运行的过程中要时时调试。因模拟量多,在使用的过程中可加入经验,使系统更优化。很多用户会根据自身情况不断完善、不断调整程序,使系统相对舒适并且相对节能。一般楼宇自控系统的调试要跨季节,达到良好的运行要经过采暖期和制冷期两种工况的调试。

记者:系统集成商在楼宇自控系统验收环节中应该起到什么作用?

专家:

有时监理和用户对自控系统的技术掌握还不够。应该由集成商给用户设计一个验收模式,引导用户顺利进行验收,让用户了解系统的功能、控制内容和优化程度,并做好演示,将这些功能体现出来。常规意义上的工程验收可以按电气施工验收进行,但楼宇自控系统的施工应结合设备工艺要求进行验收。

参考文献

[1] 严德隆,等.空调蓄冷应用技术[M].北京:中国建筑工业出版社,1997.

[2] 何克忠,李伟.计算机控制系统[M].北京:清华大学出版社,1998.

[3] 潘云钢.高层民用建筑空调设计[M].北京:中国建筑工业出版社,1999.

[4] 李金川,郑智慧.空调制冷自控系统运行与管理[M].北京:中国建材工业出版社,2002.

[5] 刘国林.建筑物自动化系统[M].北京:机械工业出版社,2002.

[6] 陈芝久.制冷装置自动化[M].北京:机械工业出版社,2003.

[7] 刘富强.数字视频监控系统开发及应用[M].北京:机械工业出版社,2003.

[8] 陈虹.楼宇自动化技术与应用[M].北京:机械工业出版社,2005.

[9] 王再英,等.楼宇自动控制系统原理与应用[M].北京:电子工业出版社,2005.

[10] 段振刚.智能建筑安保与消防[M].北京:中国电力出版社,2005.

[11] 阎俊爱.智能建筑技术与设计[M].北京:清华大学出版社,2005.

[12] 张炜,郝嘉林,梁煜.计算机网络技术基础教程[M].北京:清华大学出版社,2005.

[13] 张少军.建筑智能化系统技术[M].北京:中国电力出版社,2006.

[14] 金文光,程国卿.安防系统工程方案设计[M].西安:西安电子科技大学出版社,2006.

[15] 董春桥,等.建筑设备自动化[M].北京:中国建筑工业出版社,2006.

[16] 李炎锋.暖通自动化控制[M].北京:北京工业大学出版社,2006.

[17] 江亿,姜子炎.建筑设备自动化[M].北京:中国建筑工业出版社,2007.

[18] 巩学梅.建筑设备控制系统[M].北京:中国电力出版社,2007.

[19] 余志强,等.智能建筑环境设备自动化[M].北京:清华大学出版社,2007.

[20] 许勇.计算机控制系统[M].北京:机械工业出版社,2008.

[21] 李玉云.建筑设备自动化[M].北京:机械工业出版社,2015.

[22] 陆亚俊,等.暖通空调[M].北京:中国建筑工业出版社,2015.

[23] 高养田.空调变流量水系统设计技术发展[J].暖通空调,1996,(6):20-26.

[24] 施鉴诺,等.美国典型 HVAC 控制算法剖析[J].智能建筑技术与应用,2001.10.

[25] 周竹,徐涛.智能建筑系统集成与工程设计[J].建筑电气,2002,21(2):16-20.

[26] 徐智勇,李德华,许立梓.用 OPC 实现 IBMS 的信息集成[J].自动化技术与应用,2002(2):48-51

[27] 魏东,潘兴华,张明廉.舒适性指标 PMV 在暖通空调控制中的应用[J].北京建筑工程学院学报,2004,20(1):52-56.
[28] 程大章.楼宇自动化系统集成概述[J].智能建筑与城市信息,2005(2):6-8.
[29] 李超,马玉玲,张伟平. VAV 系统中的新风量确定及控制[J].微计算机信息,2006,22(4):80-82.
[30] 秦爱华,林桦.火灾自动报警及联动系统的调试[J].消防技术与产品信息,2007(1):44-46.
[31] 黎伟杰.智能建筑的发展趋势及若干问题探讨[J].中国勘察设计,2007(1):62-64.
[32] 李春旺,等.一种压力无关型变风量末端测控装置的设计与实现[J].现代制造工程,2007(5):99-101.
[33] 李春旺,等.基于按需供冷和末端调节的 VAV 实用控制程序研究[J].制冷与空调,2007,7(4):96-100.
[34] 赵哲身.智能建筑的发展大趋势[N].中国信息化周报,2015-03-16(009).
[35] HARTMAN T B. Global Optimization Strategies for High-Performance Controls [J]. ASHRAE Transactions,1995.
[36] BAHNFLETH W P. Variable Primary Flow System: Potential Benefits and Application Issues[J]. ARTI -21CN program final report,2004.
[37] MaQcay International. Chiller Plant Design Application Guaide[J]. AG 31-003-1,2002,10.
[38] 罗新梅.空调冷水变流量系统优化设计与控制研究[D].湖南:湖南大学,2003.
[39] 孙谦.智能建筑中 VAV 空调系统的实用控制程序研究[D].北京:北京工业大学,2004.
[40] 罗新梅.一次泵冷水变流量系统设计及控制策略[C].全国暖通空调制冷 2004 年学术年会论文集.
[41] 中华人民共和国住房和城乡建设部,中华人民共和国国家质量监督检验检疫总局.智能建筑设计标准:GB/T 50314—2015[S].北京:中国计划出版社,2015.
[42] 中华人民共和国住房和城乡建设部,中华人民共和国国家质量监督检验检疫总局.公共建筑节能设计标准:GB 50189—2015[S].北京:中国建筑工业出版社,2015.
[43] 中华人民共和国住房和城乡建设部,中华人民共和国国家质量监督检验检疫总局.火灾自动报警系统设计规范:GB 50116—2013[S].北京:中国计划出版社.
[44] 中华人民共和国住房和城乡建设部,中华人民共和国国家质量监督检验检疫总局.民用建筑供暖通风与空气调节设计规范:GB 50736—2012[S].北京:中国建筑工业出版社,2012.
[45] 中华人民共和国建设部,中华人民共和国国家质量监督检验检疫总局.火灾自

动报警系统施工及验收规范：GB 50166—2007[S]. 北京：中国计划出版社.
[46] 中华人民共和国国家质量监督检验检疫总局，中国国家标准化管理委员会. 消防联动控制系统：GB 16806—2006[S]. 北京：中国标准出版社.
[47] 中华人民共和国建设部，中华人民共和国国家质量监督检验检疫总局. 安全防范工程技术规范：GB 50348—2004[S]. 北京：中国计划出版社.
[48] 上海市智能建筑试点工作领导小组办公室. 智能建筑工程设计与实施[M]. 上海：同济大学出版社，2001.